21世纪高等院校网络工程规划教材

21st Century University Planned Textbooks of Network Engineering

计算机
网络安全

Computer Network Security

田立勤 编著

人民邮电出版社

北 京

图书在版编目（CIP）数据

计算机网络安全 / 田立勤编著. -- 北京 ：人民邮
电出版社，2011.5
21世纪高等院校网络工程规划教材
ISBN 978-7-115-25017-9

Ⅰ. ①计… Ⅱ. ①田… Ⅲ. ①计算机网络－安全技术
－高等学校－教材 Ⅳ. ①TP393.08

中国版本图书馆CIP数据核字(2011)第043386号

内 容 提 要

  本书以保障计算机网络的安全特性为主线，讲述实现计算机网络安全的数据保密性、数据完整性、用户不可抵赖性、用户身份可鉴别性、网络访问的可控性和网络可用性六大机制，并安排了 5 个网络安全综合实验。每章后配有较多的习题供读者思考与复习，题型主要包括填空题、选择题和简答题，其中填空题和选择题都提供了参考答案，简答题可以通过学习教材找到相应的答案。

  本书内容新颖、深入浅出、实例丰富，所有的介绍都紧密联系具体的应用。本书可作为高等学校计算机、电子商务、网络通信类专业课程的本科和研究生教学用书，也可作为培养企业网络信息化人才的实用教材。本书还可作为相关的计算机网络安全方面的科技工作者的实用参考书。

21 世纪高等院校网络工程规划教材

计算机网络安全

◆ 编 著 田立勤

 责任编辑 刘 博

◆ 人民邮电出版社出版发行 北京市崇文区夕照寺街 14 号

 邮编 100061 电子邮件 315@ptpress.com.cn

 网址 http://www.ptpress.com.cn

 大厂聚鑫印刷有限责任公司印刷

◆ 开本：787×1092 1/16

 印张：14 2011 年 5 月第 1 版

 字数：347 千字 2011 年 5 月河北第 1 次印刷

ISBN 978-7-115-25017-9

定价：28.00 元

读者服务热线：**(010)67170985** 印装质量热线：**(010)67129223**

反盗版热线：**(010)67171154**

前　　言

网络安全特性是描述和评价网络安全的重要指标，它为网络安全的定量评价与分析提供基础，其机制的实现是网络安全的根本保证，本教材以六大网络安全基本特性（数据保密性、数据完整性、用户不可抵赖性、用户身份可鉴别性、网络可用性、网络访问的可控性）为主线贯穿整个网络，对上述网络安全的特性的作用、含义、基本实现思路、评价标准、具体实现机制、机制优缺点的评价、改进策略和应用实例等进行了详细的讲述。

在讲述每章的安全保障机制过程中，首先综述该机制在网络安全中的作用、地位、基本含义和实现的基本思路；然后给出评价标准，并根据评价标准按照循序渐进解决问题的思路，从基本机制开始讲述；接着分析和评价该机制的缺点和不足，进而提出新的机制，如此反复，不断完善；最后从若干机制中得出比较成熟可行的网络安全机制，同时讲述该机制在网络安全中的应用实例。

全书内容在强调系统性、完整性的同时，注重融入网络安全的最新知识和技术。本书内容丰富、图文并茂、深入浅出。希望能帮助读者较全面地掌握计算机网络安全的基本方法，并提高网络安全应用能力。

本书的建议课时是 56 或者 64 学时，第 1 章网络安全概述建议 4 学时，第 2 章数据保密特性机制建议 8～10 学时，第 3 章数据完整特性机制建议 4 学时，第 4 章用户不可抵赖性机制建议 4 学时，第 5 章用户身份可鉴别性机制建议 4 学时，第 6 章网络访问的可控性机制建议 8～10 学时，第 7 章网络可用性机制建议 4 学时，第 8 章计算机网络安全实验建议 16～18 学时，附录 B 计算机网络安全辩证观的讨论课建议 4～6 学时，当然也可以根据实际教学情况重新划分学时。

在本书的编写过程中，作者参阅了一些著作与文献，已列在书后的参考文献中，还有一些内容是在本门课程的讲课过程中逐渐积累和引用的，在此对其作者和出版者表示衷心的感谢！另外，作者在青海师范大学任职校长助理期间，学校提供了良好的写作环境，使得本书最后的统稿过程进展非常顺利，书稿按时完成，在此表示感谢！

作　者
2011 年 3 月

目　录

第 1 章　网络安全概述

1.1　网络安全与网络安全特性

随着 Internet 的迅猛发展和信息技术在人类社会生活各方面的广泛应用，信息网络的基础性、全局性作用得到日益增强。网络已发展成为建设和谐社会的一项重要基础设施，在通信、交通、金融、应急服务、能源调度、电力调度等方面发挥重要作用，如图 1-1 所示。

网络安全是网络应用中必须解决的问题，目前网络安全已经上升到关系国家主权和安全的高度，成为影响社会经济可持续发展的重要因素。我国明确提出"加强宽带通信网、数字电视网和下一代互联网等信息基础设施建设，推进三网融合，健全信息安全保障体系"。国家信息化领导小组召开的第三次会议也着重强调了保障信息网络安全和促进信息化发展的重要性，首次将保障信息网络安全确定为国家信息化战略的核心内容。事实上，这也是对世界各国积极制定网络空间安全

图 1-1　计算机网络的基础作用

战略的一种反应，如美国的《国家计算机空间安全战略》安全计划就明确地将网络安全提升到了关系国家安全的战略高度，此外还有《日本信息安全技术对策》、《法国信息网络安全管理体系》、《韩国信息通信构建保护法》等。

随着信息通信技术的演进和发展，网络信息安全的内涵不断延伸，从最初的信息保密性发展到信息的完整性、可用性和不可否认性，进而又发展到系统服务的安全性，包括网络的可靠性、可维护性、可用性、可控性以及行为的可信性等，随之出现了多种不同的安全防范机制，例如，防火墙、入侵检测和防病毒等。虽然安全防范的技术不断增多增强，但是恶意攻击和恶意程序的破坏并没有因此而减少或减弱。为保证信息安全，人们只好把防火墙、入侵检测、病毒防范等做得越来越复杂，但是随着维护与管理复杂度的增加，整个信息系统变得更加复杂和难以维护，也使得信息系统的使用效率大大降低，因此网络正面临着严峻的安全挑战。网络的安全特性是描述和评价网络安全的重要指标，它为网络安全的定量评价与分析提供基础，其机制的实现是保障网络安全的主要途径，所以网络安全特性的准确含义、实现思路、评价标准、具体实现机制以及机制的评价与改进成为提高网络安全的重要内容。

1.2　网络安全的含义

定义 1.1 网络安全　泛指网络系统的硬件、软件及其系统中的数据受到保护，不受偶然的或者恶意的原因而遭到破坏、更改和泄漏，系统能够连续、可靠、正常地运行，网络服务不被中断。

网络安全的内容包括系统安全和信息安全两部分。系统安全主要指网络设备的硬件、操作系统和应用软件的安全。信息安全主要指各种信息的存储、传输安全，具体体现在信息的保密性、完整性及不可抵赖性方面。通过采用各种技术和管理措施，使网络系统正常运行，从而确保网络数据的可用性、完整性和保密性。所以，建立网络安全保护措施的目的是确保经过网络传输和交换的数据不会发生增加、修改、丢失和泄露等。

网络安全是一门涉及计算机科学、网络技术、通信技术、密码技术、信息安全技术、应用数学、数论和信息论等多种学科的综合性学科。从内容看，网络安全包括以下 4 个方面。

1. 物理实体安全

物理实体安全主要包括以下 3 方面内容。

● 环境安全

对系统所在环境的安全保护，可按照国家标准 GB 50173—93《电子计算机机房设计规范》、国标 GB 2887—89《计算站场地技术条件》和 GB 9361—88《计算站场地安全要求》对网络环境进行环境安全设置。

● 设备安全

设备安全主要包括设备的防盗、防毁、防电磁信息辐射泄漏、防止线路截获、抗电磁干扰及电源保护等。

● 存储介质安全

存储介质安全的目的是保护存储在存储介质上的信息，包括存储介质数据的安全及存储介质本身的安全。

存储介质数据的安全是指对存储介质数据的保护，包括 3 方面。①存储介质数据的安全删除，包括存储介质的物理销毁（如存储介质粉碎等）和存储介质数据的彻底销毁（如消磁等），防止存储介质数据删除或销毁后被他人恢复而泄露信息。②存储介质数据的防盗，防止存储介质数据被非法复制等。③存储介质数据的防毁，防止意外或故意的破坏使存储介质数据丢失。

2. 软件安全

软件安全主要指保护网络系统的系统软件与应用软件不被非法复制、篡改和不受病毒的侵害等。例如，将加密技术应用于程序的运行，通过对程序的运行实行加密保护，可以防止软件被非法复制以及软件安全机制被破坏。

3. 数据安全

数据安全主要指保护网络中的数据不被非法存取，确保其完整性和保密性。数据的完整性是指阻止非法实体对交换数据的修改、插入和删除；数据的保密性是指为了防止网络中各个系统之间交换的数据被截获或被非法存取而造成泄密，提供加密保护。

4. 安全管理

网络安全管理主要是以技术为基础，配以行政手段的管理活动。在安全问题中有相当一部分事件不是因为技术原因而是由于管理原因造成的。例如，管理规章制度的不健全、操作规程不合理和安全事件预防措施不得力等。只有在采取安全技术的同时采取有力的安全管理措施才能保证网络的安全性。安全管理的对象是整个系统而不是系统中的某个或某些元素。一般说来，系统的所有构成要素都是管理的对象，从系统内部看，安全管理涉及计算机、网络、操作、人事和信息资源；从外部环境看，安全管理涉及法律、道德、文化传统和社会制度等方面的内容。确保网络安全的措施一般包括采取网络安全保障机制，建立安全管理制度，开展安全审计，进行风险分析等。

1.3 网络安全特性

网络的安全特性是描述和评价网络安全的主要指标，为网络安全的定量评价与分析提供基础，其机制的实现是网络安全的根本任务，在网络安全中主要包括以下 9 个基本特性。

1. 网络的可靠性

网络的可靠性（Reliability）是提供正确服务的连续性，可以描述为系统在一个特定时间内能够持续执行特定任务的概率，侧重分析服务正常运行的连续性。它是指从开始运行到某时刻 t 这段时间内能够正常运行的概率。在给定的时间间隔和给定条件下，系统能正确实现其功能的概率称为可靠度。平均无故障时间 MTBF（Meantime Between Failures）是指两次故障之间能正常工作的平均值。故障既可能是元器件故障、软件故障，也可能是人为攻击造成的系统故障。可靠性分析主要依赖于软硬件故障发生的频率和模型的结构。设系统执行特定服务功能的状态集合为 S_R，系统在时间 t 所处的状态为 $X(t)$，初始状态为 $X(0) \in S_R$，取 $\tau = \inf\{t: X(t) \in S_R\}$ 则可靠性表示为：

$$R(t) = P\{\tau > t\} \tag{1.1}$$

2. 网络的可用性

网络的可用性（Availability）是可以提供正确服务的能力，是为可修复系统提出的，是对系统服务正常和异常状态交互变化过程的一种量化，是可靠性和可维护性的综合描述，系统可靠性越高，可维护性越好，可用性越高。根据可用性与时间的关系，可用性分为瞬时可用性和稳态可用性。

● 瞬时可用性的形式化计算

设系统正常服务状态的集合为 S_A，系统在时间 t 所处的状态为 $X(t)$，则瞬态可用性描述系统在任意时刻可提供正常服务的概率为：

$$A_I(t) = P\{X(t) \in S_A\} \tag{1.2}$$

● 稳态可用性的形式化计算

稳态可用性描述在一段时间内系统可用来正常执行有效服务的程度：

$$A_S = \lim_{t \to \infty} A_I(t) = \lim_{t \to \infty} \frac{\int_0^t A_I(u)\mathrm{d}u}{t} \tag{1.3}$$

注意可靠性和可用性的区别，一个具有低可靠性的系统可能具有高可用性，例如，一个系统在每小时失效一次，但在 1 秒后即可恢复正常。该系统的平均故障间隔时间是 1 小时，显然有很低的可靠性，然而，可用性却很高：$A = 3599/3600 = 0.99972$。

一般情况下，可用性不等于可靠性，只有在系统一直处于正常连续运行的理想状态下，两者才是一样的。

3. 网络的可维护性

网络的可维护性（Maintainability）指网络失效后在规定时间内可修复到规定功能的能力，反映网络可维护性高低的参数是表示在单位时间内完成修复的概率（修复率）和平均修复时间 MTTR。

4. 网络访问的可控性

网络访问的可控性（Controllability）是指控制网络信息的流向以及用户的行为方式，是对所管辖的网络、主机和资源的访问行为进行有效的控制和管理。它分为高层访问控制和低层访问控制。高层访问控制是指在应用层层面的访问控制，是通过对用户口令、用户权限、资源属性的检查和对比来实现的。低层访问控制是指在传输层及以下层面的基于网络协议的访问控制，依据通信协议中的某些特征信息来禁止或允许对网络的访问。例如，防火墙就属于低层访问控制。

5. 数据的保密性

数据的保密性（Confidentiality）是指在网络安全性中，系统信息等不被未授权的用户获知。当网络系统受到某种确定攻击的影响时，如果可以明确区分哪些系统状态满足保密性，就可以量化网络系统保密性。假定 S_C 为满足保密性的状态集合，则网络系统保密性 C 可用概率表示为：

$$C = \sum_{i \in S_C} \pi_i \tag{1.4}$$

6. 数据的完整性

数据的完整性（Integrity）是指在网络安全性中，阻止非法实体对交换数据的修改、插入和删除。当网络系统受到某种确定攻击的影响时，如果可以明确区分哪些系统状态满足完整性，就可以量化网络系统完整性。假定 S_I 分别为满足完整性的状态集合，则网络系统完整性 I 可表示为：

$$I = \sum_{i \in S_I} \pi_i \tag{1.5}$$

7. 用户身份的可鉴别性

用户身份的可鉴别性（Authentication）是指对用户身份的合法性、真实性进行确认，以防假冒。这里用户还可以是用户所在的组或代表用户的进程。

8. 用户的不可抵赖性

用户的不可抵赖性（Non-Repudiation）是指防止发送方在发送数据后抵赖自己曾发送过此数据，或者接收方在收到数据后抵赖自己曾收到过此数据。常见的抵赖行为有：①A 向 B 发了信息 M，但不承认曾经发过；②A 向 B 发了信息 M0，却说发的是 M1；③B 收到了 A 发来的信息 M，但不承认收到；④B 收到了 A 发来的信息 M0，却说收到的是 M1。这里的用户可以是发送方或接收方。

9. 用户行为的可信性

用户身份的可鉴别性并不能保证行为本身一定是可信的，例如，在基于云计算的数字化电子资源订购方面，一些用户（例如，大学里的学生）常常使用网络下载工具大批量下载购买的电子资源或者私设代理服务器牟取非法所得等。这里，用户的身份是真实、可鉴别的（通常是根据 IP 地址确认用户的身份），但用户的行为不一定是可信的，我们常常看到一些电子资源使用的用户因为不当的行为而被警告甚至账户封闭。这些就是用户行为的可信性（Behavior Trustworthiness）。

除了这些安全特性外，目前研究者还提出了网络的可生存性、可管性、脆弱性和可信性等，但我们认为在这些众多的安全特性里面，这 9 个特性是基本特性，本书主要论述了这 9 个基本特性的实现机制与评价。上述提出的一些新特性有的可以归类到这些基本特性中，例如，可生存性可以认为是网络攻击下的可用性，当然有些安全特性还不能很好地对应，需要继续研究。

在后面的章节中，我们对上述网络安全特性的含义、基本实现思路、评价标准、具体实现机制、机制的优缺点的评价以及改进方法进行了详细讲述，并对相关的最新研究进行了论述。由于网络的可靠性和可维护性是网络可用性的两方面，网络的可靠性越高，可维护性越好，可用性就一定越高，因此将这两方面的内容放在网络的可用性里统一进行讲述。

1.4　主要安全威胁

网络威胁较多，这里只介绍主要安全威胁，包括以下 11 种。

1. 信息泄漏

信息泄漏是指敏感数据在有意或无意中被泄漏、丢失或透露给某个未授权的实体。信息泄漏通常包括：信息在传输中被丢失或泄漏（如利用电磁泄漏或搭线窃听等方式截获信息）；通过网络攻击进入存放敏感信息的主机后非法复制；通过对信息的流向、流量、通信频度和长度等参数的分析，推测出有用信息（如用户口令、账号等重要信息）。

2. 完整性破坏

完整性破坏是指非法实体对交换数据进行修改、插入、替换和删除，攻击者可以从 4 方面破坏信息的完整性。
- 修改：改变信息流的次序、时序、流向、内容和形式。
- 删除：删除消息全部或者其中的一部分。
- 插入：在消息中插入一些无意义或者有害的内容。
- 替换：非法实体用自己的信息全部替换原信息。

3. 服务拒绝（DoS，Denial of Service）

服务拒绝是指网络系统的服务能力下降或者丧失。这可能由两方面的原因造成。一是受到攻击所致，攻击者通过对系统进行非法的、根本无法成功的持续访问尝试而产生过量的系统负载，从而导致系统资源对合法用户的服务能力下降或者丧失；二是由于系统或组件在物理上或者逻辑上遭到破坏而中断服务。

4. 未授权访问

未授权访问是指未授权实体非法访问系统资源或授权实体超越权限访问系统资源。例如，有意避开系统访问控制机制，对信息设备及资源进行非法操作或运行；擅自扩大权限，越权访问系统资源。非法访问主要以假冒和盗用合法用户身份方式，非法进入网络系统进行违法操作。

5. 假冒

假冒是指某个未授权的实体（人或系统）假装成另一个不同的可能授权实体，使系统相信其是一个合法的用户，进而非法获取系统的访问权限或得到额外的特权。假冒通常与某些其他主动攻击形式一起使用，特别是消息的重放与篡改。攻击者可以进行下列假冒。

- 假冒管理者发布命令或调阅密件。
- 假冒主机欺骗合法主机及合法用户。
- 假冒网络控制程序套取或修改使用权限、口令、密钥等信息，越权使用网络设备和资源。
- 接管合法用户欺骗系统，占用或支配合法用户资源。

6. 网络可用性的破坏

网络可用性的破坏是指破坏网络可以提供正确服务的能力，攻击者可以从下列 3 方面破坏系统的可用性。

- 使合法用户不能正常访问网络资源。
- 使有严格时间要求的服务不能及时得到响应。
- 摧毁系统。例如，破坏网络系统的设备、切断通信线路或者破坏网络系统结构等。

7. 重放

重放是指攻击者对截获的某次合法数据进行备份，而后出于非法目的进行重新发送。例如，实体 A 可以重放含有 B 实体的鉴别信息，以证明它是 B 实体，达到假冒 B 的目的。

8. 后门

后门也称陷门，一般是指在程序或系统设计时插入的一小段程序。从操作系统到应用程序，任何一个环节都有可能被开发者留下"后门"，后门是一个模块的秘密入口，这个秘密入口并没有记入文档，因此，用户并不知道后门的存在。在程序开发期间后门是为了测试这个模块或是为了更改和增强模块的功能而设定的。在软件交付使用时，有的程序员没有去掉它，这样居心不良的人就可以隐蔽地访问它了。后门一旦被人利用，将会带来严重的安全后果。利用后门可以在程序中建立隐蔽通道，植入一些隐蔽的病毒程序。利用后门还可以使原来相互隔离的网络信息形成某种隐蔽的关联，进而可以非法访问网络，达到窃取、更改、伪造和破坏信息资料的目的，甚至还可能造成系统大面积瘫痪。

9. 特洛伊木马

特洛伊木马是指一类恶意的妨害安全的计算机程序，这类程序表面上在执行一个任务，实际上却在执行其他任务。与一般应用程序一样，特洛伊木马能实现任何软件的功能，如复制、删除文件，格式化硬盘，发送电子邮件等，实际上往往会导致意想不到的后果。例如，它有时在一个合法的登录前伪造一个登录现场，提示用户输入用户名和口令，然后将账户和口令保存至一个文件中，显示登录错误，退出特洛伊木马程序。用户还以为是自己错了，再试一次时才正常登录了，这样用户无意之中就将自己的账号和密码泄露给了恶意用户。更为恶性的特洛伊木马会对系统进行全面的破坏。

10. 抵赖

抵赖是指通信的某一方出于某种目的而不承认发送或者接收过某些消息。

11. 通信量分析

数据交换量的突然改变也可能泄露有用信息，通信量分析是指攻击者根据数据交换的出现、消失、数量或频率变化而提取用户有用信息。例如，当公司开始出售它在股票市场上的份额时，在消息公开以前的准备阶段中，公司可能与银行有大量通信。因此，对购买该股票感兴趣的人就可以密切关注公司与银行之间的数据流量以确定是否可以购买。

1.5　网络的不安全因素

网络出现安全问题的原因主要有内因和外因两方面。内因是计算机系统和网络自身的脆弱性和网络的开放性，外因是威胁存在的普遍性和管理的困难性。

1. 计算机系统和网络自身的脆弱性

计算机系统和网络在各个阶段都有其自身的脆弱性。在设计阶段没有考虑安全或没有考虑周全，后补的时候网络已经应用开来；在实现阶段存在漏洞与后门；在维护与配置阶段，不当操作，特别是安全管理人员的误操作和故意非法操作会对系统造成更大的危害。Internet 的数据传输是基于 TCP/IP 通信协议进行的，这些协议缺乏使传输过程中的信息受到保护的安全措施。

2. 网络和系统的开放性

网络和系统的开放性包括以下几项。
- 网络的全球连通性。
- 系统的开放性和通用性。
- 统一网络协议：例如大多是 TCP/IP。
- 统一的操作系统平台：例如大多是 UNIX、Windows 等操作系统。
- 统一的应用系统：例如大多是 Office 、浏览器和电子邮件等应用软件。

这种网络和系统的开放性导致的危险是：在一个系统中发现的安全问题，在类似系统中可能存在、重现，这为攻击者提供了便利条件。

3. 威胁存在的普遍性

威胁存在的普遍性主要包括如下 5 个方面。

（1）内部操作不当

信息系统内部工作人员操作不当，特别是系统管理员和安全管理员出现管理配置的操作失误，可能造成重大安全事故。由于大多数的网络用户并非计算机专业人员，他们只是将计算机作为一个工具，加上缺乏必要的安全意识，使他们可能出现一些错误的操作，比如将网络口令张贴在计算机上，使用家庭成员名称、个人生日等作为口令等，口令很容易被攻击者或者被其他恶意用户破解，从而造成损失。

（2）黑客攻击

在《中华人民共和国公共安全行业标准》中，黑客被定义为："对计算机信息系统进行非授权访问的人员。"黑客攻击早在主机终端时代就已经出现。随着因特网的发展，现代黑客从以系统为主的攻击转变到以网络为主的攻击。新的手法包括：通过网络监听，获取网上用户的账号和密码；监听密钥分配过程，攻击密钥管理服务器，得到密钥或认证码，进而取得合法资格；利用 UNIX 操作系统提供的守护进程的默认账户进行攻击，如 Telnet Daemon、FTP Daemon 和 RPC Daemon 等。

（3）恶意程序

恶意程序包括下列 3 种。

① 病毒

病毒（Virus）就是程序代码段，它连接到合法程序代码中，在合法程序代码运行时运行。它可以启动应用层攻击或网络层攻击。病毒可以影响计算机中的其他程序或同一网络中其他计算机上的程序，可以删除当前用户计算机上的所有文件，同时病毒具有自动传播的性质。病毒也可以由特定事件触发（如在每天上午 9 时自动执行）。通常，病毒会导致计算机与网络系统损坏，可以用良好的备份与恢复过程控制病毒对系统的破坏。

② 蠕虫

蠕虫（Worm）不进行任何破坏性操作，只是耗尽系统资源，使其停滞。蠕虫与病毒相似，但实际上是另一种实现方法。病毒修改程序（连接到被攻击的程序上），而蠕虫并不修改程序，只是不断复制自己。蠕虫复制速度很快，最终会使相应计算机与网络变得很慢，直到停滞。蠕虫攻击的基本目的不同于病毒，它是想通过吃掉所有资源使相应计算机与网络变得无法使用。

③ 特洛伊木马

特洛伊木马（Trojan horse）像病毒一样隐藏代码，但它具有不同的目的。病毒的主要目的是对目标计算机或网络进行某种修改，特洛伊木马则是为了向攻击者显示某种保密信息。特洛伊木马一词源于希腊士兵的故事，他们隐藏在一个大木马中，特洛伊市民把木马搬进城里，不知道其中藏了士兵。希腊士兵进入特洛伊城后，打开城门，把其他希腊士兵放了进来。同样，特洛伊木马可能把自己连接到登录屏幕代码中。用户输入用户名和口令信息时，特洛伊木马捕获这些信息，将其发送给攻击者，而输入用户名和口令信息的用户并不知道，然后攻击者可以用这个用户名和口令访问系统。

（4）拒绝服务攻击

拒绝服务攻击也属于一种破坏性攻击，它使合法用户无法进行正常访问。例如，非法用户可能向一个服务器发出太多的登录请求，快速连续地发出一个个随机用户 ID，使网络拥堵，其他合法用户无法访问这个网络。

（5）其他因素

网络受到威胁还涉及其他因素，包括自然灾害、物理故障、信息的窃听、篡改与重发、系统入侵、攻击方法易用性和工具易用性等。

4. 安全管理的困难

目前网络和系统管理工作变得越来越困难，主要原因包括以下 5 点。

（1）内部管理漏洞

信息系统内部缺乏健全的管理制度或制度执行不力，给内部工作人员违规和犯罪留下机会。其中以系统管理员和安全管理员的恶意违规和犯罪造成的危害最大。例如，内部人员利用隧道技术与外部人员实施内外勾结的犯罪，这是防火墙和监控系统难以防范的。此外，内部工作人员的恶意违规，造成网络和站点拥塞、无序运行甚至瘫痪。与来自外部的威胁相比，来自内部的攻击和犯罪更难防范，而且是网络安全威胁的主要来源，据统计，大约 80% 的安全威胁均来自于系统内部。

（2）安全政策不明确

安全政策目标不明，责任不清，例如出现安全问题不容易分清是谁的责任等。

（3）动态的变化环境

企业业务发展，人员流动，原有的内部人员对网络的破坏等。

（4）社会问题、道德问题和立法问题

道德素质跟不上也是网络安全的隐患，例如，确定什么样的网络行为是违法的不够明确。

（5）国际间的协作、政治、文化、法律的不同

不同国家对网络行为的理解是不一样的，这给国际间的合作打击网络犯罪带来障碍。

1.6　网络攻击类型

网络攻击按攻击方式可分为被动攻击和主动攻击两类。

1. 被动攻击

被动攻击（Passive Attacks）只是窃听或监视数据传输，即取得中途的信息，这里的被动指攻击者不对数据进行任何修改。事实上，这也使被动攻击很难被发现，因此，处理被动攻击的一般方法是防止而不是探测与纠正。如图 1-2 所示，被动攻击分为消息内容泄漏和通信量分析两类。

消息内容泄漏很容易理解。当发送消息时，我们希望只有对方才能访问，否则消息内容会被其他人看到。利用某种安全机制，可以防止消息内容泄漏。例如，可以用加密方式加密要发送的消息，使消息内容只有指定人员才能理解。如果传递许多加

图 1-2　被动攻击

密的消息，那么攻击者虽然不知道准确的明文信息，但是可以猜出某种模式的相似性，从而猜出消息内容，这种对加密消息的分析就是通信量分析。

2. 主动攻击

主动攻击（Active Attacks）是以某种方式修改消息内容或生成假消息。这种攻击很难防止，但是容易被发现和恢复。这些攻击包括中断、篡改和伪造。在主动攻击中，会以某种方式篡改消息内容，主动攻击的原理如图 1-3 所示，主动攻击的分类如图 1-4 所示。中断是攻击者截断信息的传输，使信息不能或不能按时到达接收方；篡改是指攻击者非法对信息的来源和信息的内容进行增、删、改；伪造就是非法实体假冒成另一个合法实体，例如，用户 C 可能假冒用户 A，向用户 B 发一个消息，用户 B 可能相信这个消息来自用户 A。

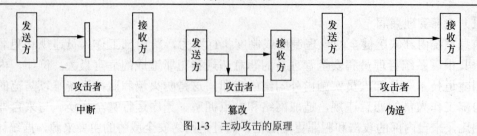

图 1-3　主动攻击的原理

篡改又分为信息改变和重放。信息改变是对信息内容的改变。例如，假设用户 A 向银行 B 发一个电子消息"向 D 的账号转汇 1000 美元"。用户 C 捕获这个消息，改成"向 C 的账号转汇 10 000 美元"。注意，这里收款人和金额都做了修改，即使只改变其中一项，也是消息改变。重放是对信息源的改变，在重放攻击中，用户捕获一系列事件（或一些数据单元），然后重发。例如，假设用户 A 要向用户 C 的账号转汇一些钱，用户 A 与 C 都在银行 B

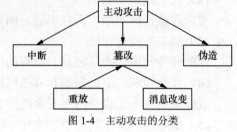

图 1-4　主动攻击的分类

有账号。用户 A 向银行 B 发一个电子消息请求转账，用户 C 捕获这个消息后保存下来，过一段时间后再向银行重发一次。银行 B 不知道这是个非法消息，会再次从用户 A 的账号转钱。因此，用户 C 得到两笔钱：一笔是授权的，一笔是用重放攻击得到的。

1.7　网络安全模型

1.7.1　网络安全基本模型

网络安全基本模型包括通信主体双方、攻击者和可信第三方，如图 1-5 所示。

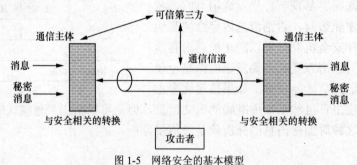

图 1-5　网络安全的基本模型

通信双方想要传递某个消息，需要建立一个逻辑上的信息通道：首先在网络中确定从发送方到接收方的一个路由，然后在该路由上执行共同的通信协议。如果需要保护所传信息以防攻击者对其保密性、完整性等构成的威胁，就需要考虑通信的安全性。安全传输技术包含两方面。第一是发送双方共享的某些秘密消息，如加密密钥。第二是消息的安全传输，通信主体利用双方共享的秘密消息对消息进行加密和认证。加密的目的是将消息按一定的方式重新编码以使攻击者无法读懂，认证的目的是为了检查发送者的身份。

为了获得消息的安全传输，还需要一个可信的第三方，其作用是负责向通信双方分发秘密信息或者在通信双方有争议时进行仲裁。一个安全的网络通信必须考虑以下 4 方面。

（1）加密算法。

（2）用于加密算法的秘密信息（如密钥）。

（3）秘密信息的发布和共享。

（4）使用加密算法和秘密信息以获得安全服务所需的协议，例如，如何传递这些信息、使用的方式和顺序等。

1.7.2　P2DR 模型

P2DR 模型是最先发展起来的一个动态安全模型，如图 1-6 所示。P2DR 是 4 个英文单词的字头，分别是 Policy（安全策略）、Protection（防护）、Detection（检测）和 Response　（响应），图 1-6 综合描述了网络运行的动态过程。

1．安全策略

安全策略一般包括两部分：总体安全策略和具体安全规则。总体安全策略用于阐述本部门的网络安全的总体思想和指导方针。具体安全规则是根据总体安全策略提出的具体的网络安全实施规则，用于说明网络上什么行为是被允许的，什么行为是被禁止的。一个策略体系的建立包括安全策略的制定、安全策略的评估和安全策略的执行等。

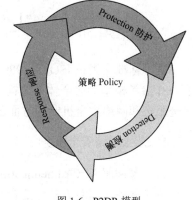

图 1-6　P2DR 模型

2．防护

防护就是对系统的保护，主要是修补系统和网络缺陷，增加系统安全性能，从而消除攻击和入侵的条件，避免攻击的发生。防护可以分为 3 类：系统安全防护、网络安全防护和信息安全防护。系统安全防护是指操作系统的安全防护，即各个操作系统的安全配置、使用和打补丁等，不同操作系统有不同的防护措施和相应的安全工具。网络安全防护是指网络管理的安全及网络传输的安全。信息安全防护是指数据本身的保密性、完整性和可用性，数据加密就是信息安全防护的重要技术。通常采用的防护技术有数据加密、身份验证、访问控制、授权、虚拟专用网络（VPN）、防火墙、安全扫描、入侵检测、路由过滤、数据备份和归档、物理安全和安全管理等。

3．检测

防护系统可以阻止大多数的入侵事件，但不能阻止所有的入侵事件，特别是那些利用新的系统缺陷、新攻击手段的入侵。检测是根据入侵事件的特征检测入侵行为，攻击者如果穿过防护系统，检测系统就会将其检测出来。因为黑客往往是利用网络和系统缺陷进行攻击的，所以，入侵事件的特征一般与系统缺陷特征有关。在 P2DR 模型中，防护和检测有互补关系，如果防护系统过硬，绝大部分入侵事件被阻止，那么检测系统的任务就减少了。

4．响应

响应就是当安全事件发生时采取的应对措施，并把系统恢复到原来状态或比原来更安全的状态。系统一旦检测出入侵，响应系统就开始响应，进行事件处理。响应工作可由计算机紧急响应小组特殊部门负责。我国的第一个计算机紧急响应小组是中国教育与科研计算机网络建立的，简称"CCERT"。响应的主要工作可分为两种：紧急响应和恢复处理。紧急响应就是要制订好紧急响应方案，做好紧急响应方案中的一切准备工作。恢复也包括系统恢复和信息恢复两方面内容。系统恢复是指修补缺陷和消除后门，不让黑客再利用这些缺陷入侵系统。一般来说，黑客第一次入侵是利用系统缺陷，在入侵成功后，黑客就在系统中留下一些后门，如安装木马程序，因此尽管缺陷被补丁修复，黑客还可再通过他留下的后门入侵系统。信息恢复是指恢复丢失的数据。丢失数据可能是由于黑客入侵所致，也可能是系统故障、自然灾害等原因所致。通过数据备份等完成数据恢复。

P2DR 安全模型也存在一个明显的弱点，就是忽略了内在的变化因素，如人员的流动、人员的素质差异和策略贯彻的不稳定性。

1.8 网络安全体系结构

国际标准化组织 ISO 于 1989 年 2 月公布的 ISO7 498—2 "网络安全体系结构"文件给出了 OSI 参考模型的安全体系结构，简称 OSI 安全体系结构。OSI 安全体系结构主要包括网络安全服务和网络安全机制两方面的内容。

1. 五大网络安全服务

（1）鉴别服务（Authentication）

鉴别服务是对对方实体的合法性、真实性进行确认，以防假冒。这里的实体可以是用户或代表用户的进程。

（2）访问控制服务（Access Control）

访问控制服务用于防止未授权用户非法使用系统资源，包括用户身份认证和用户的权限确认。在实际网络安全的应用中，为了提高效率，这种保护服务常常提供给用户组，而不是单个用户。

（3）数据完整性服务（Integrity）

数据完整性服务是阻止非法实体对交换数据的修改、插入和删除。

（4）数据保密性服务（Confidentiality）

数据保密服务防止网络中各个系统之间交换的数据被截获或被非法存取而造成泄密，提供加密保护。

（5）抗抵赖性服务（Non-Repudiation）

抗抵赖性服务防止发送方在发送数据后否认自己发送过此数据，接收方在收到数据后否认自己收到过此数据或伪造接收数据。

2. 八大网络安全机制

（1）加密机制

加密机制是提供信息保密的核心方法，分为对称密钥算法和非对称密钥算法。加密算法除了提供信息的保密性之外，还可以和其他技术结合，例如，与 hash 函数结合来实现信息的完整性验证等。

（2）访问控制机制

访问控制机制是通过对访问者的有关信息进行检查来限制或禁止访问者使用资源的技术。访问控制还可以直接支持数据机密性、数据完整性、可用性以及合法使用的安全目标。

（3）数据完整性机制

数据完整性机制是指数据不被增、删、改，通常是把文件用 hash 函数产生一个标记，接收者在收到文件后也用相同的 hash 函数处理一遍，看看产生的两个标记是否相同就可知道数据是否完整。

（4）数字签名机制

数字签名机制的作用类似于我们现实生活中的手写签名，具有鉴别作用。假设 A 是发送方，B 是接收方，基本方法是：发送方用自己的私钥加密，接收方用发送方的公钥解密，加密公式是 $E_{a私}（P）$，解密公式是 $D_{a公}（E_{a私}（P））$。

（5）交换鉴别机制

交换鉴别机制通过互相交换信息的方式来确定彼此身份。用于交换鉴别的常用技术有以下 3 种。

- 口令，由发送方给出自己的口令，以证明自己的身份，接收方则根据口令来判断对方的身份。
- 密码技术，接收方在收到已加密的信息时，通过自己掌握的密钥解密，能够确定信息的发送者是掌握了另一个密钥的那个人，例如，数字签名机制。在许多情况下，密码技术还和时间标记、同步时钟、数字签名、第三方公证等相结合，以提供更加完善的身份鉴别。
- 特征实物，例如指纹、声音频谱等。

（6）公证机制

公证机制是通过公证机构中转双方的交换信息，并提取必要的证据，日后一旦发生纠纷，就可以据此做出仲裁。网络上鱼龙混杂，很难说相信谁不相信谁，同时，客观上网络的有些故障和缺陷也可能导致信息的丢失或延误。为了免得事后说不清，可以找一个大家都信任的公证机构，如电信公司，各方交换的信息都通过公证机构来中转，达到解决纠纷的目的。

（7）流量填充机制

流量填充机制提供针对流量分析的保护，流量填充机制能够保持流量基本恒定，因此观测者不能获取任何信息。流量填充的实现方法是：随机生成数据并对其加密，再通过网络发送。

（8）路由控制机制

路由控制机制使得可以指定通过网络发送数据的路径。这样，可以选择那些可信的网络节点，从而确保数据不会暴露在安全攻击之下。路由控制机制使得路由能动态地或预定地选取，以便使用物理上安全的子网络、中继站或链路来进行通信，保证敏感数据只在具有适当保护级别的路由上传输。

3. 安全机制与安全服务的关系对照

安全机制与安全服务的关系对照见表 1-1，从表中可以看到，数据加密对应的服务最多，因此数据加密作用最大，它是网络安全的基石。表中比较难理解的是"禁止否认服务"与"数据完整性"的对应关系，具体原因是：在网络安全机制中，数据的完整性和数字签名通常是结合在一起来实现的，而数字签名主要是用来禁止否认服务的。

表 1-1　　　　　　　　　　安全机制与安全服务的关系对照表

服务＼机制	数据加密	数字签名	访问控制	数据完整性	交换鉴别	业务流填充	路由控制	公证机构
对等实体鉴别	√	√	×	×	√	×	×	×
访问控制	×	×	√	×	×	×	×	×
连接的保密性	√	×	×	×	×	×	×	×
选择字段的保密性	√	×	×	×	×	×	×	×
业务流安全	√	×	×	×	×	√	√	×
数据的完整性	√	√	×	√	×	×	×	×
数据源点鉴别	√	√	×	×	×	×	×	×
禁止否认服务	×	√	×	√	×	×	×	√

1.9　安 全 等 级

1. 可信任计算机标准评估准则

20 世纪 80 年代，美国国防部基于军事计算机系统的保密需要，在 20 世纪 70 年代的基础理论研究成果"计算机保密模型"的基础上，制定了"可信任计算机标准评估准则"（TCSEC），其后又制定了关于网络系统、数据库等方面的一系列安全解释，形成了安全信息系统体系结构的最早原则。至今，美国已研究出 100 余种达到 TCSEC 要求的安全系统产品，包括安全操作系统、安全数据库、安全网络部件等，共分为 4 个级别 7 个等级。

（1）D 级

D 级是基本没有采用什么安全措施的系统，如 DOS、MS-Windows、APPLE 的 Macintosh System 7.x 等。

（2）C1 级

C1 级又称选择性安全保护系统。系统通过账号和口令来识别用户是否合法，并决定用户对程序和信息拥有什么样的访问权限。文件的拥有者和超级用户可以改动文件中的访问属性，从而对不同的用户给予不同的访问权限。许多日常的管理工作由超级用户来完成，如创建新的组和新的用户。

（3）C2 级

C2 级别进一步限制用户执行某些命令或访问某些文件的权限。系统对发生的事件加以审计，并写入日志当中。审计可以记录下系统管理员执行的活动，并附加身份验证，这样就可以知道谁在执行这些命令。审计的缺点在于它需要额外的处理器时间和磁盘资源。C2 级的常见操作系统有 UNIX 系统、Xenix 和 Windows 等。

（4）B1 级

B1 级即标志安全保护，是支持多级安全（比如秘密和绝密）的第一个级别，这个级别说明一个处于强制性访问控制之下的对象，系统不允许文件的拥有者改变其许可权限。政府机构和国防承包商们是 B1 级计算机系统的主要拥有者。

（5）B2 级

B2 级也称为结构保护，要求计算机系统中所有对象都加标签，而且给设备分配单个或多个安全级别。该级别主要解决较高安全级别对象与另一个较低安全级别对象相互通信的问题。

（6）B3 级

B3 级即安全域级别，使用安装硬件的办法来加强域管理。

（7）A 级

A 级即验证设计，是当前 TCSEC 中的最高级别，包含了一个严格的设计、控制和验证过程。其设计必须是从数学上经过验证的。

2．中国国家标准

由中国公安部主持制定、国家技术标准局发布的中华人民共和国国家标准 GB 17895—1999《计算机信息系统安全保护等级划分准则》于 2001 年 1 月 1 日起实施。该准则将信息系统安全分为如下 5 个等级。

- 自主保护级。
- 系统审计保护级。
- 安全标记保护级。
- 结构化保护级。
- 访问验证保护级。

1.10　安全管理及其作用辨析

在安全问题中有相当一部分事件不是因为技术原因而是由于管理原因造成的。只有在采取安全技术措施的同时，采取有力的安全管理措施才能保证网络的安全性。网络安全管理主要是以技术为基础，配以行政手段的管理活动。

1．网络安全管理的具体目标

（1）了解网络和用户的行为

对网络和用户的行为进行动态监测、审计和跟踪。若不了解情况，管理将无从谈起。

（2）对网络和系统的安全性进行评估

在了解情况的基础上，网络安全管理系统应该能够对网络当前的安全状态做出正确和准确的评估，发现存在的安全问题和安全隐患，从而为安全管理员改进系统的安全性提供依据。

（3）确保访问控制策略的实施

在对网络的安全状态做出正确评估的基础上，网络安全管理系统应有能力保证安全管理策略能够得到贯彻和实施。这意味着网络安全管理系统不仅仅是一个观测工具，而且是一个控制工具，可以根据观测结果或管理员的要求对网络和用户的行为进行反馈与控制，以保证系统的安全性。

2．网络安全管理中的基本元素

网络安全管理中的基本元素如下。

（1）硬件：计算机及其外围设备、通信线路、网络设备等。

（2）软件：源程序、目标程序、系统库程序、系统程序等。

（3）数据：运行中的数据、联机储存的数据、脱机存放的数据、传输中的数据等。

（4）人员：用户、系统管理员、系统维护人员。

（5）文档：程序文档、设备文档、管理文档等。

（6）易耗品：纸张、表格、色带、磁介质等，这些易耗品可能带有安全保密的信息。

3．网络安全管理原则

（1）多人负责原则

每项与安全有关的活动都必须有两人或多人在场，如关键的设备，系统由多个人用钥匙和密码启动，不能由单个人来完成，这是出于相互监督和相互备份的考虑。如果只有单人负责，发生安全问题时此人不在岗就不能处理，或者他本人有安全问题时很难察觉。

（2）任期有限原则

不要把重要的安全任务和设备长期交由一个人负责和管理。一般地讲，任何人最好不要长期担任与安全有关的职务，以免误认为这个职务是专有的或永久性的。同样出于监督的目的，负责系统安全和系统管理的人员要有一定的轮换制度，以防止由单人长期负责一个系统的安全时，其本人对系统做手脚。

（3）职责分离原则

除非系统主管领导批准，在信息处理系统工作的人员不要打听、了解或参与职责以外、与安全有关的任何事情。安全是多层次的、多方面的，每个人只需要知道其中的一个方面。对于金融部门等一些涉及敏感数据处理的计算机系统安全管理而言，以下工作应分开进行。

- 系统的操作和系统的开发，这样系统的开发者即使知道系统有哪些安全漏洞也没有机会利用。
- 机密资料的接收和传送，这样任何一方都无法对资料进行篡改，就像财务系统要分别设立会计和出纳一样。
- 安全管理和系统管理，这样可使制定安全措施的人并不能亲自实施这些安全措施而起到制约的作用。
- 系统操作和备份管理，以实现对数据处理过程的监督。

4．网络安全计划的制定有两种完全不同的策略

（1）否定模式

否定模式是一种悲观模式，要求首先关闭网络节点中的所有服务，然后在主机或子网级别逐一考察各个服务，选择开放那些必需的，即"需要一个开一个"。它要求管理员对系统和服务的配置都很熟悉，从而保证关闭所有的服务。

（2）肯定模式

肯定模式是乐观模式，要求尽量使用系统原有的配置，开放所有的服务，如果发现问题，就作相应的修补。这种方法实现比较简单，但安全性要低于前一种。

5．安全技术与安全管理在网络安全中的辩证关系

安全技术和安全管理在网络安全中都具有重要作用，没有技术保障许多网络安全就不能得到实现，每一种网络安全技术都对应某种网络安全。没有好的安全管理，即使好的网络安全技术也不能得以实现。例如，在加密技术中，无论加密算法多么好，只要密钥的管理出现问题，加密就没有任何效果。

安全技术一般不能防范合法人员的信息泄漏以及误操作等，因此只有通过安全管理和培

训才能达到内外网络的安全。好的安全管理没有好的安全技术具体落实和实现也是起不到作用的，只能是纸上谈兵。安全管理着眼于整个网络安全的整体策略和制度，是安全的宏观方面，技术是实现安全管理的必要手段，是具体层面，目前的各种安全技术都比较孤立和分散，需要进行有效整合，这个需要宏观的安全管理。

新的技术有可能不成熟、不完善，也需要安全管理进行不断的补充和完善。好的安全管理和制度对安全攻击者起到震慑的作用，提高了网络的安全。领导重视是安全管理的一个重要内容，它对网络安全也起到重要作用，包括制度的建立、完善以及资金的投入等，因此安全需要领导的理解和支持。

本 章 小 结

- 网络安全包括 4 方面：物理实体安全、软件安全、数据安全和安全管理。
- 网络攻击按攻击方式可以分成主动攻击和被动攻击两类。
- 五大网络安全服务包括鉴别服务，访问控制服务，数据完整性服务，数据保密性服务和抗抵赖性服务。
- 八大网络安全机制包括加密机制，访问控制机制，数据完整性机制，数字签名机制，交换鉴别机制，公证机制，流量填充机制和路由控制机制。
- 可信任计算机标准评估准则（TCSEC）共分为 7 个等级 4 个级别：D 级，C 级，B 级和 A 级。我国国家标准将信息系统安全分为 5 个等级：自主保护级，系统审计保护级，安全标记保护级，结构化保护级和访问验证保护级。
- P2DR 模型是 4 个英文单词的字头，即 Policy（安全策略）、Protection（防护）、Detect-ion（检测）和 Response （响应）。
- 网络安全的主要特性包括网络的可靠性、网络的可用性、网络的可维护性、网络访问的可控性、用户身份的可鉴别性、用户行为的可信性、用户不可抵赖性、数据的完整性和数据的机密性。

习　　题

一、单选题

1. 在网络安全中，截获是指未授权的实体得到了资源的访问权。这是对（　　）。

　　A．可用性的攻击　　B．完整性的攻击　　　　C．保密性的攻击　　　　D．真实性的攻击

2. ISO 7498—2 从体系结构观点描述了 5 种可选的安全服务，下面不属于这 5 种安全服务的是（　　）。

　　A．身份鉴别　　　　B．数据报过滤　　　　C．授权控制　　　　　D．数据完整性

3. 以下关于安全服务的说法不正确的是（　　）。

　　A．身份鉴别是授权控制的基础，必须做到准确无二义地将对方辨别出来，同时还提供双向的认证

　　B．授权控制是控制不同用户对信息资源访问权限

  C. 目前的数据加密技术主要有两大类：一种是基于对称密钥加密的算法，也称公钥算法；另一种是基于非对称密钥的加密算法，也称私钥算法

  D. 防止否认是指接收方在收到发送方发出的信息后，发送方无法否认自己的发送行为

4. ISO 7498—2 描述了 8 种特定的安全机制，这 8 种特定的安全机制是为了 5 种特定的安全服务设置的，以下不属于这 8 种安全机制的是（　　）。

  A. 安全标记机制 B. 加密机制   C. 数字签名机制   D. 访问控制机制

5. 用于实现身份鉴别的安全机制是（　　）。

  A. 加密机制和数字签名机制   B. 加密机制和访问控制机制

  C. 数字签名机制和路由控制机制   D. 访问控制机制和路由控制机制

6. ISO 7498—2 从体系结构的观点描述了 5 种普遍性的安全机制，这 5 种安全机制包括（　　）。

  A. 可信功能   B. 安全标号

  C. 事件检测   D. 数据完整性机制

7. 衡量网络安全的指标不包括（　　）。

  A. 可用性   B. 责任性   C. 完整性   D. 机密性

8. 在 ISO/OSI 定义的安全体系结构中，没有规定（　　）。

  A. 对象认证服务   B. 访问控制安全服务

  C. 数据保密性安全服务   D. 数据完整性安全服务

  E. 数据可用性安全服务

9. （　　）是不属于 ISO/OSI 安全体系结构的安全机制。

  A. 流量填充机制   B. 访问控制机制

  C. 数字签名机制   D. 审计机制   E. 公证机制

10. 可信计算机系统评估准则共分为（　　）大类（　　）级。

  A. 4 7   B. 3 7   C. 4 5   D. 4 6

11. ISO 定义的安全体系结构中包含（　　）种安全服务。

  A. 4   B. 5   C. 6   D. 7

12. ISO 安全体系结构中的对象认证安全服务使用（　　）完成。

  A. 加密机制   B. 数字签名机制

  C. 访问控制机制   D. 数据完整性机制

13. 数据保密性安全服务的基础是（　　）。

  A. 数据完整性机制   B. 数字签名机制

  C. 访问控制机制   D. 加密机制

14. A 级是目前计算机安全的最高级别，要求是（　　）。

  A. 系统的安全模型的正确性可通过形式化的数学证明，同时要求对隐通道作形式化的分析，以及对最高级别的形式化证明，最后还要求有可信的发行方式

  B. 用户只要启动了计算机，就能访问系统中的文件和资源

  C. 每个用户对属于他们自己的客体具有控制权，但是该级别没有审计和验证机制

  D. 支持多个安全密级（如绝密级与机密级等）的级别，但是没有使用硬件把安全域分隔开

15．以下说法中不正确的是（　　）。

　　A．为了确定信息网络的安全策略及解决方案，首先应该评估风险，即确定侵入破坏的机会和危害的潜在可能性，其次应该评估增长的安全操作代价

　　B．在评估时要考虑网络的现有环境，以及近期和远期网络发展的趋势

　　C．网络安全最终不过是在对危险的后果和降低危害的代价进行均衡的基础上的一个折中方案

　　D．为安全付出代价和获得的安全强度之间成正比关系

16．并非必须提供的安全服务是（　　）。

　　A．对象认证服务　　　　　　　　　　B．数据完整性安全服务

　　C．数据保密性安全服务　　　　　　　D．防抵赖性安全服务

17．（　　）原则保证只有发送方与接收方能访问消息内容。

　　A．保密性　　　　　B．鉴别　　　　　　C．完整性　　　　　D．访问控制

18．如果消息接收方要确定发送方身份，就要使用（　　）原则。

　　A．保密性　　　　　B．鉴别　　　　　　C．完整性　　　　　D．访问控制

19．如果要保证（　　）原则，就不能在中途修改消息内容。

　　A．保密性　　　　　B．鉴别　　　　　　C．完整性　　　　　D．访问控制

20．（　　）原则允许某些客户进行特定访问。

　　A．保密性　　　　　B．鉴别　　　　　　C．完整性　　　　　D．访问控制

21．（　　）攻击与保密相关。

　　A．截获　　　　　　B．伪造　　　　　　C．修改　　　　　　D．中断

22．（　　）攻击与鉴别相关。

　　A．截获　　　　　　B．伪造　　　　　　C．修改　　　　　　D．中断

23．（　　）攻击与完整性相关。

　　A．截获　　　　　　B．伪造　　　　　　C．修改　　　　　　D．中断

24．（　　）攻击不修改消息内容。

　　A．被动　　　　　　B．主动　　　　　　C．都是　　　　　　D．都不是

25．蠕虫（　　）修改程序。

　　A．不　　　　　　　B．会　　　　　　　C．可能　　　　　　D．可能会或不会

26．在计算机网络中，当信息从信源向信宿流动时，可能会遇到安全攻击，在下列选项中，属于信息可能受到安全攻击的是（　　）。

Ⅰ．中断　　Ⅱ．修改　　Ⅲ．截获　　Ⅳ．捏造　　Ⅴ．陷阱

　　A．Ⅱ、Ⅲ和Ⅴ　　　　　　　　　　　B．Ⅰ、Ⅱ、Ⅳ和Ⅴ

　　C．Ⅰ、Ⅲ、Ⅳ和Ⅴ　　　　　　　　　D．Ⅰ、Ⅱ、Ⅲ和Ⅳ

27．对于一个组织，保障其信息安全并不能为其带来直接的经济效益，相反还会付出较大的成本，那么组织为什么需要信息安全？（　　）

　　A．上级或领导的要求

　　B．全社会都在重视信息安全，我们也应该关注

　　C．组织自身业务需要和法律法规要求

　　D．有多余的经费

28. 在实现信息安全的目标中,信息安全技术和管理之间的关系说法不正确的是(　　)。
   A. 产品和技术,要通过管理的组织职能才能发挥最好的作用
   B. 技术不高但管理良好的系统远比技术高但管理混乱的系统安全
   C. 信息安全技术可以解决所有信息安全问题,管理无关紧要
   D. 实现信息安全是一个管理的过程,而并非仅仅是一个技术的过程

29. 信息安全风险应该是以下(　　)因素的函数。
   A. 信息资产的价值、面临的威胁以及自身存在的脆弱性等
   B. 病毒、黑客、漏洞等
   C. 保密信息,如国家秘密和商业秘密等
   D. 网络、系统、应用的复杂程度

30. (　　)攻击与可用性相关。
   A. 截获　　　　　　B. 伪造　　　　　　C. 修改　　　　　　D. 中断

二、填空题
1. 网络安全大致包括 4 方面:_____,_____,_____和_____。
2. 网络攻击按攻击方式可以分成_____和_____两类。
3. 五大网络安全服务包括_____,_____,_____,_____和_____。
4. 八大网络安全机制包括_____,_____,_____,_____,_____,_____,_____和_____。
5. 可信任计算机标准评估准则(TCSEC)共分为 7 个等级 4 个级别,4 个级别分别是_____,_____,_____和_____。
6. P2DR 模型是 4 个英文单词的字头,即_____,_____,_____和_____。

三、简答题
1. 简述五大安全服务。
2. 简述八大安全机制。
3. 简述网络安全内容的 4 个方面。
4. 网络安全的主要威胁有哪些?
5. 简述网络出现安全问题的主要原因。
6. 试述网络安全的主要特性。

第2章 数据保密性机制

2.1 网络安全中的数据保密性概述

数据保密性是网络安全的一个重要内容。数据加密机制就是确保数据保密性的机制，它是数据保密性、完整性、可鉴别性和不可抵赖性的基础，具有其他网络安全技术不可替代的重要作用，如防火墙、访问控制和防恶意程序破坏技术等。数据加密主要应用于 Internet 上的数据传输，防止数据被非法截获泄密；软件加密对保护软件的安全和防止非法拷贝具有重要作用；基于加密的身份可鉴别（认证）技术和不可抵赖性使 Internet 上的电子商务成为可能。

定义 2.1 数据保密性 在网络安全中数据的保密性是指为了防止网络中各个系统之间交换的数据被未授权的实体截获或被非法存取造成泄密而提供的加密保护。截获是对数据的保密性的一种攻击，属于被动攻击，不容易被发现，因此需要对数据进行加密保护。

数据加密起源于公元前 2000 年。埃及人最先使用特别的象形文字作为信息编码的人。随着时间推移，巴比伦和希腊都开始使用一些方法来保护他们的书面信息。密码学的发展分为两个阶段。第一个阶段是计算机出现之前的 4000 年，这是传统密码学阶段，基本上靠人工对消息加密、传输和防破译。第二个阶段是计算机密码学阶段，它又包括两个阶段，具体如下。

（1）传统方法的计算机密码学阶段

在这个阶段，解密是加密的简单逆过程，两者所用的密钥是可以简单地互相推导的，因此无论加密密钥还是解密密钥都必须严格保密。这种方案用于集中式系统是行之有效的。

（2）现代方法的计算机密码学阶段

这个阶段包括两个方向：一个方向是不断完善传统加密方法的计算机密码体制——数据加密标准（DES, Data Encryption Standard）；另一个方向是代表新的加密体制的公钥密钥加密算法 RSA。

在数据的保密特性中，保密通信系统是一个理解数据保密的重要模型，保密通信系统是一个六元组（$M, C, K_1, K_2, E_{K1}, D_{K2}$），其中包括明文消息空间 M，密文消息空间 C，加密密钥空间 K_1，解密密钥空间 K_2，加密变换 E_{k1} 和解密变换 D_{k2}，如图 2-1 所示。

在单钥体制下 $K_1=K_2=K$，此时密钥 K 需经安全的密钥信道由发送方传给接收方。加密形式化过程是：$M \rightarrow C$，$c=f(m,k_1)=E_{k1}(m)$，$m \in M$，$k_1 \in K_1$，由加密器完成。解密形式化过程是：$C \rightarrow M$，$m=f(c,k_2)=D_{k2}(c)$，$c \in C$，$k_2 \in K_2$，由解密器实现。密码分析者用其选定

的变换函数 h 对截获的密文 c 进行变换，得到的明文是明文空间中的某个元素，即 $m'=h(c)$，一般 $m'\neq m$，如果 $m'=m$，则密码分析成功。加密体制的基本思路是：发送方对原明文信息进行某种变换，使变换后的信息易于被合法的接收者利用双方约定的密钥恢复，对于非法的攻击者则难于恢复。

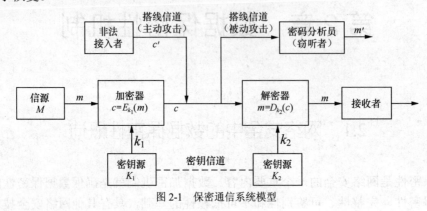

图 2-1 保密通信系统模型

2.2 数据保密性机制的评价标准

2.2.1 加密算法的安全强度

数据保密性机制的最主要评价标准之一就是加密算法的安全性。假设一个攻击者没有密钥，选取了两个长度相同的明文送给加密算法，加密算法随机地选取其中之一加密，然后将密文返给攻击者，如果攻击者很难辨别哪个明文被加密了，则认为这个加密算法是安全的。安全（保密）性是数据保密性的最高准则，再好的加密算法，若其安全（保密）性不足，则一文不值，因此算法要有能抵抗现有攻击的能力，例如，防频率统计攻击、蛮力攻击等。加密算法的安全性分为理论上的安全和计算上的安全。

（1）理论上的安全。一个加密算法是理论安全的，是指无论敌手截获多少密文 C、花费多少时间，并对之加以分析，其结果与直接猜明文 M 是一样的。

下面是一个理论安全的实例：加密函数是简单的异或门（Exclusive OR），密文 $C=M\oplus K$。若密文 M 和密钥 K 均为 n 位且相互独立。当收到密文 C（例如 1011）并加以分析时，发现所有 16 种可能的明文均可能经由加密密钥 K 加密成此密文。因此破译者截获 C，对其用无限制的时间与计算能力加以分析时，对明文的了解与直接猜的是一样的。符合这一要求的安全就称为理论安全。Shannon 用理论证明，仅当密钥至少和明文一样长时才能达到无条件安全。

（2）计算上的安全。在现实世界中，加密算法的安全（保密）性是相对的，不是绝对的，原则上所有现代密码系统都是可破解的，问题取决于需要花费的代价。在实际数据加密应用中，加密算法只要满足以下两条准则之一就称为计算上的安全。

① 破译密文的代价超过被加密信息的价值。

② 破译密文所花的时间超过信息的有用期。

2.2.2　加密密钥的安全强度

密钥的保密性包括两方面。①密钥管理的保密性，包括密钥的产生、分配、存储、销毁等，这是影响系统安全的关键因素，即使密码算法再好，若密钥管理问题处理不好，也很难保证系统的安全保密。例如，在数据加密过程中是否需要密钥的分发，如果需要，密钥分发的策略的保密性如何。由此我们也看到安全管理有时比安全技术更重要。②密钥空间的大小，主要看它是否足够大以致能够抵抗密钥的强力攻击。

2.2.3　加密算法的性能

加密算法的性能包括加解密计算的时间需求、空间需求、可并行性和预处理能力等。数据加密本质上是一种数据变换，这种变换是需要时间的，因此在提高数据加密安全强度的同时，如何提高加密数据的速度也是评价数据保密性的一个标准。

目前，对称加密系统的算法实现的速度达到了每秒数兆或数十兆比特，但非对称加密算法的运行速度比对称加密算法的速度慢很多，因此当我们需要加密大量的数据时，建议采用对称加密算法，以便提高加解密速度。

2.2.4　加密的工作模式

分组密码是最基本的密码技术之一，其每次处理消息的长度是固定的，如 DES 为 64 比特、AES 为 128 比特，但是在实际中需要处理的消息通常是任意长的，且要求密文尽量不确定，而分组密码自身不能做到，因此，引出了如何利用分组密码处理任意长度消息的问题。解决这个问题的技术就是分组密码工作（算法）模式。所谓工作模式，就是在分组加密法中一系列基本算法步骤的组合。不同的工作模式的选择，其安全性、性能、执行特点都不同。理论安全性是目前对设计工作模式最基本的要求，它保证在工作模式这一层没有安全隐患，没有降低分组密码的安全性，保证明文重复的块不会在密文中也重复，从而增加密码分析者破解密文的难度。

2.2.5　加密算法的可扩展性

这个评价指标是指当多实体间相互通信时，随着实体数量的增多，密钥的个数是否具有可扩展性。如果密钥的个数不具有可扩展性，就很难将其大规模应用到实际加密应用中。

2.2.6　加密的信息有效率

加密的信息有效率是指密文长度与原明文长度之比，这个结果小于等于 1 是我们所希望的效果，因为这样保证信息加密不会额外增加要传递信息的数量，不会给网络带来额外的性能负担。

2.3 基本加密技术与评价

将明文消息转换成密文的主要目的是让非法截获信息的人读不懂所截获的内容，但同时要让合法的接收者能容易地还原为明文，因此，加密时要让原明文尽量"乱"，但"乱"中必须有规律，这样才能让合法的接收者能还原为明文。目前加密的基本方法主要有两种，即替换技术和置换技术。

2.3.1 替换加密技术与评价

使用替换加密技术时，明文消息的字符换成另一个字符、数字或符号。注意：不一定替换成原字符集，同时也可以是一对多的替换。但是一对多替换可能造成密文还原明文的困难，需要想办法解决。例如，明文 A 对应密文 C 和 H，这样解密就无法进行，后面讲述的维吉耐尔加密法很好地解决了这个问题。

1. 经典替换法——凯撒加密法及其改进

最早最经典的替换法是凯撒加密法，消息中每个字母换成在它后面3个字母的字母，并进行循环替换，即最后的3个字母反过来用最前面的字母替换，基本替换对照表见表2-1。例如，明文 ATTACK AT FIVE 变成了密文 DWWDFNDWILYH。

表 2-1　　　　　　　　　　　　凯撒加密法对照表

A	B	C	D	E	F	G	H	I	J	K	L	M	N	O	P	Q	R	S	T	U	V	W	X	Y	Z
D	E	F	G	H	I	J	K	L	M	N	O	P	Q	R	S	T	U	V	W	X	Y	Z	A	B	C

算法评价：这个机制很容易破解，数字3就是密钥。

算法改进1：在凯撒加密法中，密文字母与明文字母不一定相隔3个字母，而是可以相隔任意多个字母，会更复杂一些，也就更难破译。英语有26个字母，字母A可以换成字母表中任何其他字母（B～Z），换成本身是没有意义的（A换成A，等于没换）。因此替换相隔在1～25之间，共有25种替换可能性。密钥是1～25中其中的一个数字。

改进算法1的评价：该算法的密钥虽然不是固定的数字3，而是1～25之间的变化数字，但是这种变化是非常有限的，一种针对有限可能性加密的攻击方法称为强力攻击法（Brute-force attack），它实际上采用的是穷举法，即通过所有置换与组合攻击密文消息。用强力攻击法可以破解上述改进的凯撒加密法，密码分析者只要知道下面3点就可以用强力攻击法破解改进的凯撒加密法。

（1）密文是用替换技术从明文得到的。

（2）只有25种可能性。

（3）明文的语言是英语。

算法改进2：在凯撒加密法中，假设某个明文消息的所有字母不是采用相同间隔的替换模式，而是使用随机替换，则在某个明文消息中，每个A可以换成B～Z的任意字母，B也可以换成A或C～Z的任意字母……注意：不要重复替换，例如，A既对应C又对应H，因为这样解密无法进行。

改进算法 2 的评价：数学上，现在可以使用 26 个字母的任何置换与组合，从而得到 25×24×23×…×2 = 25！种可能的替换方法，这么多的组合即使利用最先进的计算机也需要许多年才能破解开，这样就解决了强力攻击。但这种一对一的替换方式有一个很大的弊端，从前面的把明文 ATTACK AT FIVE 加密成密文 DWWDFNDWILYH 的例子可以看出，明文中的字母频率统计规律与密文中的统计规律完全一样，如在明文中 A 和 T 各出现了 3 次，在明文中对应的 D 和 W 也各出现 3 次，这种规律给密码分析者破解密文带来可乘之机，这种攻击方法称为字母频率统计法。密码分析者可以根据以往文章中字词出现的频率来进行解密，因此这种改进的加密法可以用英文字母的频率统计来破解，此方法对拥有大量密文更有效，因为这样统计的数据更容易得出真实结果，事先大量统计的规律可以事先完成，目前对于英文文章字母频率出现的规律如图 2-2 所示，可见字母 E 出现的概率最大，其次是 T、R 等，J、K 出现的概率最小。

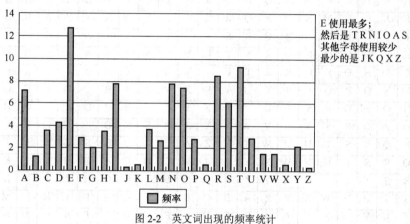

图 2-2　英文词出现的频率统计

除了单字母的频率统计外，密码分析员还寻找多字母 th、to、the 等常见的重复模式进行破译。例如，密码分析员可以在密文中寻找 3 字母出现最多的模式，试着将其换成 the。

例 2.1　利用频率统计法破解下列密文。

密文为：

UZQSOVUOHXMOPVGPOZPEVSGZWSZOPFPESXUDBMETSXAIZVUEPHZHMDZSHZO
WSFPAPPDTSVPQUZWYMXUZUHSXEPYEPOPDZSZUFPOMBZWPFUPZHMDJUDTMOHMQ

破解过程：

（1）统计字母的相对频率：单字母 P、E 最多，双字母最多的是 ZW。

（2）根据统计结果，密文统计频率最高的单个字母对应的就应该是明文统计频率最高的字母，从而猜测到 P、Z 可能是 e 和 t。

（3）统计双字母的相对频率，猜测 ZW 可能是 th，因此 ZWP 可能是 the。

（4）经过反复猜测、分析和处理，最终得到明文如下。

it was disclosed yesterday that several informal but direct contacts have been made with political representatives of the viet cong in Moscow.

2.　多码替换——Vigenere（维吉耐尔）加密法

多码加密法中的每个明文字母可以用密文中的多种字母来替代，而每个密文字母也可以表示多种明文字母。这种加密法使用多个单码密钥，每个密钥加密 1 个明文字符。第 1 个密钥加密第 1 个明文字符，第 2 个密钥加密第 2 个明文字符，等等。用完所有密钥后，再循环使用。这样，如果有 30 个单码密钥，那么明文中每隔 30 个字母就换成相同密钥，这个数字（30）称为密文周期。

Vigenere（维吉耐尔）加密法是一种多码替换加密法，Vigenere 密码就是把 26 个字母循环移位，排列在一起，形成 26×26 的方阵表，如图 2-3 所示。

	A	B	C	D	E	F	G	H	I	J	K	L	M	N	O	P	Q	R	S	T	U	V	W	X	Y	Z
A	A	B	C	D	E	F	G	H	I	J	K	L	M	N	O	P	Q	R	S	T	U	V	W	X	Y	Z
B	B	C	D	E	F	G	H	I	J	K	L	M	N	O	P	Q	R	S	T	U	V	W	X	Y	Z	A
C	C	D	E	F	G	H	I	J	K	L	M	N	O	P	Q	R	S	T	U	V	W	X	Y	Z	A	B
D	D	E	F	G	H	I	J	K	L	M	N	O	P	Q	R	S	T	U	V	W	X	Y	Z	A	B	C
E	E	F	G	H	I	J	K	L	M	N	O	P	Q	R	S	T	U	V	W	X	Y	Z	A	B	C	D
F	F	G	H	I	J	K	L	M	N	O	P	Q	R	S	T	U	V	W	X	Y	Z	A	B	C	D	E
G	G	H	I	J	K	L	M	N	O	P	Q	R	S	T	U	V	W	X	Y	Z	A	B	C	D	E	F
H	H	I	J	K	L	M	N	O	P	Q	R	S	T	U	V	W	X	Y	Z	A	B	C	D	E	F	G
I	I	J	K	L	M	N	O	P	Q	R	S	T	U	V	W	X	Y	Z	A	B	C	D	E	F	G	H
J	J	K	L	M	N	O	P	Q	R	S	T	U	V	W	X	Y	Z	A	B	C	D	E	F	G	H	I
K	K	L	M	N	O	P	Q	R	S	T	U	V	W	X	Y	Z	A	B	C	D	E	F	G	H	I	J
L	L	M	N	O	P	Q	R	S	T	U	V	W	X	Y	Z	A	B	C	D	E	F	G	H	I	J	K
M	M	N	O	P	Q	R	S	T	U	V	W	X	Y	Z	A	B	C	D	E	F	G	H	I	J	K	L
N	N	O	P	Q	R	S	T	U	V	W	X	Y	Z	A	B	C	D	E	F	G	H	I	J	K	L	M
O	O	P	Q	R	S	T	U	V	W	X	Y	Z	A	B	C	D	E	F	G	H	I	J	K	L	M	N
P	P	Q	R	S	T	U	V	W	X	Y	Z	A	B	C	D	E	F	G	H	I	J	K	L	M	N	O
Q	Q	R	S	T	U	V	W	X	Y	Z	A	B	C	D	E	F	G	H	I	J	K	L	M	N	O	P
R	R	S	T	U	V	W	X	Y	Z	A	B	C	D	E	F	G	H	I	J	K	L	M	N	O	P	Q
S	S	T	U	V	W	X	Y	Z	A	B	C	D	E	F	G	H	I	J	K	L	M	N	O	P	Q	R
T	T	U	V	W	X	Y	Z	A	B	C	D	E	F	G	H	I	J	K	L	M	N	O	P	Q	R	S
U	U	V	W	X	Y	Z	A	B	C	D	E	F	G	H	I	J	K	L	M	N	O	P	Q	R	S	T
V	V	W	X	Y	Z	A	B	C	D	E	F	G	H	I	J	K	L	M	N	O	P	Q	R	S	T	U
W	W	X	Y	Z	A	B	C	D	E	F	G	H	I	J	K	L	M	N	O	P	Q	R	S	T	U	V
X	X	Y	Z	A	B	C	D	E	F	G	H	I	J	K	L	M	N	O	P	Q	R	S	T	U	V	W
Y	Y	Z	A	B	C	D	E	F	G	H	I	J	K	L	M	N	O	P	Q	R	S	T	U	V	W	X
Z	Z	A	B	C	D	E	F	G	H	I	J	K	L	M	N	O	P	Q	R	S	T	U	V	W	X	Y

图 2-3 Vigenere 表

下面以 Vigenere 密码加密法为例说明多码替换加密法。

例 2.2 以 YOUR 为密钥，用 Vigenere 密码加密法加密明文 HOWAREYOU。

解： 密钥由 4 个字母组成，故密文周期为 4，要加密明码文为 HOWAREYOU，则整个加密过程如下。

（1）密钥重复进行组合，直到跟明文长度（个数）相同，每个密钥字符将加密一个明文字符，即

$$P = \text{HOWAREYOU} \qquad \text{（明文）}$$
$$K = \text{YOURYOURY} \qquad \text{（密钥的重复组合）}$$

（2）加密。在 Vigenere 表中，以明文字母选择行，以密钥字母选择列，两者的交点就是加密生成的密码文字母，最终加密的结果为

$$E_k（P）=FCQRPSSFS$$

（3）解密。在 Vigenere 表中，以密钥字母选择列，从中找到密文字母，密文字母所在行的行名即为明文字母。

算法评价：明文与密文的对应关系可以改变，频率分析工具无法很好地发挥作用，以此来解决频率分析破解密码问题。在上例中，明文字母 O 对应了不同的密文字母 C 和 F，这样就解决了频率分析问题，加密的应用范围和安全强度增大了。

3. Vernam 加密法

Vernam（弗纳姆）加密法是用随机的非重复字符集合作为密钥，因此也称为一次性板（One-Time Pad）。这里最重要的是：一旦密钥使用过就不再在任何其他消息中使用这个密钥，因此是一次性的，同时要求密钥的长度等于原消息明文的长度。

（1）按递增顺序把每个明文字母数字化，如 A=1，B=2，…Z=26，如表 2-2 所示。

表 2-2 字母数字化对照表

字母	A	B	C	D	E	F	G	H	I	J	K	L	M
对应的数字	1	2	3	4	5	6	7	8	9	10	11	12	13
字母	N	O	P	Q	R	S	T	U	V	W	X	Y	Z
对应的数字	14	15	16	17	18	19	20	21	22	23	24	25	26

（2）对密钥中每个字母进行相同处理。

（3）将明文中的每个字母与密钥中的相应字母相加，设和为 s。

（4）如果 $s>26$，就执行赋值语句：$s = s \bmod 26$。

（5）将 s 变成相应的字母，从而得到密文。

例 2.3 用 Vernam 加密算法加密明文"ATTACK AT FIVE"，假设一次性板为 KSHUBG WMLVZX。

解：加密过程见表 2-3，第 1 行是明文，第 2 行是明文的数字化形式，第 4 行是密钥的数字化形式，第 5 行是密钥，第 3 行是第 2 行和第 4 行的和，第 6 行是对 26 求余，第 7 行是密文。每步的操作解释见第 1 列的括弧内的序号对应的 Vernam（弗纳姆）加密法。最终所得密文为：LMBVERXGREVC。

表 2-3 对明文消息 ATTACK AT FIVE 采用 Vernam 加密过程

（1）明文		A	T	T	A	C	K	A	T	F	I	V	E
		1	20	20	1	3	11	1	20	6	9	22	5
（3）s	+	12	**39**	**28**	22	5	18	24	33	18	**31**	**48**	29
（2）密钥		11	19	8	21	2	7	23	13	12	22	26	24
		K	S	H	U	B	G	W	M	L	V	Z	X
（4）s mod 26		12	**13**	2	22	5	18	24	7	18	**5**	**22**	3
（5）密文		L	M	B	V	E	R	X	G	R	E	V	C

算法评价：这种算法采用了随机的非重复字符集合作为一次性板，由于一次性板用完就

要放弃，因此这个技术相当安全，它对于强力攻击和频率统计攻击具有很强的防范能力。但是 Vernam 加密算法的前提要求很高，在实际应用中不容易实现，适合少量消息加密，对大量消息是不适合的，因为要求明文和密钥的长度一样长。可以对它进行改进，在安全性和可行性之间进行折中，改进的方法是用一本书的内容作为密钥，因此也称为书加密法，缺点是密钥可能有一定量的重复。

4. 位加密的技术——异或加密

位加密技术是一种流加密技术，每次加密一个位，采用异或运算进行加密，异或运算符"^"的作用是判断两个相应位的值是否"相异"（不同），若为异，则结果为 1，否则为 0。或者用数学运算符 $\oplus$ 表示，它有 4 种运算：

$$0 \oplus 0=0 \qquad 0 \oplus 1=1 \qquad 1 \oplus 0=1 \qquad 1 \oplus 1=0$$

设 a，b 是任何一位的二进制数，可以得出下列性质。

- $a \oplus a=0$ 或者 $b \oplus b=0$。
- $a \oplus b=1$。
- 0 异或任何数得任何数。
- 1 异或任何数得任何数的补。

根据上述性质，再加上运算符 $\oplus$ 符合结合律，可以得下列等式：

$$a=a \oplus (b \oplus b) = \mathbf{(a \oplus b) \oplus b=a}$$

加解密过程只看下划线部分，这里把 a 看成是明文，b 看成密钥，$(a \oplus b)$ 是加密操作，$(a \oplus b) \oplus b=a$ 是解密操作，对称的有如下公式：

$$b=b \oplus (a \oplus a) = \mathbf{(a \oplus b) \oplus a=b}$$

加解密过程只看下划线部分，这里把 b 看成是明文，a 看成密钥，$(a \oplus b)$ 是加密操作，$(a \oplus b) \oplus a=b$ 是解密操作。

异或逻辑的一个有趣性质是：两个数异或的结果，再异或其中的一个，结果得另一个。

例如，二进制值 $A=101$，$B=110$，A 和 B 进行异或操作得到 C：

$$C=A \quad XOR \quad B$$
$$C=101 \quad XOR \quad 110 =011$$

C 与 A 进行异或操作，则得到 B，即

$$B = 011 \quad XOR \quad 101 =110$$

同样，如果 C 与 B 进行异或操作，则得到 A，即

$$A = 011 \quad XOR \quad 110 =101$$

算法评价：该算法是按位进行加密的基础，一般情况下，用来加密的密钥中位零不能太多，因为 0 不会改变原来的内容，一个数异或全零是没有实用意义的。对于含有中英文信息的文件，如果每个字符对应一个字节，理论上讲，这种密钥的可能性最多只有 256 种，很容易用强力攻击法破解，因此密钥的位数越长越好，目前认为密钥的长度是 128 位并且密钥的每一位是随机选取的，这样的加密是安全的。

2.3.2 置换加密技术与评价

置换加密技术与替换加密技术不同，不是简单地把一个字母换成另一个字母，而是对明

文字母重新进行排列，字母本身不变，但它的位置变了。

1. 栅栏置换加密技术

栅栏（Rail Fence）加密过程是，把要被加密的消息按照锯齿状一上一下地写出来。因为加密过程的几何形状类似于栅栏的上半部分，因此称为栅栏加密，如图 2-4 所示。

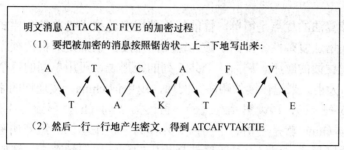

图 2-4 栅栏加密过程

解密过程是，先写第 1 行，再写第 2 行，每行字母的个数的决定是按照下面的原则进行的：字母总数是偶数时第 1 行和第 2 行各一半，总数是奇数时第 1 行多一个，然后按加密对角线序列读出。

算法评价：算法的优点是算法简单，性能好；缺点是很容易破解，只要知道是用栅栏置换加密技术加密的密文，就很容易分析出明文。因此一般很少单独使用，而是配合其他方法进行加密。另外，改进加密安全强度的方法是将栅栏置换加密技术多用几轮，可以将容易破解的密文转换为较难破译的密文。通过下面介绍的加密原理类似的加密技术（多轮分栏式置换加密技术）可以看出这个道理。

2. 多轮分栏式置换加密技术

（1）单轮分栏式置换加密技术

① 单轮分栏式置换加密过程

将明文消息一行一行地写入预定长度的矩形中（需要事先确定列数）。然后一列一列读消息，但不一定按 1、2、3 列的自然顺序读，也可以按随机顺序读，得到的消息就是密文消息。

例如，明文为"began to attack at two"，共 6 列，加密时按 6, 5, 4, 3, 2, 1 列读出，得密文为"tconawattgtteaabok"，如表 2-4 所示。

表 2-4 单轮分栏式置换加密

第 1 列	第 2 列	第 3 列	第 4 列	第 5 列	第 6 列
b	e	g	a	n	t
o	a	t	t	a	c
k	a	t	t	w	o

② 单轮分栏式置换解密过程

根据密文字母的总个数（被除数）和列数（除数）确定行数（商）和最后一行非空白单元的个数（余数）。例如，设总字母个数为 16，共 6 列，则整行数为 [16/6] =2，第 3 行非空白单元为 16 mod 6 = 4，按读列的顺序写入矩形中，然后一行一行地读出，就可以得到明文。

（2）多轮分栏式置换加密技术

为了使密码分析员更难破译，可以将单轮分栏式变换加密技术中的变换进行多次而增加复杂性，即将第 1 轮的密文当作明文再用分栏式置换加密法进行加密，这个过程可以进行多次。

算法评价： 该算法的优点是简单，性能好，使用多轮技术将单轮分栏式变换加密技术中的变换进行多次而增加复杂性，提高了破译密文的难度。缺点是随机读顺序不容易记住，可以用一个单词来记住读的顺序。例如，一共 5 列的矩形表，可用单词的每个字母在字母表中的顺序（ASCII 的大小）来记住读的顺序。例如，用单词 china，按递增的字母顺序是 achin，读列是先先读第 5 列（a），再读第 1 列（c），再读第 2 列（h），再读第 3 列（i），再读第 4 列（n）。这里单词 china 就是密钥。下面以矩阵作为分栏来举例：矩阵加密法是把明文字母按行顺序排列成矩阵形式，用另一种顺序选择相应的列输出得到密文。例如，用"china"为密钥，对"this is a bookmark"排列成矩阵如下（按行写入进行加密）：

$$\begin{bmatrix} t & h & i & s & i \\ s & a & b & o & o \\ k & m & a & r & k \end{bmatrix}$$

按"china"各字母升序（字母的顺序是"51234"）输出得到密文 ioktskhamibasor。这种置换技术没有密钥，秘密就是置换的规律，传统简单的置换技术经不起已知明文攻击，因为如果攻击者知道一部分明文，又知道对应的密文，就可以推断出来置换的规律。

2.4　加密算法的分类与评价

2.4.1　按密码体制分类

加密技术按密码体制分为对称密钥体制（也称私钥算法）和非对称密钥体制（也称公钥算法）两种。

1. 对称密钥体制

对称密钥体制使用同一个密钥加密和解密数据，即 $K_1 = K_2$。用户使用这个密钥加密数据，数据通过 Internet 传输之后，接收数据的用户使用同样的密钥解密数据，加密算法通常是公开的，目前典型的对称密钥系统有数据加密标准（DES）等。

2. 非对称密钥体制

非对称密钥体制采用两个不同的密钥，即 $K_1 \neq K_2$。这种数学算法的惊人之处是，一个用户能够使用一个密钥加密数据，而另一个用户能够使用不同密钥将加密后的数据解密。非对称密钥体制加解密时使用的关键信息是由一个公钥和一个与公钥不同的私钥组成的密钥对。用公钥加密的结果只能用私钥才能解密，而用私钥加密的结果也只能用公钥解密，但是用公钥不能推导出私钥，不像对称密钥体制，两个密钥是相互可以推导得到的（通常是相等的）。

2.4.2 按密码体制分类的评价

对称密钥体制的优点是加密速度快；缺点是用户必须让接收人知道自己所使用的密钥，这个密钥需要双方共同保密，任何一方的失误都会导致机密的泄露。在告诉接收方密钥的过程中（这个过程被称为密钥发布）还需要防止任何攻击者发现或窃听密钥。在有多个通信方时会造成密钥量的急剧增加，设由 n 方参加且两两安全地相互保密通信，则所需要的密钥总数为

$$C_n^2 = \frac{p_n^2}{2!} = \frac{n \times (n-1)}{2}$$

对称密钥体制主要用来加密大量信息，目前典型的对称密钥加密算法有数据加密标准（Data Encryption Standard，DES）和高级加密标准（Advanced Encryption Standard，AES）。

非对称密钥体制的优点是将加密和解密能力分开，因而可以实现多个用户加密的消息只能由一个用户解读，或由一个用户加密的消息可由多个用户解读。前者可用于在公共网络中实现保密通信，后者可用于实现对用户的鉴别（认证）；非对称密钥体制可扩展性强，设 n 方参加且两两安全地相互保密通信，则所需要的密钥数为 $2n$。缺点是加密的速度比较慢，加密的密文比明文长，主要应用在关键信息的加密、数据的完整性验证和用户的抗抵赖性验证中。目前应用最多的公开密钥系统有 RSA，它是由 Rivest、Shamir 和 Adleman 于 1978 年在麻省理工学院研制出来的。

2.4.3 按加密方式分类

加密技术按加密方式分为流（序列）加密法（Stream Ciphers）与分组（块）加密法（Block Ciphers）。

1. 流（序列）加密法

序列密码是一次只对明文中的单个位进行（有时对字节）运算的算法。加密时，将一段类似于噪声的伪随机序列（密钥）与明文进行异或操作后作为密文序列，这样即使是一段全"0"或全"1"的明文序列，经过序列密码加密后也会变成类似于随机噪声的混乱序列。在接收端，用相同的随机序列与密文序列进行异或操作便可恢复明文序列。

2. 分组加密/块加密法

分组加密法不是一次加密明文中的一个位，而是一次加密明文中的一个块，分组密码是将明文按一定的位长分组，这个固定长度被叫做块大小，明文组和密钥经过加密运算得到密文组，解密时密文组和密钥经过运算还原成明文组。

2.4.4　按加密方式分类的评价

序列加密产生流密钥序列简单、加密与解密过程均不需复杂的算法，运算速度快。缺点是由明文、密文和密钥流中的任意两者可以很容易求得第三者，而且很难得到完全随机的密钥流，这一特点给密码分析者带来极大方便，对安全性构成威胁。密钥变换过于频繁，密钥分配较难也是序列加密的一大缺点。应用最广泛的序列密码为 RC4。

分组加密的主要特点是把明文序列按一定长度截断后进行分组加密，分组加密算法具有较强的抗攻击能力，目前得到了广泛应用。分组加密中块越大保密性能越好，但加解密的算法和设备就越复杂，块的大小一般为 64 或 128 字节，典型的分组密码标准有 DES、IDEA、AES 和 TEA 等。

2.5　数据加密标准与评价

数据加密标准（Data Encryption Standard，DES）是美国国家标准局研究除国防部以外的其他部门的计算机系统的数据加密标准。DES 是一个分组加密算法，以 64 位为分组对数据加密。DES 是一个对称算法，即加密和解密用的是同一密钥。

DES 使用 56 位密钥，实际上，最初的密钥为 64 位，但在 DES 过程开始之前要放弃密钥中每个字节的第八位，从而得到 56 位密钥，即放弃第 8、16、24、32、40、48、56 和 64 位，用这些位进行奇偶校验，保证密钥中不包含任何错误。

DES 利用两个基本加密技术：替换（也称为混淆）与置换（也称为扩散）。DES 共 16 步，每一步称为一轮（Round），每一轮都进行替换与置换操作。DES 基本加密过程如图 2-5 所示，其中 PT 代表明文，CT 代表密文，K 是加密密钥。

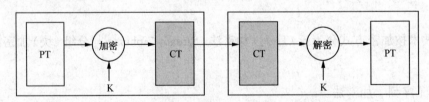

图 2-5　DES 基本加密过程

2.5.1　DES 主要步骤

DES 以 64 位为分组对数据加密，主要步骤有 6 步，如图 2-6 所示。第 1 步输入 64 位明文；第 2 步将 64 位明文块送入初始置换函数进行初始置换；第 3 步将初始置换后的内容分为两块，分别称为左明文（L_0）和右明文（R_0），各 32 位；第 4 步每个左明文与右明文经过 16 轮加密过程；第 5 步将左明文与右明文重接起来，对组成的块进行最终置换；第 6 步输出 64 位密文。

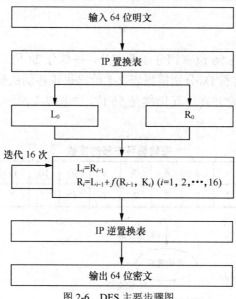

图 2-6 DES 主要步骤图

2.5.2 DES 详细步骤

1. 64 位明文的初始置换

初始置换只发生一次，是在第 1 轮之前进行的，初始置换中的变换如表 2-5 所示。

表 2-5 64 位明文的初始置换表

第 1 个 16 位置换表	原信息位置	1	2	3	4	5	6	7	8	9	10	11	12	13	14	15	16
	置换后位置	58	50	42	34	26	18	10	2	60	52	44	36	28	20	12	4
第 2 个 16 位置换表	原信息位置	17	18	19	20	21	22	23	24	25	26	27	28	29	30	31	32
	置换后位置	62	54	46	38	30	22	14	6	64	56	48	40	32	24	16	8
第 3 个 16 位置换表	原信息位置	33	34	35	36	37	38	39	40	41	42	43	44	45	46	47	48
	置换后位置	57	49	41	33	25	17	9	1	59	51	43	35	27	19	11	3
第 4 个 16 位置换表	原信息位置	49	50	51	52	53	54	55	56	57	58	59	60	61	62	63	64
	置换后位置	61	53	45	37	29	21	13	5	63	55	47	39	31	23	15	7

为了表述方便，在表格中、我们按从左到右、从上到下的顺序在单元格内写上置换后的位置，简化后的表示结果如表 2-6 所示。这样，表格中的数字是指数据所在的位置，而不是数据本身。例如，将输入的 64 位明文的第 58 位换到第 1 位，第 50 位换到第 2 位，依此类推，最后一位是原来的第 7 位，结果还是 64 位。

表 2-6 64 位明文的初始置换简化表

58	50	50	34	26	18	10	2	60	52	44	36	28	20	12	4
62	54	46	38	30	22	14	6	64	56	48	40	32	24	16	8
57	49	41	33	25	17	9	1	59	51	43	35	27	19	11	3
61	53	45	37	29	21	13	5	63	55	47	39	31	23	15	7

2. 密钥的压缩变换

密钥的压缩变换首先将 56 位密钥分成两部分，每部分 28 位，前 28 位为 C_0，后 28 位为 D_0，然后，根据轮数 i，C_0 和 D_0 分别根据表 2-7 给出每轮移动的位数，循环左移 1 位或 2 位得 C_i 和 D_i，循环左移后再合并在一起仍然是 56 位，如图 2-7 所示，其中 LS_i 是指第 i 轮的循环左移。

表 2-7   **每轮循环左移的位数**

轮数	1	2	3	4	5	6	7	8	9	10	11	12	13	14	15	16
LS_i位数	1	1	2	2	2	2	2	2	1	2	2	2	2	2	2	1

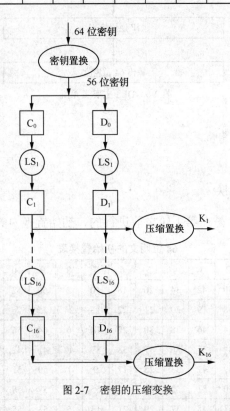

图 2-7   密钥的压缩变换

每一轮从合并后的 56 位密钥产生不同的 48 位子密钥，称为密钥压缩变换。这里不仅有变换，而且从 56 位密钥压缩到了 48 位，如表 2-8 所示。

表 2-8   **从 56 位密钥压缩到 48 位**

14	17	11	24	1	5	3	28	15	6	21	10
23	19	19	4	26	8	16	7	27	20	13	2
41	52	52	37	47	55	30	40	51	45	33	48
44	49	49	56	34	53	46	42	50	36	29	32

表 2-8 移位之后，第 14 位移到第 1 位，第 17 位移到第 2 位，等等。表 2-8 是 4×12 的表格，即原来的 56 位经过压缩后剩下 48 位，其中 8 位被压缩了，我们可以发现位号 9 在表中没有出现。

3. 右明文的扩展置换

经过初始置换后，我们得到两个 32 位明文，分别称为左明文与右明文。扩展置换将右明文从 32 位扩展到 48 位。除了从 32 位扩展到 48 位之外，这些位也进行置换，因此称为扩展置换。具体步骤为：首先将 32 位右明文分成 8 块，每块 4 位，然后将上一步的每个 4 位块扩展为 6 位块，即每个 4 位块增加 2 位。重复 4 位块的第 1 位和第 4 位，第 2 位和第 3 位原样写出。操作是块间交叉进行的，即第一块和最后一块循环交叉，如图 2-8 所示。

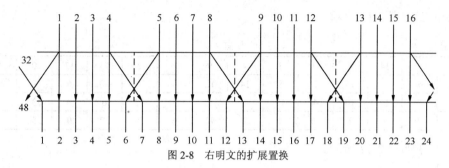

图 2-8　右明文的扩展置换

表 2-9 所示为哪一输出位对应于哪一输入位。例如，表中处于输入分组中第 3 位的位置的位移到了输出分组中第 4 位的位置，而输入分组中第 12 位的位置的位移到了输出分组中第 17 位和第 19 位的位置。

表 2-9　　　　　　　　　　　　　　**输出位与输入位的对应**

32	1	2	3	4	5	4	5	6	7	8	9
8	9	10	11	12	13	12	13	14	15	16	17
16	17	18	19	20	21	20	21	22	23	24	25
24	25	26	27	28	29	28	29	30	31	32	1

密钥的压缩变换将 56 位密钥压缩成 48 位，而右明文的扩展置换将 32 位右明文扩展为 48 位。现在，48 位密钥与 48 位右明文进行异或运算，将结果传递到下一步，即 S 盒替换。

4. S 盒替换

DES 使用 8 个替换盒 （也称 S 盒），其中 S 是单词 Substitution（替换）的第 1 个字母，每个 S 盒本质上是一个 4×16 的表格，根据表格进行替换。48 位输入块分成 8 个子块（每块有 6 位），每个子块指定一个 S 盒，子块与 S 盒分别对应，因此共 8 个 S 盒。

S 盒的作用是每个 S 盒有 6 位输入和 4 位输出（压缩替换），如图 2-9 所示。

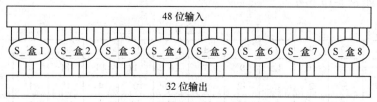

图 2-9　S 盒替换输入与输出对应图

（1）8个S盒

① S盒1如表2-10所示。

表2-10 S盒1

14	4	13	1	2	15	11	8	3	10	6	12	5	9	0	7
0	15	7	4	14	2	13	1	10	6	12	11	9	5	3	8
4	1	14	8	13	6	2	11	15	12	9	7	3	10	5	0
15	12	8	2	4	9	1	7	5	11	3	14	10	0	6	13

② S盒2如表2-11所示。

表2-11 S盒2

15	1	8	14	6	11	3	4	9	7	2	13	12	0	5	10
3	13	4	7	15	2	8	14	12	0	1	10	6	9	11	5
0	14	7	11	10	4	13	1	5	8	12	6	9	3	2	15
13	8	10	1	3	15	4	2	11	6	7	12	0	5	14	9

③ S盒3如表2-12所示。

表2-12 S盒3

10	0	9	14	6	3	15	5	1	13	12	7	11	4	2	8
13	7	0	9	3	4	6	10	2	8	5	14	12	11	5	1
13	6	4	9	8	15	3	0	11	1	2	12	5	10	14	7
1	10	13	0	6	9	8	7	4	15	14	3	11	5	2	12

④ S盒4如表2-13所示。

表2-13 S盒4

7	13	14	3	0	6	9	10	1	2	8	5	11	12	4	15
13	8	11	5	6	5	0	3	4	7	2	12	1	10	14	9
10	6	9	0	12	11	7	13	15	1	3	14	5	2	8	4
3	15	0	6	10	1	13	8	9	4	5	11	12	7	2	14

⑤ S盒5如表2-14所示。

表2-14 S盒5

2	12	4	1	7	10	11	6	8	5	3	15	13	0	14	9
14	11	2	12	4	7	13	1	5	0	15	10	3	9	8	6
4	2	1	11	10	13	7	8	15	9	12	5	6	3	0	14
1	8	12	7	1	14	2	13	6	15	0	9	10	4	5	3

⑥ S盒6如表2-15所示。

表2-15 S盒6

12	1	10	15	9	2	6	8	0	13	3	4	14	7	5	11
10	15	4	2	7	12	9	5	6	1	13	14	0	11	3	8
9	14	15	5	2	8	12	3	7	0	4	10	1	13	11	6
4	3	2	12	9	5	15	10	11	14	1	7	6	0	8	13

⑦ S 盒 7 如表 2-16 所示。

表 2-16　　　　　　　　　　　　　　　　　　　S 盒 7

4	11	2	14	15	0	8	13	3	12	9	7	5	10	6	1
13	0	11	7	4	9	1	10	14	3	5	12	2	15	8	6
1	4	11	13	12	3	7	14	10	15	6	8	0	5	9	2
6	11	13	8	1	4	10	7	9	5	0	15	14	2	3	12

⑧ S 盒 8 如表 2-17 所示。

表 2-17　　　　　　　　　　　　　　　　　　　S 盒 8

13	2	8	4	6	15	11	1	10	9	3	14	5	0	12	7
1	15	13	8	10	3	7	4	12	5	6	11	0	14	9	2
7	11	4	1	9	12	14	2	0	6	10	13	15	3	5	8
2	1	14	7	4	10	8	13	15	12	9	0	3	5	6	11

（2）S 盒替换的规则

先确定查哪个 S 盒表格，看待替换的 6 位数属于第几块（第几个 6 位），就查第几个 S 盒。然后确定 S 盒单元位置并输出值，输入的第一和最后一个比特位决定行，中间 4 比特位决定列，被选中单元的数字（十进制）转换成 4（二进制）比特位输出。

假设 S 盒的 6 位表示为 b1、b2、b3、b4、b5 与 b6。现在，b1 和 b6 位组合，形成一个两位数。两位可以存储 0（二进制 00）到 3（二进制 11）的任何值，它指定行号。其余 4 位 b2、b3、b4、b5 构成一个 4 位数，指定 0（二进制 0000）到 15（二进制 1111）的列号。这个 6 位输入自动选择行号与列号，可以确定输出。

（3）示例 1

假设 48 位输入的第 7 位～第 12 位包含 6 位二进制值 101101，如何转换为 4 位二进制值。

① 确定查哪个 S 盒表格。因为第 7 位～第 12 位是第 2 个块，因此查第 2 个 S 盒。

② 确定单元位置并输出值。

（b1,b6）：11（二进制，相当于十进制值 3）

（b2,b3,b4,b5）：0110（二进制，相当于十进制值 6）

选择 S 盒 2 的第 3 行第 6 列相交处（最后一行的第 7 列）的值输出，即 4，相当于二进制值 0100，即将 6 位的 101101 替换为 0100，可见这里是替换而不是置换，如果是置换，结果不可能出现 3 个 0。注意：行号与列号从 0 算起，而不是从 1 算起。

5．不扩展和压缩的 P 盒置换

所有 S 盒的输出组成 32 位块，对该 32 位要进行 P 盒置换（Permutation）。P 盒置换机制只是进行简单置换，即按表 2-18 所示把某一位换成另一位，而不进行扩展或压缩。

表 2-18　　　　　　　　　　　　　　　　　32 位 P 盒置换

16	7	20	21	29	12	28	17	1	15	23	26	5	18	31	10
2	8	24	14	32	27	3	9	19	13	30	6	22	11	4	25

根据表 2-18，第 1 单元格的 16 表示原输入的第 16 位移到输出的第 1 位，第 16 单元格的 10 表示原输入的第 10 位移到输出的第 16 位。

6. 与明文的左半部分异或与交换

上述所有操作只是处理了 64 位明文的右边 32 位（右明文），还没有处理左边部分（左明文）。在执行下一轮之前还要进行异或与交换操作。新一轮的右明文是将最初的 64 位明文的左半部分与置换后的结果进行异或运算得到的。新一轮的左明文是通过交换旧的右明文得到的。整个操作过程的数学表达试为

$$L_i = R_{i-1}$$
$$R_i = L_{i-1} \oplus f(R_{i-1}, K_i) \quad (i=1,2,3,\cdots,16)$$

其中，L_i 表示第 i 轮的前 32 位，R_i 表示第 i 轮的后 32 位。符号 $\oplus$ 表示数学运算"异或"，f 表示一种变换，f 包括前面讲述的扩展变换、S 替换和 P 置换等。左、右明文迭代操作过程如图 2-10 所示。

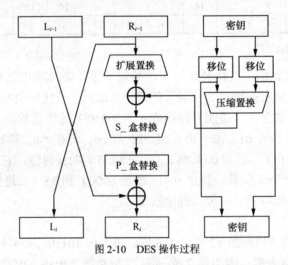

图 2-10　DES 操作过程

7. 末置换

16 轮结束后，进行最终置换，即按表 2-19 进行变换。根据表 2-19，第 40 位输入代替第 1 位输出，第 8 位输入代替第 2 位输出，等等。末置换的输出就是 64 位加密块。

表 2-19　　　　　　　　　　　　　　　　末置换表

40	8	48	16	56	24	64	32	39	7	47	15	55	23	63	31
38	6	46	14	54	22	62	30	37	5	45	13	53	21	61	29
36	4	44	12	52	20	60	28	35	3	43	11	51	19	59	27
34	2	42	10	50	18	58	26	33	1	41	9	49	17	57	25

注意：末置换正好是初始置换的逆运算。例如，在初置换表 2-6 中，第 1 位处于第 40 位；第 2 位处于第 8 位，即 1=>40，2 => 8，现在在表 2-19 中返回到原来的位置了，即 40 =>1，8 =>2。

8. DES 解密

DES 加密机制相当复杂，按照常理，解密的算法应该完全不同，但 DES 加密算法也适用于解密。各个表的值和操作及其顺序是经过精心选择的，使这个算法可逆。加密与解密过

程的唯一差别是密钥部分倒过来。如果各轮的加密密钥分别是 K1，K2，K3，…，K16，那么解密密钥就是 K16，K15，K14，…，K1。

2.5.3　DES 的分析与评价

1. DES 算法的安全强度分析与评价

DES 算法具有极高的安全性，到目前为止，除了用穷举搜索法对 DES 算法进行攻击外，还没有发现更有效的办法。DES 算法的安全性是通过利用多种加密思想来实现的，主要包括以下几项。

（1）替换机制，在算法中是 S 盒。

（2）置换机制，在算法中是 P 盒。

（3）进行多轮反复加密，在算法中一共 16 轮。

（4）在替换和置换中同时揉进了压缩与扩展操作。

（5）使用了异或的加密操作。

（6）算法不公开 S 盒的设计准则。

（7）算法具有雪崩效应。雪崩效应是指明文的一点点变动就会引起密文发生大的变化。

2. DES 密钥的安全分析与评价

目前多数加密算法的设计现状是，提出一种加密算法后，基于某种假想给出其安全性论断，如果该算法在很长时间（如 10 年）仍不能被破译，大家就广泛接受其安全性论断。使用一段时间后可能发现某些安全漏洞，于是针对具体的攻击方式再进行改进，这样就进入了无休止的攻击改进循环。DES 加密算法的发展也不例外。DES 算法最初假定 56 位密钥是安全的，因为可以有 2^{56} 个密钥（大约为 7.2×10^{16}），用强力攻击 DES 很难能成功。如果每秒能检测一百万个密钥，需要 2000 年才能完成检测。可见，这是很难实现的。但是，随着科学技术的发展，当出现超高速计算机后，56 位的 DES 密钥长度可能就不安全了，同时 DES 的 56 位密钥面临的另一个严峻而现实的问题是 Internet 形成的分布式超级计算能力的攻击。1997 年 1 月 28 日，美国的 RSA 数据安全公司在 Internet 上开展了一项名为"密钥挑战"的竞赛，悬赏一万美元，破解一段用 56 位密钥加密的 DES 密文。计划公布后引起了网络用户的强烈响应。一位名叫 Rocke Verser 的程序员设计了一个可以通过 Internet 分段运行的密钥穷举搜索程序，组织实施了一个称为 DESHALL 的搜索行动，成千上万的志愿者加入到计划中，在计划实施的第 96 天，即挑战赛计划公布的第 140 天，1997 年 6 月 17 日晚上 10 点 39 分，美国盐湖城 Inetz 公司的职员 Michael Sanders 成功地找到了密钥，在计算机上显示了明文"The unknown message is: Strong cryptography makes the world a safer place"。

目前，认为 128 位密钥是相当安全的，现在的计算机还无法破解。随着计算能力改进，这些数字会不断改变，也许若干年后 128 位密钥也会被破解，这时就要使用 256 位或 512 位密钥了。在计算机高速发展的今天，DES 密钥长度较短被认为是 DES 仅有的最严重的缺点，为了提高 DES 的安全性，对 DES 进行了改进，增加密钥空间，改进主要在如下 3 方面进行。

（1）双重 DES

双重 DES（Double DES）很容易理解。实际上，它就是把 DES 通常要做的工作多做一遍。双重 DES 使用两个密钥 K1 和 K2。首先对原明文用 K1 进行 DES，得到加密文本，然后对加密文本用另一密钥 K2 再次进行 DES，加密这个加密文本，双重 DES 有效密钥就是 2×56=112 位，密钥空间是 2 的 112 次方。

增加密钥空间，还可以用三重 DES，三重 DES 就是执行 3 次 DES，分为两大类：一种用 3 个密钥，另外一种用 2 个密钥。

（2）3 个密钥的三重 DES

3 个密钥的三重 DES 首先用密钥 K1 加密明文块 P，然后用密钥 K2 加密，最后用密钥 K3 加密，其中 K1、K2、K3 各不相同，如图 2-11 所示。

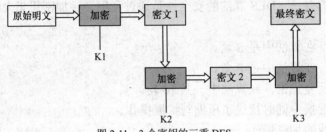

图 2-11   3 个密钥的三重 DES

（3）两个密钥的三重 DES

三重 DES 方法需要执行 3 次常规的 DES 加密步骤，但最常用的三重 DES 算法中仅仅用两个 56 位 DES 密钥。两个密钥的三重 DES 首先用 K1 加密，其次用 K2 解密，最后用 K1 加密，如图 2-12 所示。这个三重 DES 可使加密密钥长度扩展到 112 位。三重 DES 的 112 位密钥长度在可以预见的将来可认为是合适的、安全的，但是三重 DES 的时间是 DES 算法的 3 倍，时间开销较大。

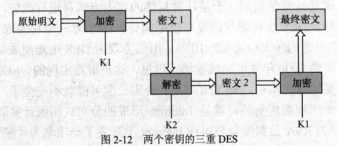

图 2-12   两个密钥的三重 DES

3．DES 密钥的安全发布分析与评价

DES 密钥发布问题也是决定 DES 安全程度的重要问题之一，基本解决方法有两个，一个是根据 Diffie-Hellman 密钥交换协议/算法来实现密钥的发布问题，它是 Whitefield Diffie 与 Martin Hellman 在 1976 年提出的密钥交换协议，这个机制的好处在于需要安全通信的双方可以用这个方法确定对称密钥，然后可以用这个密钥进行加密和解密；另一个是结合非对称密钥，先利用接收方的公钥对 DES 使用的密钥进行加密，然后再利用 DES 进行加密。下面先讲述第 1 种策略，第 2 种策略将在后面的非对称加密算法中讲述。

（1）Diffie-Hellman 密钥交换算法描述

① 首先，Alice 与 Bob 确定两个大素数 n 和 g，这两个整数不必保密，Alice 与 Bob 可以用不安全信道确定这两个数。

② Alice 选择另一个大随机数 x，并计算 A：

$$A=g^x \bmod n$$

③ Alice 将 A 发给 Bob。

④ Bob 选择另一个大随机数 y，并计算 B：

$$B=g^y \bmod n$$

⑤ Bob 将 B 发给 Alice。

⑥ 计算秘密密钥 K1：

$$K1=B^x \bmod n$$

⑦ 计算秘密密钥 K2：

$$K2=A^y \bmod n$$

（2）Diffie-Hellman 密钥交换实例

① 首先，Alice 与 Bob 确定两个大素数 n 和 g，这两个整数不必保密，Alice 与 Bob 可以用不安全信道确定这两个数。

设 $n=11$，$g=7$

② Alice 选择另一个大随机数 x，并计算 A：

$$A=g^x \bmod n$$

设 $x=3$，则 $A =7^3 \bmod 11=343 \bmod 11=2$

③ Alice 将 A 发给 Bob。

Alice 将 2 发给 Bob

④ Bob 选择另一个大随机数 y，并计算 B：

$$B=g^y \bmod n$$

设 $y=6$，则 $B=7^6 \bmod 11=117649 \bmod 11=4$

⑤ Bob 将 B 发给 Alice。

Bob 将 4 发给 Alice

⑥ 计算秘密密钥 K1：

$$K1=B^x \bmod n$$

K1$=4^3 \bmod 11=64 \bmod 11=9$

⑦ 计算秘密密钥 K2：

$$K2=A^y \bmod n$$

K2$=2^6 \bmod 11=64 \bmod 11=9$

我们能证明 K1=K2，说明它是对称密钥体制。证明如下。

（a）首先看 Alice 在第 6 步的工作，Alice 计算：

$$K1=B^x \bmod n$$

其中 B 是在第 4 步中计算得到的，即

$$B=g^y \bmod n$$

把 B 代入第 6 步，得到下列方程：

$$K1=\left(g^y\right)^x \bmod n=g^{yx} \bmod n$$

（b）再看 Bob 在第 7 步的工作，Bob 计算：

$$K2=A^y \bmod n$$

其中 A 是在第 2 步中计算得到的，即

$$A=g^x \bmod n$$

把 A 代入第 7 步，则得到下列方程：

$$K2=\left(g^x\right)^y \bmod n = g^{xy} \bmod n$$

因此，K1=K2=K。

既然 Alice 与 Bob 能够独立求出 K，攻击者是否也能够求出 K？事实上，Alice 与 Bob 交换 n、g、A、B。根据这些值，并不容易求出 x（只有 Alice 知道）和 y（只有 Bob 知道）。数学上，对于足够大的数，求 x 与 y 是相当复杂的，因此，攻击者无法求出 x 与 y，因此无法求出 K。

（3）Diffie-Hellman 密钥交换的关键

Diffie-Hellman 密钥交换的关键是，已知 n，g，A 和 B 很难推导出 K1 和 K2，这是一个数学难题，有效地防止了截获信息的人破解密钥。

4. DES 加密的可扩展性和有效率

n 方利用 DES 加密要安全地两两相互保密通信时，所要的密钥数为从 n 个取两个的组合数：$C_n^2 = {P_n^2}\big/{2} = n \times {(n-1)}\big/{2}$，可见 DES 算法的可扩展度是 $O\left(n^2\right)$，随着 n 的增大，密钥个数也增加很快，因此 DES 可扩展性不是很好。用 DES 得到的密文长度等于明文长度，因此 DES 加密的信息有效率较高。

5. DES 工作模式的选取分析

DES 属于分组/块加密，这种加密的一个明显问题是重复文本。对重复文本模式，生成的密文是相同的，据此，密码分析员可以猜出原文的模式。密码分析员可以检查重复字符串，试图破译。如果破译成功，就可能破译明文中更大部分，从而更容易破译全部消息。为防止明文被破译引入加密算法的工作模式，它通过链接模式使前面的密文块与当前密文块混合，从而掩护密文，避免重复明文块出现重复密文块的模式。下面具体讲述。

工作算法模式有 4 种：电子编码簿（Electronic Code Book，ECB）、加密块链接（Cipher Block Chaining，CBC）、加密反馈（Cipher FeedBack，CFB）和输出反馈（Output Feed Back，OFB）。

（1）电子编码簿（ECB）模式

电子编码簿模式是最简单的操作模式，将输入明文消息分成 64 位块，然后单独加密每个块。消息中的所有块用相同密钥加密。电子编码簿模式的解密过程是接收方将收到的数据分成 64 位块，利用与加密时相同的密钥解密每个块，得到相应的明文块。

电子编码簿模式的缺点是，用一个密钥加密消息的所有块，如果原消息中有重复的明文块，那么加密消息中的相应密文块也会重复。这种模式只适合加密少量消息，因为它重复明文块的可能性很小。

（2）加密块链接（CBC）模式

加密块链接模式保证即使输入中的明文块重复，这些明文块也会在输出中得到不同的密文块。为此，要使用一个反馈机制。在加密块链接模式中，前面块的加密结果反馈到当前块的加密中。每块密文不仅与相应的当前输入明文块相关，还与前面的所有明文块相关。具体加密步骤如表 2-20 所示，流程图如图 2-13 所示。

表 2-20　　　　　　　　　　　　　　加密块链接的加密步骤

步骤 1：第 1 个明文块和初始化向量（Initialization Vector，IV）用异或运算符进行运算，然后用共享密钥加密，产生第 1 个密文块。这里有 2 个加密操作：第 1 个是异或，第 2 个是加密。初始化向量使每个消息唯一，因为初始化向量值是随机生成的，所以两个不同消息中重复初始化向量的可能性很小。

步骤 2：将第 2 个明文块与上一步的输出（第 1 个密文块）用异或操作，结果用相同密钥加密，产生第 2 个密文块。

步骤 3：将第 3 个明文块与上一步的输出（第 2 个密文块）用异或操作，然后用相同密钥加密，产生第 3 个密文块。

步骤 4：这个过程一直重复，直到对原消息的所有明文块全部操作完为止。

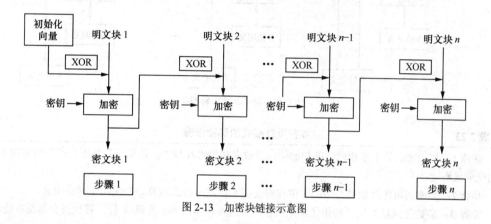

图 2-13　加密块链接示意图

加密块链接模式（CBC）解密具体步骤见表 2-21。

表 2-21　　　　　　　　　　　　　　加密块链接的解密步骤

步骤 1：使用明文块加密的对称密钥，用加密的同一算法对密文块 1 解密。解密的结果与初始化向量进行异或运算，得到第 1 个明文块。这里有两个操作，第 1 个是解密，第 2 个是异或。

步骤 2：使用明文块加密的对称密钥，用加密的同一算法对密文块 2 解密。解密的结果与第 1 个密文块进行异或运算，得到第 2 个明文块。

步骤 3：对余下的所有密文块重复执行第 2 步操作，直至结束。

（3）加密反馈（CFB）模式

假设一次处理 8 位，8 是加密块的大小，具体加密步骤如表 2-22 所示，流程图如图 2-14 所示，解密步骤如表 2-23 所示。

表 2-22　　　　　　　　　　　　　　加密反馈模式的加密步骤

步骤 1：放在移位寄存器中的 64 位初始化向量用共享密钥加密，产生相应的 64 位初始化向量密文。

步骤 2：加密初始化向量最左边的 8 位与明文前 8 位进行异或运算，产生密文第 1 部分（假设为 C），然后将 C 传输到接收方。

步骤 3：在移位寄存器初始化向量左移 8 位，在移位寄存器最右边的 8 位填入 C 的内容，如图 2-14 所示。

步骤 4：重复第 1～3 步，直到加密完所有明文单元，即重复下列步骤。①加密 IV；②加密得到的 IV 的左边 8 位与明文的下面 8 位进行异或运算；③得到的密文部分发给接收方；④将 IV 的移位寄存器左移 8 位；⑤在 IV 的移位寄存器右边插入这 8 位密文。

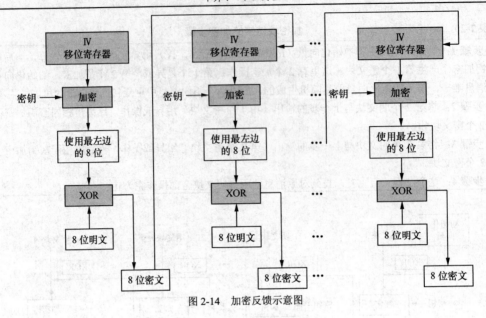

图 2-14　加密反馈示意图

表 2-23　　　　　　　　　　　　　　**加密反馈模式的解密步骤**

> **步骤 1**：与加密的第 1 步相同，即初始化向量放在移位寄存器中，在第 1 步加密，产生相应的 64 位初始化向量密文。
> **步骤 2**：加密初始化向量最左边的 8 位与密文前 8 位进行异或运算，产生第 1 部分明文。
> **步骤 3**：初始化向量的位（初始化向量所在的移位寄存器内容）左移 8 位，移位寄存器最右边的 8 位填入密文 C 的内容。
> **步骤 4**：重复第 1～3 步，直到解密所有密文单元，即重复下列步骤。①加密 IV；②加密得到的 IV 的左边 8 位与密文的下面 8 位进行异或运算；③得到下一个明文；④将 IV 的移位寄存器左移 8 位；⑤在 IV 的移位寄存器右边插入这 8 位密文。

（4）输出反馈（OFB）模式

输出反馈模式与 CFB 很相似，唯一的差别是 CFB 中密文填入加密过程下一阶段，而在 OFB 中，IV 加密过程的输出填入加密过程下一阶段。

6. DES 的性能分析

目前，已经有许多关于 DES 的软硬件产品和以 DES 为基础的各种密码系统。其中，DEC 公司（Digital Proposed Corporation）开发的 DES 芯片是速度最快的，其加解密速度可达 1Gbit/ 以上。用软件实现方面，采用 80486，CPU 66Hz，每秒加密 43 000 个 DES 分组加密速度可达 336K B/s。采用 HP 9000/887，CPU 125 Hz，每秒加密 196 000 个分组，加密速度可达 1.53MB/s。

2.6　RSA 加密机制与评价

RSA 是在 1977 年由美国麻省理工学院（MIT）的 3 位年轻数学家 Ron Rivest、Adi Shamirh 和 Len Adleman 发明的基于数论中的大数不可分解原理的非对称钥密码体制。现在，RSA 算 法仍是最广泛接受的公钥方案，算法的 3 个字母分别取自于这 3 个人的名字。

2.6.1　RSA 加解密过程

假设 A 是发送方，B 是接收方，RSA 加解密过程是：A 用 B 的公钥加密要发送的明文消息 PT，并将加密的结果 CT 通过网络发送给 B，B 用自己的私钥解密得明文 PT，如图 2-15 所示。

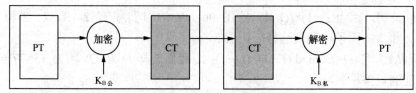

图 2-15　RSA 加解密过程

2.6.2　RSA 密钥的计算

1. 算法中的变量介绍

在算法中设 D（Decryption）为解密密钥，E（Encryption）为加密密钥，PT（Plain Text）为明文，CT（Cipher Text）为密文。

2. 计算两个大素数的乘积

（1）选择两个大素数 P 和 Q，这两个数自己保密。
（2）计算 $N = P \times Q$。

3. 选择公钥（加密密钥）E

使 E 不是 $(P-1)$ 与 $(Q-1)$ 的因子，即，E 不是 $(P-1) \times (Q-1)$ 的因子，方法是先求因子，再选择非因子的数，选取的结果可能不唯一。

4. 选择私钥（解密密钥）D

使 D 满足条件：$(D \times E) \bmod (P-1) \times (Q-1) = 1$。
选取的结果也不唯一，为了加快计算 D 的速度，可选取较小的。

2.6.3　RSA 的加密与解密

1. 加密

假设 A 是发送方，B 是接收方，上面计算的 D，E 和 N 是接收方 B 进行的，因为 A 要给 B 发送消息只涉及 B 的公钥和私钥。A 加密时，输入量包括 B 发送来的 E、N 和自己要发送的明文 PT，加密的公式为

$$CT = PT^E \bmod N$$

2. 解密

B 解密时，输入 D、N 和从 A 收到密文 CT，B 解密的公式为

$$PT = CT^D \bmod N$$

该算法是纯粹的数字运算，实际加密的密文可能是非数字的，那么如何利用 RSA 呢？下面举例说明。

例 2.4 下面是一个 RSA 加密实例。

（1）取 $P=7$，$Q=17$。

（2）计算 $N=P\times Q=7\times17=119$。

（3）选取公钥，因为 $(P-1)\times(Q-1)=6\times16=96$，96 的因子为 2、2、2、2、2 和 3，因此公钥 E 不能有 2 和 3 的因子，我们选择公钥值 5。

（4）选择私钥，使 $(D\times E)$ mod $(P-1)\times(Q-1)=1$。我们选择 D 为 77，因为 (5×77)mod 96=385 mod 96=1，能满足条件。

根据这些值，考虑加密与解密过程，设 A 是发送方，B 是接收方。可以用编码机制编码字母：A=1，B=2，…Z=26。假设用这个机制编码字母，那么其工作如下，假设发送方 A 要向接收方 B 发送一个字母 F。利用 RSA 算法，字母 F 编码如下。

用字母编码机制（如 A=1，B=2，…Z=26），这里 F 为 6，因此首先将 F 编码为 6。

发送方用下列方法加密 6，得到 41。

- 求这个数与指数为 E 的幂，即 6^5。
- 计算 6^5 mod ll9，得到 41，这是要在网络上发送的加密信息。

接收方用下列方法解密 41，得到 F。

- 求这个数与指数为 D 的幂，即 41^{77}。
- 计算 41^{77}mod ll9，得到 6。
- 按字母编号机制将 6 译码为 F，这就是原先的明文。

2.6.4 RSA 加密机制的分析与评价

1. RSA 算法与密钥安全强度分析与评价

RSA 算法本身很简单，关键是选择正确的密钥。设 A 是发送方，B 是接收方，则 B 要生成私钥 D（Decryption）和公钥 E（Encrypt），然后将公钥和数字 N 发给 A。A 用 E 和 N 加密消息，然后将加密的消息发给 B，B 用私钥 D 和 N 解密消息。

既然 B 能计算求出 D，别人是否也能计算求出 D？实际上，这并不容易，这就是 RSA 的关键所在。从计算私钥的公式 $(D\times E)$mod$(P-1)\times(Q-1)=1$ 可知，攻击者只要知道公钥 E、P 和 Q，就可以计算出私钥 D。

攻击者要怎么做？首先要用 N 求出 P 和 Q（因为 $N=P\times Q$）。在实际中，P 和 Q 选很大的数，因此要从 N 求出 P 和 Q 并不容易，是相当复杂和费时的。RSA 算法的安全性基于这样的数学事实：两个大素数很容易相乘，而对得到的积求因子则很难，大整数分解是一个著名的数学难题。RSA 中的私钥和公钥基于大素数（100 位以上）。数学分析表明，N 为 100 位数时，要 70 多年才能求出 P 和 Q。由于攻击者无法求出 P 和 Q，也就无法求出 D，因为 D 取决于 P、Q 和 E，即使攻击者知道 N 和 E，也无法求出 D，因此无法将密文解密。

RSA 不存在密钥的发布问题，RSA 加解密时使用的关键信息是由一个公钥和一个与公钥不同的私钥组成的密钥对。用公钥加密的结果只能用私钥才能解密，而用私钥加密的结果也只能用公钥解密，而且用公钥不能推导出私钥。私钥自己保密，公钥可以公开。

2. RSA 加密的可扩展性和信息有效率

n 方利用 RSA 加密要安全地两两相互保密通信时，所要的密钥数为 $2n$。例如，如果 1000 个人要安全地相互通信，只要有 1000 个公钥和 1000 个私钥。DES 方法则需要 $1000 \times (999)/2 = 499\,500$ 个密钥。可见 RSA 算法的可扩展度是 $O(n)$，可见随着 n 的增大，密钥个数相对于 DES 来说增加不是很快，因此算法的可扩展性较好。利用 RSA 得到的密文长度大于明文长度，而利用 DES 得到的密文长度等于明文长度，所以 RSA 加密的信息有效率没有 DES 的高。

3. 性能评价

RSA 加密算法比 DES 加密算法速度慢许多。如果用硬件实现 DES 之类对称算法和 RSA 之类非对称算法，那么 DES 比 RSA 快大约 1000 倍。如果用软件实现这些算法，那么 DES 比 RSA 快大约 100 倍。

2.7　RSA 与 DES 结合加密机制与评价

非对称密钥加密虽然解决了密钥协定与密钥交换问题，但是并没有解决实际安全结构中的所有问题。对称与非对称密钥加密各有所长，在实际保密性的保障机制中是将二者结合起来实现高效的保密方案。

2.7.1　RSA 与 DES 相结合的加密机制

假设 A 是发送方，B 是接收方，加密过程如表 2-24 所示。

表 2-24 　　　　　　　　　　　　　**RSA 与 DES 结合加密机制**

步骤 1：A 的计算机利用 DES 对称密钥加密算法加密明文消息（PT_A），产生密文消息（CT_A）。这个操作使用的密钥（K1）称为一次性对称密钥，用完即放弃，防止重放攻击。
步骤 2：A 取第 1 步的一次性对称密钥（K1），用 B 的公钥（K2）加密 K1。这个过程称为对称密钥的密钥包装。
步骤 3：A 把密文 CT_A 和加密的对称密钥一起通过网络发送给 B。
步骤 4：B 用 A 所用的非对称密钥算法和自己的私钥（K3）解密用 B 的公钥包装的对称密钥，这个过程的输出是对称密钥 K1。
步骤 5：B 用 A 所用的对称密钥算法和对称密钥 K1 解密密文（CT_A），这个过程得到明文 PT_A。
步骤 6：B 用 A 所用的对称密钥算法和对称密钥 K1 加密自己反馈给 A 的明文（CT_B），并通过网络发送给 A。
步骤 7：A 用对称密钥 K1 解密密文（CT_B），这个过程得到明文 PT_B。

2.7.2　RSA 与 DES 相结合的加密机制的分析与评价

1. 性能与信息有效率得到改善

相结合的加密机制用对称密钥加密算法和一次性会话密钥（K1）加密明文（PT）。我们知道，对称密钥加密算法速度快，得到的密文（CT）通常比原先的明文（PT）小。如果这时使用非对称密钥加密算法，速度就很慢，对大块明文更是如此。另外，输出密文（CT）也会比原先的明文（PT）大。

2. 解决了密钥的分发问题

相结合的加密机制用 B 的公钥包装对称密钥（K1），解决了密钥的分发问题。由于 K1 长度小（通常是 56 或 64 位），因此这个非对称密钥加密过程不会用太长的时间。

这个机制完成了 A 和 B 的一个交互过程，就保密性而言，以后双方可以继续用对称密钥 K1 进行加解密发送消息了，不需要每次再对对称密钥进行封装。如果为了防止重放攻击，可以每次对话都使用不同的随机对称密钥加密发送的信息，当攻击者进行重放攻击时，B 解密的最新密钥已经不同于重放的旧密钥了，因此不能正确解密。当然重放攻击还可以结合序列号、时间戳等来解决，B 对同一编号的消息不接收第 2 次就可以了。

3. RSA 的中间人的攻击

中间人攻击是指中间人不需要知道发送方和接收方的私钥就可以非法查看双方的信息内容，中间人攻击的主要漏洞是公钥被非法替换和调包，对于中间人的攻击主要解决公钥的真实性，在后面的公钥基础设施（PKI）中将会解决这个问题。

2.8 数据保密性的应用实例与作用辨析

2.8.1 数据保密性的应用实例

例 2.5 用户用口令安全调用 Web 服务。

现有提供 Web 服务的服务提供者甲向用户乙提供服务，乙在调用甲的时候需要提供用户名、口令及相关参数，其传送过程如下。

（1）用户乙随机产生一个加密密钥（DES 密钥），用此密钥对自己的口令和需提供的其他参数进行加密，然后用服务提供者甲的公钥对 DES 密钥进行加密，最后将用户名、加密后的口令和参数以及加密后的 DES 密钥提交给甲。

（2）服务提供者甲首先用自己的私钥对收到的 DES 密钥进行解密，再用解密后的 DES 密钥对乙的加密后的口令和参数进行解密得到乙的口令和相关参数，然后到数据库中查看用户名及口令是否匹配来确定乙是否有权调用本 Web 服务。

（3）通过身份验证后甲根据提交的其他参数，经过自身处理得到需要返回的结果，使用刚才得到的 DES 密钥对结果进行加密，最后将该密文传送给乙。

（4）用户乙用第一步生成的 DES 密钥对收到的密文进行解密，从而完成了一次 Web 服务的调用。

2.8.2 加密技术在网络安全中的作用辨析

加密技术在网络安全中具有重要作用，可以防止信息的截获和窃听等，它在网络的保密性、完整性和数字签名中都具有重要作用。但是加密并不是网络安全的全部，它对防病毒、黑客的入侵等都没有多大的作用。加密增加了网络安全的负担，会影响到网络的性能，需要在加密和性能上进行折中，需要分清实际应用的主要矛盾和次要矛盾，可采用公私钥结合的加密方法来提高网络的性能。

在众多的加密技术中，有的加密技术安全程度高，但不好用，有的加密技术安全程度不高，但比较好用，在安全性和实用性上进行折中。加密技术在网络安全中有比较成熟的技术和理论，但加密技术仍然要不断发展和创新，因为原有的加密算法可能会被破解。

本 章 小 结

● 数据加密是安全的基石，它是数据的保密性、完整性、认证和不可抵赖性的基础。

● 保密通信系统是一个六元组（$M, C, K_1, K_2, E_{K1}, D_{K2}$），其中包括明文消息空间 M，密文消息空间 C，加密密钥空间 K_1，解密密钥空间 K_2，加密变换 E_{K1} 和解密变换 D_{K2}。

● 数据的加密按密码体制分为单钥体制和双钥体制，按加密方式分为流加密和分组加密。

● 单钥体制的加密密钥和解密密钥相同，保密性主要取决于密钥的保密性，与算法的保密性无关，单钥加解密算法的优点是加密速度快，缺点是存在密钥的发布问题。

● 非对称密钥体制的优点是将加密和解密能力分开，因而可以实现多个用户加密的消息只能由一个用户解读，或由一个用户加密的消息可由多个用户解读。前者可用于公共网络中实现保密通信，后者可用于实现对用户的认证。该算法的缺点是：加密的速度比较慢并且加密后的密文比明文长。

● 加密算法只要满足以下两条准则之一就称为计算上是安全的：①破译密文的代价超过被加密信息的价值；②破译密文所花的时间超过信息的有用期。

● 将明文消息转换成密文主要有两种基本技术，即替换技术和置换技术。

● 常见的替换技术有凯撒加密法、维吉耐尔加密法，Vernam 加密法和位加密的异或加密法等。

● 常见的置换加密技术有栅栏加密技术、分栏式置换和矩阵加密法等。

● 非对称密码算法的密钥的个数：n 方参加要两两安全地相互保密通信时，所要的密钥数为 $2n$。

● 对称密码算法的密钥的个数：n 方参加要两两安全地相互保密通信时，所要的密钥数为 $n \times (n-1)/2$。

● 对称密码算法的关键是密钥的保密问题，也就是密钥的发布问题，Diffie-Hellman 密钥交换算法解决了这个问题，但存在中间人攻击的隐患。

● 目前典型的对称密钥系统有数据加密标准（DES），它是一个分组对称加密算法，以64 位为分组对数据加密，密钥的长度为 56 位。

● 分组/块加密方法的缺点是明文的文本重复会导致生成的密文重复，因此，密码分析员可以通过频率分析方法猜出原文的模式。应对措施是通过链接模式使前面的密文块与当前块混合，从而掩护密文，避免重复明文块出现重复密文块的模式。

● 算法（工作）模式是块加密法中一系列基本算法步骤的组合。

- 算法（工作）模式有 4 种，即电子编码簿（ECB）、加密块链接（CBC）、加密反馈（CFB）和输出反馈（OFB）。
- DES 安全设计的基本思想包括 S 盒替换、P 盒置换、多轮加密、压缩与扩展和异或操作。
- 多重 DES 的出现解决了由于 DES 密钥长度短而可能引起的密钥被破解的问题，目前有两个密钥的双重 DES、3 个密钥的三重 DES 和两个密钥的三重 DES。
- 国际数据加密算法 IDEA 是块加密算法，同 DES 一样，IDEA 也处理 64 位明文块，但是密钥更长，是 128 位。
- 著名的电子邮件隐私技术 PGP 就是基于 IDEA 的。
- 非对称密钥加密用来解决对称密钥加密算法中的密钥交换问题。
- 非对称密钥加密的步骤如下。

（1）A 要给 B 发消息时，A 用 B 的公钥加密消息，因为 A 知道 B 的公钥。

（2）A 将这个消息发给 B（已经用 B 的公钥加密消息）。

（3）B 用自己的私钥解密 A 的消息。

- RSA 是著名的非对称密钥加密协议，RSA 加密算法的数学基础是两个大素数很容易相乘，而对得到的积求因子则很难。
- 非对称密钥加密中每个通信方要有一个密钥对，公钥公开，私钥保密。
- 素数在非对称密钥加密中非常重要。
- 假设 A 是发送方，B 是接收方，组合对称和非对称加密机制达到两全其美，而不失各自的优点，实际的应用步骤如下。

（1）A 的计算机利用 DES 对称密钥加密算法加密明文消息（PT_A），产生密文消息（CT_A）。这个操作使用的密钥（K1）称为一次性对称密钥，用完即放弃，防止重放攻击。

（2）A 取第 1 步的一次性对称密钥（K1），用 B 的公钥（K2）加密 K1。这个过程称为对称密钥的密钥包装。

（3）A 把密文 CT_A 和加密的对称密钥一起通过网络发送给 B。

（4）B 用 A 所用的非对称密钥算法和自己的私钥（K3）解密用 B 的公钥包装的对称密钥，这个过程的输出是对称密钥 K1。

（5）B 用 A 所用的对称密钥算法和对称密钥 K1 解密密文（CT_A），这个过程得到明文 PT_A。

（6）B 用 A 所用的对称密钥算法和对称密钥 K1 加密自己反馈给 A 的明文（CT_B），并通过网络发送 A。

（7）A 用对称密钥 K1 解密密文（CT_B），这个过程得到明文 PT_B。

- DES 对称加密算法比 RSA 非对称加密算法加解密速度快。

习　题

一、单选题

1. 密码学的目的是（　　　）。

    A．研究数据加密　　　　　　　　　　B．研究数据解密

　　　　C．研究数据保密　　　　　　　　　　　D．研究信息安全

　2．假设使用一种加密算法，它的加密方法很简单：将每一个字母加 5，即 a 加密为 f，b 加密成 g。这种算法的密钥就是 5，那么它属于（　　　）。

　　　　A．对称密码术　　　　　　　　　　　　B．分组密码术

　　　　C．公钥密码术　　　　　　　　　　　　D．单向函数密码术

　3．将明文变成密文称为（　　　）。

　　　　A．加密　　　　　　B．解密　　　　　　C．密码学　　　　　　D．密码分析员

　4．不属于密码学的作用有（　　　）。

　　　　A．高度的机密性　　B．鉴别　　　　　　C．完整性

　　　　D．抗抵赖　　　　　E．信息压缩

　5．用于实现身份鉴别的安全机制是（　　　）。

　　　　A．加密机制和数字签名机制

　　　　B．加密机制和访问控制机制

　　　　C．数字签名机制和路由控制机制

　　　　D．访问控制机制和路由控制机制

　6．下列叙述不正确的是（　　　）。

　　　　A．明文是被变换的信息　　　　　　　　B．密文是变换以后的形式

　　　　C．明文是有意义的文字或数据　　　　　D．密文是有意义的文字或数据

　7．一般认为，当密钥长度达到（　　　）位时，密文才是真正安全的。

　　　　A．40　　　　　　　B．56　　　　　　　C．64　　　　　　　　D．128

　8．密码技术的目标不包括（　　　）。

　　　　A．高度的机密性　　B．数据的完整性　　C．不可否认性

　　　　D．用户的真实性　　E．信息可用性

　9．在网络安全中，截获是指未授权的实体得到了资源的访问权。这是对（　　　）。

　　　　A．可用性的攻击　　　　　　　　　　　B．完整性的攻击

　　　　C．保密性的攻击　　　　　　　　　　　D．真实性的攻击

　10．替换加密法发生下列情形（　　　）。

　　　　A．字符替换成其他字符　　　　　　　　B．行换成列

　　　　C．列换成行　　　　　　　　　　　　　D．都不是

　11．将文本写成对角并一行一行地读取称为（　　　）。

　　　　A．栅栏加密技术　B．凯撒加密法　　　　C．单码加密　　　　　D．同音替换加密

　12．将文本写成行，并按列读取称为（　　　）。

　　　　A．Vernam 加密　　　　　　　　　　　B．凯撒加密

　　　　C．简单分栏式技术　　　　　　　　　　D．同音替换加密法

　13．Vernam 加密法也称为（　　　）。

　　　　A．栅栏加密技术　　　　　　　　　　　B．一次性板

　　　　C．书加密　　　　　　　　　　　　　　D．运动密钥加密

　14．书加密法也称为（　　　）。

　　　　A．栅栏加密技术　　　　　　　　　　　B．一次性板

　　　　C．单码加密　　　　　　　　　　　　　D．运动密钥加密

15. 将密文变成明文称为（　　）。

    A. 加密　　　　　B. 解密　　　　　C. 密码学　　　　　D. 密码分析员

16. 能够掩盖明文数据模式的加密方式是（　　）。

    A. ECB　　　　　B. DES　　　　　C. CBC　　　　　D. RSA

17. 认为 DES 已经过时的原因是（　　）。

    A. 加密算法的思想已经过时

    B. 加密速度太慢

    C. 密钥长度太短，利用高性能计算机在很短的时间内就能使用蛮力攻破

    D. 密钥发布方法不再适应开放式网络环境的要求

18. DES 算法采用（　　）位密钥。

    A. 40　　　　　B. 56　　　　　C. 64　　　　　D. 128

19. 对称密码算法虽然存在着密钥难以发布的问题，但是依旧应用得非常广泛，尤其是在 Internet 应用中，其原因是（　　）。

    A. 密钥具有统一的特点，容易记忆

    B. 加密和解密使用同一算法，容易实现

    C. 加密速度非常快，而且可以用硬件实现

    D. 比公开密钥的加密算法更不容易被攻破

20. 对称密钥密码系统的特点是（　　）。

    A. 加密和解密采用的是同一密钥，加解密速度快

    B. 加密和解密采用的是不同密钥，加解密速度快

    C. 加密和解密采用的是不同密钥，加解密速度慢

    D. 加密和解密采用的是同一密钥，加解密速度慢

21. 面关于对称密钥算法存在缺点的描述不正确的是（　　）。

    A. 密钥的发布必须通过秘密的渠道，不能满足 Internet 这种开放网络上安全通信的要求

    B. 由于每一用户的通信都要使用不同的密钥，因此用户数量变多时密钥太多，难于管理

    C. 加密强度不及公钥密码算法，较易被攻破

    D. 难以解决用户签名验证问题

22. DES 加密（　　）位块。

    A. 32　　　　　B. 64　　　　　C. 56　　　　　D. 128

23. DES 中共用（　　）轮加密。

    A. 8　　　　　B. 10　　　　　C. 14　　　　　D. 16

24. （　　）中一次加密一位明文。

    A. 流加密法　　　B. 块加密法　　　C. 流加密法与块加密法　　D. 都不是

25. （　　）中一次加密一块明文。

    A. 流加密法　　　　　　　　　　　B. 块加密法

    C. 流加密法与块加密法　　　　　　D. 都不是

26. 在公钥密码算法中，传输数据的加密用（　　）。

    A. 发送者的私钥　　　　　　　　　B. 发送者的公钥

C．接收者的私钥　　　　　　　　　D．接收者的公钥

27．RSA 算法的安全性是建立在（　　　）。

A．两个大素数很容易相乘，而对得到的积求因子则很难

B．自动机求逆的困难性上

C．求离散对数的困难性上

D．求解背包的困难性上

28．公钥密码算法的优点不包括（　　　）。

A．加密的速度较对称密码算法更快

B．密钥发布的方式简单，有利于在互不相识的用户问题进行加密传输

C．密钥的保存量少，每个用户只存放一个密钥

D．可以用于鉴别用户的身份和数字签名中

29．密钥管理是安全体系结构的重要部分，它对密钥的产生、存储、传递和定期更换进行有效的控制，防止有人通过积累大量密文而增加密文破译的机会。那么在有 n 个用户的网络中，要进行两两保密通信，使用 DES 算法所需密钥个数是使用 RSA 算法所需密钥个数的（　　　）倍。

A．1　　　　　　　B．2　　　　　　　C．$(n-1)/4$　　　　　　　D．$n/2$

30．在非对称密钥加密中，每个通信方需要（　　　）个密钥。

A．2　　　　　　　B．3　　　　　　　C．4　　　　　　　D．5

31．私钥（　　　）。

A．必须发布　　　B．要与他人共享　　　C．要保密　　　D．都不是

32．如果 A 和 B 要保密通信，那么 B 不要知道（　　　）。

A．A 的私钥　　　B．A 的公钥　　　C．B 的私钥　　　D．B 的公钥

33．（　　　）在非对称密钥加密中非常重要。

A．整数　　　　　B．素数　　　　　C．负数　　　　　D．函数

34．对称密钥加密比非对称密钥加密（　　　）。

A．速度慢　　　　B．速度相同　　　C．速度快　　　D．通常较慢

35．在结合对称密钥加密算法和非对称密钥加密算法二者优点进行加密时，我们用（　　　）加密（　　　）。

A．一次性会话密钥，发送方的私钥

B．一次性会话密钥，接收方的公钥

C．发送方的公钥，一次性会话密钥

D．接收方的公钥，一次性会话密钥

二、填空题

1．保密通信系统是一个六元组（$M, C, K_1, K_2, E_{K1}, D_{K2}$），其中包括_____，_____，_____，_____，_____和_____。

2．数据的加密按密码体制可分为_____和_____，按加密方式可分为_____和_____。

3．密算法只要满足以下两条准则之一就称为计算上是安全的：_____或_____。

4．将明文消息转换成密文主要有两种基本技术，即_____和_____。

5．非对称密码算法的密钥的个数：n 方参加要两两安全地相互保密通信时，所要的密钥

数为_____。

6. 对称密码算法的密钥的个数：n 方参加要两两安全地相互保密通信时，所要的密钥数为_____。

7. 对称密码算法的关键是密钥的保密问题，也就是密钥的发布问题，Diffie-Hellman 密钥交换协议/算法解决了这个问题，但存在_____的隐患。

8. 在分组加密中，算法（工作）模式有 4 种：即_____、_____、_____、_____和_____。

9. DES 是一个分组对称加密算法，它以_____位为分组对数据加密，密钥的长度为_____位。

10. 国际数据加密算法 IDEA 是块加密算法，同 DES 一样，IDEA 也处理 64 位明文块，但是密钥更长，是_____位。

11. 加密技术按加密方式分为_____和_____两种。

12. 加密技术按密码体制分为_____和_____两种。

13. 目前典型的对称密钥系统是_____。

14. 非对称密钥加密用来解决对称密钥加密算法中的_____问题。

15. RSA 加密算法的数学基础是_____。

16. _____在非对称密钥加密中非常重要。

17. 假设 A 要给 B 发消息，并且用非对称密钥算法加密，A 用_____加密消息（选填"自己的私钥"或者"接收方的公钥"）。

18. DES 对称算法比 RSA 非对称算法速度_____（选填"快"或者"慢"）。

三、简答题

1. 将明文变成密文的两个基本技术是什么？

2. 替换加密法与置换加密法有什么区别？

3. 保密通信系统主要包含哪些要素？

4. 加密算法符合哪些准则称为计算上安全的？

5. 常见的替换技术有哪些？

6. 常见的置换技术有哪些？

7. 简述位加密技术原理。

8. 加密算法模式有哪 4 种？

9. 简述 DES 主要步骤。

10. 简述 DES 保密的主要思想。

11. DES 目前的主要缺点是什么？如何解决？

12. 简述用非对称加密算法加密的步骤。

13. RSA 算法安全的数学基础是什么？

14. 简述对称密钥体制（私钥算法）和非对称密钥体制（公钥算法）各自的优缺点。

15. 简述组合对称密钥体制和非对称密钥体制各自的优点，达到两全其美的数据加密步骤。

第3章 数据完整性机制

3.1 网络安全中数据完整性概述

防止计算机网络中传输的数据被非法实体修改、插入、替换和删除是网络安全的一个重要安全特性。用户保证不了在网络传输的数据不受到上述攻击，但接收方要能够验证接收的数据是否被修改、插入、替换和删除了，我们把这种验证收到的数据是否与原来数据之间保持完全一致的证明手段称为数据的完整性验证。数据保密是抗击被动攻击的截获，而数据的完整性验证则是用于抗击主动攻击的篡改等行为。在实际系统中，常常见到完整性威胁。例如，黑客可能将原来合法通信者要传的信息"命令你部坚守待援"篡改成"命令你部立即撤离阵地"，显然，如果黑客的这种攻击行为得逞，将会给战争带来严重的影响。为了防止这一类主动攻击，通信系统就要设置完整性验证机制的安全措施，使黑客对信息哪怕是丝毫的修改，接收方也能判断出该信息已被修改而拒绝接收。

定义 3.1 数据完整性 数据完整性是防止非法实体对交换数据的修改、插入、替换和删除，或者如果被修改、插入、替换和删除时可以被检测出来。数据完整性在常规的网络安全中可以通过消息认证模式来保证，基本思路是通过增加额外的信息验证码对数据完整性进行验证。

（1）发送方根据要发送的原信息 M0，利用验证码函数产生与 M0 密切相关的信息验证码 C0。

（2）发送方把原始信息 M0 和信息验证码 C0 合在一起，并通过网络发送给接收方。

（3）接收方对所收到的原信息和验证码进行分离，假设分别为 M1 和 C1，因为这两个信息可能已被篡改。

（4）接收方使用与原始信息相同的信息验证码函数（双方事先约定好的）对收到的信息部分 M1 独立计算其自己的信息验证码 C2。

（5）接收方将自己计算的信息验证码 C2 同分离出来的信息验证码 C1 进行对比，如果相等，接收方断定收到的信息 M1 与用户发送的信息 M0 是相同的；如果不相等，接收方断定原始信息已经被篡改过，放弃接收，其模型如图 3-1 所示。

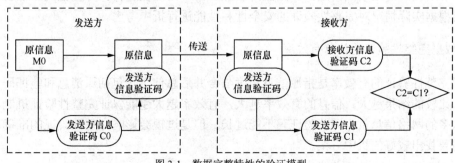

图 3-1 数据完整特性的验证模型

3.2 数据完整性机制的评价标准

1. 完整性验证的安全性

消息完整性安全要求对发送的数据的任何改动都能被发现，而验证码的一个主要功能就是实现数据完整性的验证安全达到防伪造、防篡改目的。碰撞性是指对于两个不同的消息 m_1 和 m_2，如果它们的验证码值相同，就发生了碰撞。通常情况下，验证码相对于消息来说是很短的，即可能的消息是无限的，但可能的验证码值却是有限的，因此，不同的消息可能会产生同一验证码，即碰撞是可能存在的。但是，验证码函数要求用户不能按既定需要找到一个碰撞，意外的碰撞更是不太可能，验证码函数要求满足下列条件。

（1）对于给定的消息 m_1 和其验证码 $H(m_1)$，找到满足 $m_2 \neq m_1$，且 $H(m_2)=H(m_1)$ 的 m_2 在计算上不可行，即抗弱碰撞（Collision）性。这个性质保证很难找到一个替代消息，使它的验证码与给定消息产生的验证码相同，它能防止信息被篡改。

（2）找到任何满足 $H(m_1)=H(m_2)$ 且 $m_1 \neq m_2$ 的消息对 (m_1, m_2) 在计算上是不可行的，即抗强碰撞性。这个性质比第一个性质安全性要求更高，它提供对已知的生日攻击方法的防御能力。

在数据完整性的验证中可能受到的其他攻击还有：①对截获的部分消息进行了增、删、改；②攻击者不能分离信息和验证码，直接用自己的信息整体替换所有的发送信息；③攻击者可以分离信息和验证码，用自己的信息只替换信息部分，但无法替换验证码；④攻击者不仅用自己的信息替换信息部分，同时重新计算验证码并替换之。对于上述完整性攻击，完整性验证机制都应该能阻止或者检测出来。

2. 完整性验证中加密的安全

由于数据完整性验证的一些机制需要对其中的内容进行加密，如对验证码的加密等，因此密钥的分发、密钥空间的大小、加密算法的选取都直接影响完整性验证的性能和安全性。

3. 完整性验证算法的性能

数据完整性验证包括发送方计算验证码、加密、接收方重新计算验证码、解密、验证码比较等。影响性能的主要因素是计算验证码和加解密，因此在选择计算验证码和加解密机制的时候要根据实际情况对完整性验证的安全性和性能进行折中考虑。

4. 数据完整性验证的信息有效率

数据完整性验证的有效率是指原信息长度与合并后总信息（包括原消息和验证码）的长度之比。比较的结果越大，信息的有效率越大，有效率越大越能保证完整性验证机制不会额外增加太多的网络信息量，因此验证码不能过长，但是过短会影响完整性验证的准确率和安全性，需要找出较好的折中方案。

3.3　网络安全中数据完整性验证机制与评价

完整性验证机制的核心就是保证接收到的消息与原消息一致，其基本思路就是双方找到一个参照对象，接收者接收到消息后与这个参照对象进行对比，然后判断原消息是否被增、删、改。不同的参照对象和加密方法的组合产生多种验证方法，它们在安全性、性能和应用方面都有不同，下面分别进行讲述。

3.3.1　基于数据校验的完整性验证机制与评价

在计算机网络原理中，广泛使用了循环冗余检验（Cyclic Redundancy Check，CRC）的检错技术，其目的就是防止计算机网络中传输的数据帧出现错误，导致发送的数据帧与接收的数据帧不一致。当发现错误时，接收方可以简单丢弃错误的帧，发送方在发送消息超过一定的时间间隔后，如果还没有收到接收方的确认时就再重新发送数据帧。计算机网络安全中的数据完整性验证与计算机网络原理中的检错技术非常类似。这种思想可以作为最简单的数据完整性验证机制，在这种机制中参照对象就是 CRC 的冗余码。

1. 实现机制

假设 A 是发送方，B 是接收方，A 要发送的信息是 M0，基于数据校验的完整性验证机制如表 3-1 所示，整体模型如图 3-2 所示。

表 3-1　　　　　　　　　　　基于数据校验的完整性验证机制

步骤 1：A 利用计算冗余码函数 F 计算要发送的信息 M0 的冗余码 N0。 **步骤 2**：A 将 M0 和 N0 合在一起，通过网络发送给 B。 **步骤 3**：B 收到合并的信息后，将二者分开，分别设为 M1 和 N1，因为这两个信息可能已被篡改。 **步骤 4**：B 用与原始信息相同的循环冗余方法重新计算信息 M1 的冗余码 N2。 **步骤 5**：B 将计算的冗余码 N2 同分离的冗余码 N1 进行对比，如果相等，B 断定信息是完整的；如果不相等，B 就断定信息是不完整的。

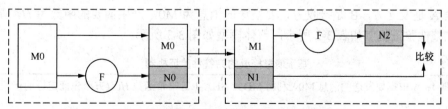

图 3-2　基于数据校验思想的数据完整性验证机制

2. 机制评价

优点：该机制可以对网络系统造成的数据不一致进行验证，特别是在实现对数据链路层每个帧的数据差错检验中取得了很好的效果，在计算机网络的传输中广泛使用。

　　缺点与改进：数据校验和完整性验证有很大的区别，数据校验是为了检查出因为网络自身的原因导致的数据不一致，是由网络系统随机产生的，而网络的数据完整性验证是为了检查出可能的恶意主动攻击者造成的数据不一致，后者会处心积虑地去避开完整性验证的检验。

　　目前广泛使用的 CRC 多项式为 CRC-16 和 CRC-32，即冗余码是 16 位或者 32 位，它可以实现对数据链路层每个帧的数据进行差错检验，这些帧的长度较短（例如，以太网帧的数据长度范围是 46～1500 字节），但网络上传输的信息是任意长的，因此就可能造成多个不同的信息对应同一个冗余码，这将导致信息被篡改了，但接收方比较的冗余码是相等的，从而未能被检测出来。因此需要增加冗余码的长度，同时要改进计算冗余码的方法，使信息的每一位都与冗余码密切相关，目前常见的新的计算"冗余码"的方法是 MD5、SHA-1，冗余码也更名为消息摘要。利用 MD5 计算出来的消息摘要的长度是 128 位，利用 SHA-1 计算出来的消息摘要的长度是 160 位。这种将冗余码改为消息摘要，验证函数改为 MD5 或 SHA-1 的新的差错验证机制是数据完整性验证的常用机制之一，即基于消息摘要的完整性验证机制。

3.3.2　基于消息摘要的完整性验证与评价

　　基于消息摘要的完整性验证是最常用的消息完整性验证方法，消息摘要也称消息的指纹，消息摘要一般通过摘要函数 H 生成，摘要函数是单向函数，不是一种加密，使用摘要函数从消息生成摘要很容易，但通过摘要来还原消息却很难。哈希函数是生成消息摘要常用的算法，也称为杂凑函数、散列函数和 hash 函数等。目前广泛使用的产生消息摘要的算法有 MD4、MD5、SHA-1 等。消息摘要是用散列（hash）函数把一段任意长的消息 M（Message）映射到一个短的固定长的数据 MD（Message Digest）。哈希函数是用来把一段任意长的数据 M 映射到一个固定长的数据 MD，虽然消息摘要是消息的浓缩，但是要使消息摘要的每一位与原消息的每一位都有关联，这种现象称为雪崩效应，这样只要原消息有稍微的改变，消息摘要就将发生巨大的改变，从而保证数据完整性验证的有效性。

1.　实现机制

　　假设 A 是发送方，B 是接收方，要发送的消息为 M0，产生摘要的函数为 H，基于消息摘要的完整性验证机制如表 3-2 所示，整体模型如图 3-3 所示。

表 3-2　　　　　　　　　　　　基于消息摘要的完整性验证机制

步骤 1：A 根据要发送的消息 M0，利用 MD5、SHA-1 等哈希函数 H(双方事先商定好的)产生消息摘要 MD0。
步骤 2：A 通过网络将 M0 和 MD0 一起发送到 B。
步骤 3：B 收到的信息部分设为 M1，摘要部分设为 MD1，B 重新用 A 使用的函数 H 计算消息 M1 摘要，设为 MD2。
步骤 4：B 比较 MD2 和 MD1 是否相同，如果相等，B 断定数据是完整的；如果不相等，B 就断定数据被篡改。

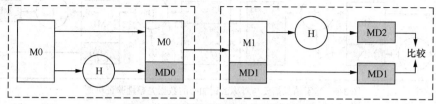

图 3-3　基于消息摘要的完整性验证机制

2.　机制评价

优点：该机制是实际完整性验证的常用机制之一，它的优点是双方不需要共享密钥；消息摘要与信息密切关联，如果按该机制验证成功，接收者能够确信信息未被篡改过；由于增加的额外信息是固定的短的消息摘要，因此信息的有效率较高。

缺点：如果攻击者修改网络传输的信息部分（注意：网络传输的信息包括信息部分和消息摘要部分）的同时也根据哈希函数 *H* 重新计算消息摘要，并且替换原来的消息摘要，这时虽然发送的数据和接收的数据已经不一致了（完全被替换了），但是由于原消息和消息摘要是匹配的，这样用基于消息摘要的完整性验证机制就检测不出来，即这种机制只能检验消息是否是完整的，不能检验消息是否是伪造的。

讨论与改进：由于原消息 M0 通常要比消息摘要大得多，理论上存在多个信息对应一个摘要的可能性，攻击者可能伪造另外一个原消息 M1，使它的消息摘要同 M0 的消息摘要是相同的，这样攻击者篡改了消息部分但接收者却没有发现。例如，MD5 算法输出的 hash 函数值总数为 2^{128}，SHA-1 算法输出的 hash 函数值总数为 2^{160}，这说明可能的 hash 函数值是有限的，而输入的消息是无限的，函数的碰撞性是可能存在的，如果两个消息得到相同的消息摘要，就称为冲突（Collision）。消息摘要算法通常产生长度为 128 位或 160 位的消息摘要，即任何两个消息摘要相同的概率分别为 $1/2^{128}$ 或 $1/2^{160}$，显然，这在实际中冲突的可能性极小。

在实际的数据完整性检测中还需要对该机制进行改进，增加新的鉴别因素来防止信息的伪造，比如对要发送的消息摘要进行加密，防止信息和消息摘要同时被篡改。这就产生了第 3 种数据完整性验证机制：基于消息摘要与对称密钥加密的完整性验证机制。

3.3.3　基于消息摘要与对称密钥加密的完整性验证机制与评价

1.　实现机制

假设 A 是发送方，B 是接收方，A 要发送的消息是 M0，A 与 B 共享密钥 K，产生摘要的函数为 *H*，基于消息摘要与对称密钥加密的数据完整性验证机制如表 3-3 所示，该机制的整体模型如图 3-4 所示，图中 E 表示加密，D 表示解密。

表 3-3　　　　　　　　　　基于消息摘要与对称密钥加密的完整性验证机制

步骤 1：A 用消息摘要算法 *H* 计算信息 M0 的消息摘要 MD0。
步骤 2：A 将 M0 和 MD0 合在一起，并使用 K 加密合并的信息，并通过网络发送给 B。
步骤 3：B 收到加密的信息后，用同一密钥 K 把密文解密，并将二者分开，分别设为 M1 和 MD1。
步骤 4：B 用与原始信息相同的消息摘要计算方法 H 重新计算信息 M1 的消息摘要 MD2。
步骤 5：B 将计算的消息摘要 MD2 与分离出来的消息摘要 MD1 进行对比，如果相等，B 断定信息是完整的；如果不相等，B 就断定信息遭到篡改。

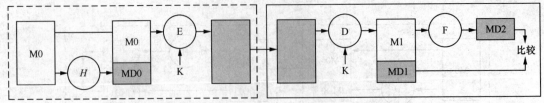

图 3-4　基于消息摘要与对称密钥加密的数据完整性验证机制

2. 机制评价

优点：该机制首先防止了攻击者篡改信息的攻击，如果攻击者篡改了消息，B 自己计算的消息摘要 MD2 与分离出来的消息摘要 MD1 就不相等了。这个机制也防止了攻击者同时把信息部分和消息摘要部分替换并且保持它们之间的正确匹配关系的攻击，因为密钥 K 只有双方知道，攻击者同时替换后没办法再用双方的密钥 K 重新加密。在这种机制中参照对象是消息摘要。

缺点与改进：这种机制的前提是需要双方共享对称密钥 K，存在密钥的发布问题。因此可以考虑用非对称密钥加密体制加密信息，但对合并后的信息全部用非对称密钥加密体制加密将导致加密的速度过慢的缺点，实用性较差，所以采用对称密钥体制和非对称密钥结合的方法解决密钥的发布问题，就产生基于非对称密钥和对称密钥结合的完整性验证机制。

3.3.4　基于非对称密钥和对称密钥结合的完整性验证机制与评价

1. 实现机制

假设 A 是发送方，B 是接收方，A 要发送的消息是 M0，基于非对称密钥和对称密钥结合的数据完整性验证机制如表 3-4 所示。

表 3-4　　　　**基于非对称密钥和对称密钥结合的数据完整性验证机制**

步骤 1：A 计算信息 M0 的消息摘要 MD0。
步骤 2：A 选定一次性对称密钥 K1，用完即放弃，防止重放攻击。
步骤 3：A 取一次性对称密钥 K1，用 B 的公钥 K2 加密 K1，结果设为 $B_{k2}(K1)$。
步骤 4：A 将 M0 和 MD0 合在一起，并使用对称密钥 K1 进行加密，结果设为 $A_{k1}(M0+MD0)$，并通过网络将 $B_{k2}(K1)$ 和 $A_{k1}(M0+MD0)$ 发送给 B。
步骤 5：B 用 A 所用的非对称密钥算法和自己的私钥 K3 解密 $B_{k2}(K1)$，这个过程的输出是对称密钥 K1。
步骤 6：B 用 A 所用的对称密钥算法和对称密钥 K1 解密 $A_{k1}(M0+MD0)$，并将二者分开，设为 M1 和 MD1。
步骤 7：B 用与原始信息相同的消息摘要计算方法重新计算信息 M1 的消息摘要 MD2。
步骤 8：B 将计算的消息摘要 MD2 同分离的消息摘要 MD1 进行对比，如果相等，B 断定信息是完整的；如果不相等，B 就断定信息遭到篡改。

2. 机制评价

优点：该机制除防止了攻击者替换和篡改信息的攻击外，还解决了密钥的发布问题，A

随机选定一次性对称密钥 K1，用完即放弃，防止了重放攻击。

缺点与改进：这个算法需要 PKI 等相关环境来保证公钥的真实可信性。如果已有其他途径解决了对称密钥的发布问题，可以简化验证的步骤，不用计算消息摘要，一个最直接的方法是直接用加密方法实现数据完整性验证，即基于对称密钥直接加密原消息的完整性验证机制。

3.3.5 基于对称密钥直接加密原消息的完整性验证机制与评价

加密本身提供一种消息完整性验证方法，假设 A、B 双方共享密钥 K，并且发送的是有意义的消息，则直接加密原信息也可以起到完整性验证的作用。由于攻击者不知道密钥 K，因此攻击者也就不知道如何改变密文中的信息位才能在明文中产生预期的（有意义的明文）改变。接收方可以根据解密后的明文是否有意义来进行消息完整性验证。

1. 实现机制

假设 A 是发送方，B 是接收方，A 要发送的消息是 M0，A 与 B 共享密钥 K，基于对称密钥直接加密原消息的完整性验证机制如表 3-5 所示，整体模型如图 3-5 所示。

表 3-5	基于对称密钥直接加密原消息的完整性验证机制
步骤 1：A 使用对称密钥加密机制加密 M0，并通过网络发送给 B。 **步骤 2**：B 收到加密的信息后，用同一密钥解密。 **步骤 3**：B 根据解密后的明文是否有意义来判断消息是否完整，如果有意义，B 认为数据是完整的；如果是无意义的乱码，B 就认为数据遭到篡改。	

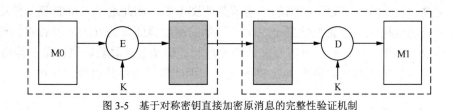

图 3-5 基于对称密钥直接加密原消息的完整性验证机制

2. 机制评价

优点：在本机制中，通过使用对称密钥加密机制加密要发送的信息来验证数据的完整性，参照物就是解密后的信息是否有意义。在这种机制中参照对象就是原消息，不增加额外的验证码，数据完整性的信息有效率最高；该机制同时具有保密性和完整性验证的双重功能。即使攻击者 C 在中途截获了加密消息，并篡改消息，也没法达到任何目的，因为 C 没有双方的共享密钥 K，篡改后无法再次用 K 加密改变后的消息。因此，即使 C 把改变的消息转发给 B，B 也能够发现信息不完整了，因为 C 没有用共享密钥加密，B 不能正确解密。

缺点：这个机制存在密钥的分发问题，改进的方法是与非对称密钥加密体制结合来解决密钥的发布问题。

3.3.6 基于 RSA 数字签名的完整性验证机制与评价

1. 实现机制

假设 A 是发送方，B 是接收方，A 向 B 发送消息 M，则基于 RSA 数字签名的完整性验证机制如表 3-6 所示。

表 3-6 　　　　　　　　　　**基于 RSA 数字签名的完整性验证机制**

步骤 1：A 用自己的私钥加密消息 M，用 $E_{A私}(M)$ 表示。
步骤 2：把加密的消息发送给 B。
步骤 3：B 接收到加密的消息后用 A 的公钥解密，用公式 $D_{A公}(E_{A私}(M))$ 表示。
步骤 4：B 根据解密后的明文是否有意义来进行消息完整性验证，如果有意义，B 认为数据是完整的；如果是无意义的乱码，B 就认为数据遭到篡改。

2. 机制评价

优点：在本机制中，参照物的依据就是解密后的信息是否有意义。这个机制使用非对称密钥加密机制加密要发送的信息来验证数据的完整性，解决了密钥的分发问题。在这种机制中没有增加额外的验证码，但具有验证完整性的功能。在完整性验证方面，即使攻击者 C 在中途截获了加密消息，能够用 A 的公钥解密消息，然后篡改消息，也没有办法达到任何目的，因为 C 没有 A 的私钥，无法再次用 A 的私钥加密改变后的消息，因此如果 B 不能用 A 的公钥正确解密，B 就可以断定接收的信息是不完整的。

缺点：该机制的主要缺点有 3 个。第一是用非对称加密体制加密整个消息，加密的速度慢。第二是发送的明文必须是有意义的明文，在某些场合下，有意义的明文并不好判断，比如二进制文件，因此很难确定解密后的消息就是明文本身，因此对于二进制等文件还是需要通过增加额外验证码来进行完整性判定。一个简单的增加验证码的方法是用对称加密体制直接加密原消息 M0 作为验证码，不需要额外的计算验证码函数计算验证码。第三是由于 A 的公钥是公开的，任何人都可以解密 A 加密的消息，因此该机制不具有保密作用。

3.3.7 加密原消息作为验证码的完整性验证机制与评价

1. 实现机制

假设 A 是发送方，B 是接收方，A 要发送的消息是 M0，A 与 B 共享密钥 K，加密原消息作为验证码的完整性验证机制如表 3-7 所示，整体模型如图 3-6 所示。

表 3-7 　　　　　　　　　　**加密原消息作为验证码的完整性验证机制**

步骤 1：A 使用对称密钥加密机制加密 M0，设为 $E_K(M0)$，作为验证码。
步骤 2：A 将 M0 和 $E_K(M0)$ 合在一起，并通过网络发送给 B。
步骤 3：B 收到数据后，将二者分开，设原消息为 M1(可能已被篡改)，用同一密钥 K 解密验证码，解密的结果设为 M2。
步骤 4：B 将 M2 与 M1 进行对比，如果相等，B 断定信息是完整的；如果不相等，B 就断定信息遭到篡改。

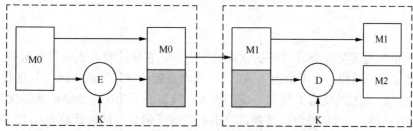

图 3-6 加密原消息作为验证码的完整性验证机制

2. 机制评价

优点：该机制不需要额外算法去产生验证码，只需把加密的原消息作为验证码。如果攻击者篡改了原消息 M0，接收者根据 M1 与 M2 不相等可以发现这种篡改；如果攻击者同时替换 M0 和 $E_K(M0)$，由于攻击者不知道密钥 K，无法再用密钥 K 重新加密 M0，最终也导致 M1 与 M2 不相等。

缺点：该机制验证码太大，验证的消息效率小于等于 50%，通常要求验证码要比原消息小得多，在实际应用的数据完整性验证机制中，总产生一个比原消息小得多的验证码，目前常用的验证码包括消息认证码（MAC）和用哈希函数计算的消息摘要。此外，这个机制没有保密作用，原消息 M0 没有被加密，攻击者截获后消息就泄漏了。

3.3.8 基于消息认证码的数据完整性验证机制与评价

1. 实现机制

假设 A 是发送方，B 是接收方，要发送的消息为 M0，A 与 B 共享密钥 K，MAC 产生的函数设为 C，基于消息认证码（MAC）的数据完整性验证如表 3-8 所示，整体模型如图 3-7 所示。

表 3-8   **基于消息认证码（MAC）的数据完整性验证**

步骤 1：A 根据要发送的消息 M0，利用密钥 K 通过函数 C 产生 $MAC0=C_k(M0)$。
步骤 2：A 将 M0 和 MAC0 合在一起，并通过网络发送到 B。
步骤 3：B 收到信息后，并将二者分开，设为 M1 和 MAC1。
步骤 4：B 利用密钥 K 对收到的信息 M1 用与 A 相同的 MAC 产生函数 C 重新计算 M1 的验证码，设为 MAC2。
步骤 5：B 比较 MAC2 和 MAC1 是否相同，如果相等，B 断定数据是完整的；如果不相等，B 就断定数据遭到篡改。

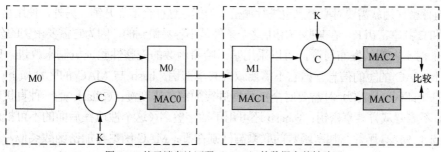

图 3-7 基于消息认证码（MAC）的数据完整性验证

2. 机制评价

优点：该机制是实际完整性验证的常用机制之一，它使接收者确信信息未被更改过，攻击者如果修改了消息 M0，而不修改 MAC，接收者重新计算得到的 MAC 与接收到的 MAC 不同。由于 MAC 的生成使用了双方共享密钥 K，攻击者不能更改 MAC 来匹配修改过的消息。这种机制可以防止消息被整体替换，攻击者替换了消息，同时计算自己的 MAC，由于不知道 K，因此无法再次生成正确的 MAC。这个机制使接收者可以确信消息来自所声称的发送者，具有身份鉴别的作用，其他人不能假冒。如果是假冒者发送的消息，接收方不能用共享密钥进行正确的解密。这个机制的关键是在生成消息认证码（MAC）时需要双方共享密钥 K。下面通过理解 MAC 的生成过程来说明这个机制信息有效率高的另一个优点。

消息认证码（MAC）也称密码校验和，是一个定长的 n 比特数据。它的产生方法为 $MAC=C_K(M)$，其中 C 是一个函数，它受通信双方共享的密钥 K 的控制，并以 A 欲发向 B 的消息 M（明文）作为参数。典型的鉴别码生成算法主要是基于 DES 的认证算法。该算法采用 CBC（Cipher Block Chining）模式，使 MAC 函数可以在较长的报文上操作，报文按 64 位分组，最后一组不足时补 0。CBC 模式的加密首先是将明文分成固定长度（64 位）的块(M_1，M_2，…M_N)，然后将前面块输出的密文与下一个要加密的明文块进行 XOR（异或）操作计算，将计算结果再用密钥进行加密得到密文。第 1 明文块加密的时候，因为前面没有加密的密文，所以需要一个初始化向量（IV）。这个算法是 N 轮迭代过程，N 为分组数。最后一轮迭代结束后，取最后一个密文块 N 的左边 n 位作为鉴别码，如图 3-8 所示。

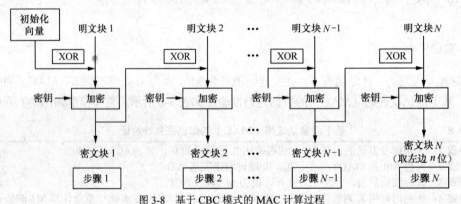

图 3-8　基于 CBC 模式的 MAC 计算过程

从 MAC 的生成可知，MAC 相对于原消息 M0 是很短的，因此验证的信息有效率很高，信息的有效率为 m/L，其中 m 为信息长度，n 为鉴别码长度，$L=m+n$。

缺点：这个机制只加密 MAC，不加密原消息，只能起到完整性验证的作用，没有保密作用。如果要具有保密作用就需要对原消息也进行加密。当然，这样会增加开销。另外，使用这种机制的前提是 A 和 B 共享密钥 K，在某些应用中这个条件是不容易做到的，因为它需要密钥的分发过程。

改进：对于密钥的发布问题，可以采用基于哈希函数的完整性验证机制来改进，哈希函数计算类似于 MAC 的短的信息，但它不需要双方共享密钥。hash 与 MAC 的区别如下：①MAC 在产生消息认证码（MAC）时需要对全部数据进行加密，速度慢；②hash 是一种直接产生认证码的方法，不需要双方共享密钥；③hash 还可用于数字签名（这个性质在后面的不可抵赖性章节里将讲述到）。MAC 函数与加密函数的联系与区别在于：MAC 函数与加密函数类似，都需要明文、密钥和算法的参与；MAC 算法不要求可逆性，而加密算法必须是可逆的。

如果将生成 MAC 的算法改为计算消息摘要的算法 H，然后再对生成的信息摘要用共享密钥 K 进行加密形成 MAC，这种验证码称为基于散列的消息鉴别码 HMAC（Hash-based Message Authentication Code），基于这种验证码形成新的一种消息完整性验证机制称为基于 HMAC 的消息完整性验证机制，具体验证过程可以参照"基于消息摘要与对称密钥加密的完整性验证机制"，这里不再赘述。

3.4　MD5 消息摘要计算算法与评价

在数据完整性验证中，验证的机制并不复杂，能否成功完成完整性验证主要取决于根据信息计算消息摘要的方法，消息摘要要能够完成完整性验证必须满足下列要求。

（1）两个不同的原消息很难求出相同的摘要

对一个消息（M1）及其消息摘要（MD），不太可能找到另一个消息（M2），使其产生完全相同的消息摘要。消息摘要机制应最大程度地保证这个结果，即尽量不能出现多个原消息对应同一个摘要的映射情况，否则会出现用另一个假消息替换原消息，但摘要不变的情况，从而导致完整性验证错误。

（2）给定消息摘要，很难求出原先的消息

消息摘要不能反向求出（单向函数），否则就会出现通过摘要暴露原消息的情况。

如何设计具体的消息摘要计算方法才能满足消息摘要的要求，这是数据完整性验证的重要内容，下面讲述 MD5 的算法，详细了解 MD5 是如何通过原消息计算消息摘要，并且满足上述 3 个要求的。

3.4.1　MD5 概述

MD5（Message Digest Version 5，消息摘要算法第 5 版）是计算机安全领域广泛使用的一种散列函数，用以提供消息的完整性保护，是 20 世纪 90 年代初由 Ron Rivest 开发的，作用是把一个任意长的信息变化产生一个 128 位的消息摘要。

MD5 算法除了要能够满足完成完整性验证必需的要求外，还要求效率要高，提高完整性验证的性能。MD5 将消息分成若干个 512 位分组（大块）来处理输入的信息，且每一分组又被划分为 16 个 32 位子分组（子块），经过了一系列的处理后，算法的输出由 4 个 32 位分组组成，将这 4 个 32 位分组连接后生成一个 128 位消息摘要。对于每个大块，信息从 512 位压缩位 128 位，位数是原来的 1/4。第 1 轮前初始化 4 个链接量 A，B，C，D，它们都是 32 位，这 4 个量是固定值，A=0x01234567，B=0x89abcdef，C = 0xfedcba98，D = 0x76543210，4 个组合在一起正好是 128 位。MD5 以 32 位运算为基础，加密有 4 轮，每一轮运算 16 次。

3.4.2　每轮的输入内容

1. 第 1 轮输入的内容

第 1 轮输入的内容见表 3-9，具体内容如下。

表 3-9   第 1 轮输入的内容

运算次数 \ 输入量	a	b	c	d	M	S	t
1	a	b	c	d	M[1]	7	t[1]
2	d	a	b	c	M[2]	12	t[2]
3	c	d	a	b	M[3]	17	t[3]
4	b	c	d	a	M[4]	22	t[4]
5	a	b	c	d	M[5]	7	t[5]
6	d	a	b	c	M[6]	12	t[6]
7	c	d	a	b	M[7]	17	t[7]
8	b	c	d	a	M[8]	22	t[8]
9	a	b	c	d	M[9]	7	t[9]
10	d	a	b	c	M[10]	12	t[10]
11	c	d	a	b	M[11]	17	t[11]
12	b	c	d	a	M[12]	22	t[12]
13	a	b	c	d	M[13]	7	t[13]
14	d	a	b	c	M[14]	12	t[14]
15	c	d	a	b	M[15]	17	t[15]
16	b	c	d	a	M[16]	22	t[16]

（1）变量 a、b、c、d 参加这一轮的 16 次的每一次运算，这 4 个变量的初始值是由 4 个链接量 A、B、C、D 赋值得到，即 a=A，b=B，c=C，d=D，MD5 将 a、b、c、d 组合成 128 位寄存器（abcd），寄存器（abcd）在实际算法运算中保存中间结果和最终结果。

（2）第 1 个大块（512 位）的所有 16 个子块（每块 32 位）参与运算，每次运算有一个子块参加，运算的顺序按子块序号的递增顺序参加：每一轮一个大块（共 512 位）分成 16 个输入子块，表示为 M[i]，其中 i 为 1～16。16 个子块参加的运算顺序为 M[1]，M[2]，…，M[16]。

（3）64 个常量数组元素的前 16 个（每个 32 位）元素参与运算，每次运算有一个数组元素参加，运算的顺序按元素下标的递增顺序参加：总共 64 个元素，表示为 t[1]，t[2]，…，t[64]，第 1 轮用 64 个 t 值中的前 16 个，即 t[1]，t[2]，…，t[16]。

常量数组 t 的计算公式是 $t[i]=int(2^{32}*abs(sin(i)))=int(4294967296*abs(sin(i)))$，为 32 位整型数。函数 sin（i）中 i 取弧度。其作用是随机化 32 位整型量，消除输入数据的规律性。

（4）第 1 轮的每次运算结果循环左移 S 位，S 在不断变化，分别是 7、12、17、22，重复 4 次，一共 16 次。

（5）每一次新的操作前 a、b、c、d 循环右移一位。

2．第 2 轮输入的内容

第 2 轮输入的内容如表 3-10 所示，具体内容如下。

表 3-10　　　　　　　　　　　　　　　第 2 轮输入的内容

输入量 运算次数	a	b	c	d	M	S	t
1	a	b	c	d	M[2]	5	t[17]
2	d	a	b	c	M[7]	9	t[18]
3	c	d	a	b	M[12]	14	t[19]
4	b	c	d	a	M[1]	20	t[20]
5	a	b	c	d	M[6]	5	t[21]
6	d	a	b	c	M[11]	9	t[22]
7	c	d	a	b	M[16]	14	t[23]
8	b	c	d	a	M[5]	20	t[24]
9	a	b	c	d	M[10]	5	t[25]
10	d	a	b	c	M[15]	9	t[26]
11	c	d	a	b	M[4]	14	t[27]
12	b	c	d	a	M[9]	20	t[28]
13	a	b	c	d	M[14]	5	t[29]
14	d	a	b	c	M[3]	9	t[30]
15	c	d	a	b	M[8]	14	t[31]
16	b	c	d	a	M[13]	20	t[32]

（1）变量 a、b、c、d 参加。

（2）第 1 个大块（512 位）的所有 16 个子块（每块 32 位）参与运算，每次运算有一个子块参加，运算的顺序按近似递增等差数列参加，公差为 5，即 16 个小块的下标是 1,6,11,0,5,10,15,4,9,14,3,8,13,2,7,12。

（3）64 个常量数组元素 $t[i]$ 的第 2 组 16 个元素（每个 32 位）参与运算，每次运算有一个元素参加，即 $t[17]$，$t[18]$，…，$t[32]$。

（4）第 2 轮的每次运算结果循环左移 S 位，S 在不断变化，分别是 5、9、14、20，重复 4 次，一共 16 次。

（5）每一次新的操作前 a、b、c、d 循环右移一位。

3．第 3 轮输入的内容

第 3 轮输入的内容如表 3-11 所示，具体内容如下。

（1）变量 a、b、c、d 参加。

（2）第 1 个大块（512 位）的所有 16 个子块（每块 32 位）参与运算，每次运算有一个子块参加，运算的顺序按近似递增等差数列参加，公差为 3，即 16 个小块的下标是 5,8,11,14,1,4,7,10,13，0,3,6,9,12,15,2。

表 3-11 第 3 轮输入的内容

运算次数＼输入量	a	b	c	d	M	S	t
1	a	b	c	d	$M[6]$	4	$t[33]$
2	d	a	b	c	$M[9]$	11	$t[34]$
3	c	d	a	b	$M[12]$	16	$t[35]$
4	b	c	d	a	$M[15]$	23	$t[36]$
5	a	b	c	d	$M[2]$	4	$t[37]$
6	d	a	b	c	$M[5]$	11	$t[38]$
7	c	d	a	b	$M[8]$	16	$t[39]$
8	b	c	d	a	$M[11]$	23	$t[40]$
9	a	b	c	d	$M[14]$	4	$t[41]$
10	d	a	b	c	$M[1]$	11	$t[42]$
11	c	d	a	b	$M[4]$	16	$t[43]$
12	b	c	d	a	$M[7]$	23	$t[44]$
13	a	b	c	d	$M[10]$	4	$t[45]$
14	d	a	b	c	$M[13]$	11	$t[46]$
15	c	d	a	b	$M[16]$	16	$t[47]$
16	b	c	d	a	$M[3]$	23	$t[48]$

（3）64 个常量数组元素 $t[i]$ 的第 3 组 16 个元素（每个 32 位）参与运算，每次运算有一个元素参加，即 $t[33]$，$t[34]$，…，$t[48]$。

（4）第 3 轮的每次运算结果循环左移 S 位，S 在不断变化，分别是 4、11、16、23，重复 4 次，一共 16 次。

（5）每一次新的操作前 a、b、c、d 循环右移一位。

4．第 4 轮输入的内容

第 4 轮输入的内容如表 3-12 所示，具体内容如下。

（1）变量 a、b、c、d 参加。

（2）第 1 个大块（512 位）的所有 16 个子块（每块 32 位）参与运算，每次运算有一个子块参加，运算的顺序按近似递增等差数列参加，公差为 7，即 16 个子块的下标是 0,7,14,5,12，3,10,1,8,15,6,13,4,11,2,9。

（3）64 个常量数组元素 $t[i]$ 的第 4 组 16 个元素（每个 32 位）参与运算，每次运算有一个元素参加，即 $t[49]$，$t[50]$，…$t[64]$。

（4）第 4 轮的每次运算结果循环左移 S 位，S 在不断变化，分别是 6、10、15、21，重复 4 次，一共 16 次。

（5）每一次新的操作前 a、b、c、d 循环右移一位。

输入量 运算次数	a	b	c	d	M	S	t
1	a	b	c	d	M[1]	6	t[49]
2	d	a	b	c	M[8]	10	t[50]
3	c	d	a	b	M[15]	15	t[51]
4	b	c	d	a	M[6]	21	t[52]
5	a	b	c	d	M[13]	6	t[53]
6	d	a	b	c	M[4]	10	t[54]
7	c	d	a	b	M[11]	15	t[55]
8	b	c	d	a	M[2]	21	t[56]
9	a	b	c	d	M[9]	6	t[57]
10	d	a	b	c	M[16]	10	t[58]
11	c	d	a	b	M[7]	15	t[59]
12	b	c	d	a	M[14]	21	t[60]
13	a	b	c	d	M[5]	6	t[61]
14	d	a	b	c	M[12]	10	t[62]
15	c	d	a	b	M[3]	15	t[63]
16	b	c	d	a	M[10]	21	t[64]

表 3-12　第 4 轮输入的内容

3.4.3　运算前的预处理

1. 将发送的信息分成 512 位的块

将发送的信息分成 512 位的块，如图 3-9 所示，注意最后一块不一定正好是 512 位。

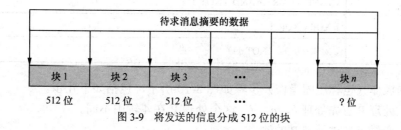

图 3-9　将发送的信息分成 512 位的块

2. 最后一块补位

MD5 将消息分成若干个 512 位分组（大块）来处理输入的信息，最后一块不一定正好是 512 位，因此 MD5 的第 1 步是在原消息中的最后一块补位，目的是使其长度等于 512 位，但是需要留出 64 位，用来存放原消息的长度。例如，原消息长度为 400 位，则要填充 48 位，使最后一块消息（包括留出的 64 位）长度为 512 位，即 64+400+48=512。这样，填充后原消息总的长度可能为 448 位（比 512 少 64 位）、960 位（比 2×512 少 64 位）、1472 位（比 3×512 少 64 位），等等。

补位方法是：第 1 位补一个 1，其余位补 0 直至满足上述要求为止。注意填充总是增加，即使消息总长度是比 512 的倍数少 64 也要填充，因此，如果消息长度已经是 960 位，那么仍要填充 512 位，使长度变成 1472 位。

3．添加原数据长度

填充结束后，下一步要计算消息原长，并表示为 64 位值，添加到填充后的消息末尾。在这里要注意的是：①计算消息长度时不包括填充位，如原消息为 400 位，则填充 48 位，使长度为 400，而不是 448；②如果消息长度范围超过 2^{64}（64 位无法表示，因为消息太长），就只用长度的低 64 位，即填充的长度 $L=$ length mod 2^{64}，其中 length 表示原消息长度。通过上面的操作，这时消息总长度为 512 的倍数。

4．初始化链接变量

A、B、C、D 都是 32 位的链接变量（Chaining Variable），实际是常量，A=0x01234567，B=0x89abcdef，C=0xfedcba98，D=0x76543210。

3.4.4 MD5 的块处理

预处理之后，就开始实际计算。这个算法对消息中的每个 512 位大块计算 4 次，每次称为一轮，在每一轮中每个小块按不同顺序都参与运算，4 轮的第 1 步进行不同 Process P 处理，其他步骤是相同的，不同 Process P 处理如表 3-13 所示。

表 3-13　4 轮的第 1 步进行不同 Process P 处理

轮　次	处理 P
1	(b AND c) OR ((NOT b) AND (d))
2	(b AND d) OR (c AND (NOT d))
3	b XOR c XOR d
4	c XOR (b OR (NOT d))

每一轮的操作（也称压缩操作）步骤如图 3-10 所示，包括如下几步。

第 1 步：处理 P 首先处理 b、c、d，这个处理 P 在 4 轮中不同。

第 2 步：变量 a 加进处理 P 的输出。

第 3 步：消息子块 $M[i]$ 加进第 2 步输出。

第 4 步：常量 $t[k]$ 加进第 3 步输出。

第 5 步：第 4 步的输出（寄存器 $abcd$ 内容）循环左移 S 位。

第 6 步：变量 b 加进第 5 步输出。

第 7 步：第 6 步的输出赋值给变量 a。

最后的输出成为下一步的新 a、b、c、d。

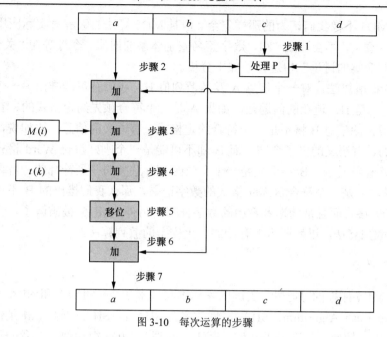

图 3-10　每次运算的步骤

整个操作的数学表达式为：

$$a = b+((a+\text{ProcessP}(b，c,d)+M[i]+T[k]<<<S)$$

其中<<<S 是左循环移位，S 的值见前面每一轮的输入内容。

3.4.5　MD5 算法的评价

1. MD5 达到了消息摘要的要求

该机制为了计算方便将要输入的信息分割成等长的 512 的块,每一块计算出自己的摘要,并将每块的摘要参与到下一块摘要的运算中，这种链接模式使最后一块的摘要（也是整个信息的摘要）跟原信息的每一块都关联，思路与加密块链接（CBC）思路类似。为了增加随机性和复杂性，增加常量数组元素 $t[i]$，移位 S，非线性运算 P、多轮运算、每轮参加运算的内容按变换的顺序参加等技巧。MD5 实现了下列要求。

- 在验证数据完整性方面是安全的：找到两个具有相同摘要的消息在计算上是不可行的。
- 算法效率高：算法基于 32 位的简单操作，适于高速软件实现。
- 算法简单：算法中没有大型数据结构和复杂的程序。
- MD5 算法的核心处理是重复进行位逻辑运算，使最终输出的摘要中每一位与输入消息中所有位相关，达到很好的混淆效果，具有雪崩现象，这样即使是消息的很小改动也能带来摘要的巨大变化。

2. MD5 的破解与分析

在 2004 年 8 月 17 日美国加州圣巴巴拉召开的国际密码学会议（Crypto'2004）上，来自中国山东大学的王小云教授做了破解 MD5 算法的报告。当她公布了她的研究结果之后，会场上响起激动的掌声，国内有些媒体甚至认为这一破解会导致数字签名安全大厦的轰然倒塌，这说明了 MD5 不像我们认为的那样安全。但是 MD5 算法的破解对实际应用的冲击要远远小于它的理论意义，不会造成 PKI、数字签名安全体系的崩溃。李丹等在"关于 MD5 算法破解对实际应用影响的讨论"中进行了如下分析。

根据 MD5 破解算法，对一个信息 A 及其散列值 H，我们有可能推出另一个信息 B，它的 MD5 散列值也是 H。现在的问题是，如果 A 是一个符合预先约定格式的、有一定语义的信息，那么演算出的信息 B 将不是一个符合约定格式、有语义的信息。比如说，A 是一个基于 Word 文档的、有语义的电子合同，而 B 却不可能是一个刚好符合 Word 格式的文档，只能是一堆乱码，也就是说，B 不可能是一个有效的、有意义的并且符合伪造者期望的电子合同。 再比如说，A 是一个符合 X.509 格式的数字证书，那么我们推出的 B 不可能刚好也是一个符合 X.509 格式而且是伪造者希望的数字证书。另外，MD5 被破解了，我们现在还有SHA-1 等其他散列算法，以后还可以有新的、更安全的散列算法。

3．MD5 的改进

为了减少 MD5 碰撞的可能性，美国国家标准与技术学会（NIST）和 NSA 开发了安全散列算法（Secure Hash Algorithm，SHA），后改名为 SHA-1。SHA 的输入 M 是任意长度的消息，输出 D 是消息摘要，长度为 160 位，其工作原理与 MD5 很相似，二者的算法都简单，不需要大程序和复杂表格，适合软件实现。MD5 进行 64 次迭代，速度快，SHA-1 进行 80次迭代，较 MD5 速度慢，寻找产生相同消息摘要的两个消息 MD5 所需的操作是 2^{64} 次，而SHA-1 所需的操作是 2^{80} 次。

3.5 MD5 算法在数据安全方面的应用实例

例 3.1 重要文件或敏感信息文件在传输过程中，要保证文件是没有经过修改或篡改的，真正达到防止任何人篡改文件的目的。

可以利用 MD5 算法解决数据完整性问题，文件发送者 X 通过 Web 系统传输文件 A 给文件接收者 Y，文件传输完成后在文件接收者 Y 处取名为文件 B，文件发送者 X 在传输文件 A时，Web 系统通过 MD5 等函数计算出文件 A 的 hash 值 MDA，文件接收者 Y 也在 Web 系统中通过 MD5 等函数计算出文件 B 的 hash 值 MDB，如果 MDA 和 MDB 相等，就说明文件数据是发送者 A 的原始文件，在传输过程中没有被篡改过。

例 3.2 服务器用户数据库中注册密码的有效保护。

用户在注册时所提交的信息（密码）是利用 MD5 算法加密之后再保存到数据库中的。这样可以防止用户密码的泄露，因为没有直接保存原明文密码，即使是管理员也没有办法查看用户的密码，因为从消息摘要的性质可以知道，从消息摘要是看不出消息的任何信息的，这样有效地保护了系统中存放用户口令的数据库的安全。

本 章 小 结

● 消息摘要（Message Digest）也称散列（Hash），主要用于验证数据的完整性和进行数字签名。

● 数据完整性验证的基本思路如下。

（1）发送方根据要发送的原信息 M0，利用验证码函数产生与 M0 密切相关的信息验证码 C0。

（2）发送方把原始信息 M0 和信息验证码 C0 合在一起，并通过网络发送给接收方。

（3）接收方对所收到的原信息和验证码进行分离，假设分别为 M1 和 C1，因为这两个信息可能已被篡改。

（4）接收方使用与原始信息相同的信息验证码函数（双方事先约定好的）对收到的信息部分 M1 独立计算其自己的信息验证码 C2。

（5）接收方将自己计算的信息验证码 C2 与分离出来的信息验证码 C1 进行对比，如果相等，接收方断定收到的信息 M1 与用户发送的信息 M0 是相同的；如果不相等，接收方就断定原始信息已经被篡改过，放弃接收。

● 常见的主要计算消息摘要的算法有 MD5 和安全散列算法（SHA-1）。

● 消息摘要的"安全"利用了两个特性，在计算上保证下列情况是不可行的。

（1）根据消息摘要取得原消息。

（2）寻找两个不同的消息，产生相同的消息摘要。

● 如果攻击者同时修改信息及其摘要，并使它们匹配，接收者就无法判断其完整性，为此要将摘要与加密结合。这种技术称为消息鉴别码（Message Authentication Code，MAC）。

习　题

一、单选题

1. 数据完整性安全机制可与（　　）使用相同的方法实现。

　　A. 加密机制　　　　　　　　　　　　B. 公证机制

　　C. 数字签名机制　　　　　　　　　　D. 访问控制机制

2. 可以被数据完整性机制防止的攻击是（　　）。

　　A. 假冒源地址或用户的地址欺骗攻击

　　B. 抵赖做过信息的递交行为

　　C. 数据中途被攻击者窃听获取

　　D. 数据在途中被攻击者篡改或破坏

3. （　　）用于验证消息完整性。

　　A. 消息摘要　　　　B. 解密算法　　　　C. 数字信封　　　　D. 都不是

4. 两个不同的消息具有相同的摘要时称为（　　）。

　　A. 攻击　　　　　　B. 冲突　　　　　　C. 散列　　　　　　D. 都不是

5. （　　）是消息摘要算法。

　　A. DES　　　　　　B. IDEA　　　　　　C. MD5　　　　　　D. RSA

6. 当明文改变时，相应的消息摘要值（　　）。

　　A. 不会改变　　　　　　　　　　　　B 一定改变

　　C. 在绝大多数情况下会改变　　　　　D. 在绝大多数情况下不会改变

7. 关于摘要函数，叙述不正确的是（　　　）。

    A．输入任意大小的消息，输出是一个长度固定的摘要

    B．输入消息中的任何变动都会对输出摘要产生影响

    C．输入消息中的任何变动都不会对输出摘要产生影响

    D．可以防止消息被篡改

8. 通常用来验证信息完整性的技术措施是（　　　）。

    A．数字证书　　　　　B．防火墙　　　　　　C．消息摘要　　　　　　D．RSA 加密法

9. 基于私有密钥体制的数据完整性验证方法采用的算法是（　　　）。

    A．素数检测　　　　　B．非对称算法　　　　C．RSA 算法　　　　　　D．对称加密算法

10. 据完整性验证机制通常导致信息的有效率（　　　）。

    A．增大　　　　　　　B．减小　　　　　　　C．不变　　　　　　　　D．不确定

11. 在网络上向 B 发送消息，如果仅需保证数据的完整性，就可以采用下面的（　　　）。

    A．身份认证技术　　B．信息摘要技术　　　C．防火墙技术　　　　　D．加密技术

12. "消息摘要"（也称为"消息指纹"）是指（　　　）。

    A．一种由特定文件得出的文件，其内容和长度与文件有关

    B．一种由特定文件得出的文件，从其内容中可以看到原文件的主要消息

    C．一种由特定文件得出的不可能由其他文件得出的数据

    D．一种由特定文件得出的或者是文件略做调整后可以得出的数据

二、填空题

1. 消息摘要也称散列，主要用于_____和_____。

2. 消息摘要的"安全"利用了两个特性，在计算上保证下列两种情况的不可行：一是_____不可行；二是_____不可行。

3. 常见的主要计算消息摘要的技术有_____和_____。

4. 消息摘要是消息的浓缩，要使消息摘要的每一位与原消息的每一位都有关联，这种现象称为_____，这样只要原消息改变一点，消息摘要就将发生巨大的改变，从而保证验证数据完整性的有效性。

5. 两个消息得到相同的消息摘要（这种可能性是存在的，因为消息的长度长，摘要的长度短），这种现象称为_____。

6. MD5 的全称是 message-digest algorithm 5（信息-摘要算法），作用是把一个随机长度的信息变化产生一个_____位的消息摘要。

7. SHA-1 的输入 M 是任意长度的消息，输出的消息摘要 D 是固定长度，D 的长度为_____位。

8. 若攻击者同时修改信息及其摘要，并使它们匹配，接收者就无法判断其完整性，为此要将摘要与_____结合，这种技术称为消息鉴别码。

三、简答题

1. 简述用消息摘要验证数据完整的方法。

2. 简述完整性验证对消息摘要的要求。

3. 简述 MD5 工作的主要步骤。

4. 简述评价数据完整性验证机制的标准。

第 4 章　用户不可抵赖性机制

4.1　网络安全中用户不可抵赖性概述

　　数据完整性保证了发送方和接收方的网络传送数据不被非法第三方篡改和替换，或者如果被篡改和替换时可以被检测出来。但是完整性不能保证双方自身的欺骗和抵赖，在双方的自身欺骗中，不可抵赖性（又称不可否认性（Non-repudiation））是网络安全的一个重要安全特性，特别是在电子商务等应用中显得格外重要。在电子商务应用中，信息的传输是通过开放的 Internet 进行的，经常会由于对发送或接收的信息进行抵赖而引起不必要的纠纷，给交易的双方带来巨大的影响和损失。

　　不可抵赖性是指网络用户不能否定所发生的事件和行为，这里的用户是指网络交往中的参与者，可以是用户、用户所在的组或者代表用户的进程。在实现双向不可抵赖机制中，用户双方是指请求方的用户和提供服务的服务提供者。假定 A 向 B 发送信息 M，常见的抵赖行为有：①A 向 B 发了信息 M，但 A 不承认曾经发过；②A 向 B 发了信息 M0，但 A 说发的是 M1；③B 收到了 A 发来的信息 M，却不承认收到信息；④B 收到了 A 发来的信息 M0，却说收到的是 M1。针对这样的抵赖行为，人们提出了不少方案来加以防范。

　　定义 4.1　用户不可抵赖性　不可抵赖性旨在生成、收集、维护有关已声明的事件或动作的证据，并使该证据可得和确认，以此来解决关于此事件或动作发生或未发生而引起的争议。

　　不可抵赖性包括两方面：第一是发送信息方不可抵赖，第二是信息的接收方不可抵赖。例如，张三通过网络向李四发送一个会议通知，李四没有出席会议，并以没有收到通知为由推卸责任。在这里接收方没有参加会议有两种可能性，一种是真的没有收到通知，另一种是接收方故意抵赖，故意不参加会议，抗抵赖机制就是要防止这种抵赖行为。

　　抗抵赖性机制的实现主要是通过数字签名机制来保证的，数字签名是利用计算机技术实现在网络传送消息时附加个人标记，完成传统意义上手写签名或印章的作用，以表示确认、负责或经手等。使用数字签名实现不可抵赖性的基本思路是：通过用户自己独有的、唯一的特征（如私钥）对信息进行标记或者通过可信第三方进行公证处理来防止双方的抵赖行为。如果是用双方共有的或者是多方共有特征进行签名，就会产生纠纷，例如基于共享密钥的抗抵赖技术，由于无法区别是哪一方的欺骗，对于下列欺骗行为没有办法解决：①接收方 B 伪造一个不同的消息，但声称是从发送方 A 收到的；②A 可以否认发过消息 M，B 却无法证实 A 确实发了该消息。

　　一个完整的抗抵赖性机制包括两部分：一个是签名部分，另一个是验证部分。签名部分的密钥必须是秘密的、独有的，只有签名人掌握，这也是抗抵赖性的前提和假设，验证部分的密钥应当公开，以便于他人进行验证。

数字签名主要使用非对称密钥加密体制的私钥加密发送的消息 M，通常把用私钥加密消息的过程或者操作称为**签名消息**，加密后的信息直接称为**签名**，即签名等价于用私钥加密的信息，对签名后的消息解密称为**解签名**或者**验证签名**。在使用数字签名后，如果今后发生争议，双方就找一个公证人，接收方 B 可以拿出签名后的消息，如果能用 A 的公钥正确解密就能证明这个消息是从 A 发来的，A 不可抵赖，因为能用 A 的公钥正确解密，说明消息一定是用 A 的私钥加密过的，而私钥只有 A 自己独有。同时，即使攻击者改变消息，也没法达到任何目的，由于攻击者没有 A 的私钥，虽然可以篡改，但篡改后无法再次用 A 的私钥进行加密，这样也保证了数据的完整性，因此 A 既不能抵赖没有发送消息，也不能抵赖发送的消息不是 M。

4.2　用户不可抵赖性机制的评价标准

1. 不可抵赖性机制的安全性

评价不可抵赖性机制最重要的标准就是能否真正起到抗抵赖的效果，是否可能存在抵赖的漏洞，能否防止双方的伪造与否认；抗抵赖的签名是否是信息发送者的唯一信息。伪造抗抵赖的签名在计算上是否具有不可行性，包括利用数字签名伪造信息，或者利用信息伪造数字签名。

不可抵赖性假设在存储器中保存一个数字签名副本是现实可行的，因此要求不可抵赖要能够防重放攻击。例如，签字后的文件是一张支票，如果重放攻击成功，攻击者就很容易多次用该电子支票兑换现金，为此发送者需要在文件中加上一些该支票的特有凭证，如对签名报文添加时间戳、序列号等以防止重放攻击的发生。

2. 机制是否同时具有保密性和完整性验证作用

不可抵赖机制通常是通过数字签名完成的，但数字签名是不能直接提供数据保密的，因为数字签名是用发送者的私钥加密的，而发送者的公钥是假定任何人都知道的，因此需要对信息保密就要额外增加保密机制。另外，在实际数字签名算法中，并不是对原消息直接签名，原因是非对称密钥体制加密的速度慢，实用性差，通常都是对消息摘要进行签名，因此必须先计算消息摘要，而消息摘要主要是数据完整性验证的指标，故不可抵赖机制通常是与完整性验证机制合并在一起实现的，这种将数据保密性、完整性和不可抵赖性综合考虑的思想是评判不可抵赖机制的一个重要指标，当然额外的功能可能需要额外的性能消耗。

3. 不可抵赖性机制是否需要第三方参与

不可抵赖的基本思路有两种：一种是凭借自身特有的特性，双方通过数字签名直接防止不可抵赖行为，称为直接数字签名法不可抵赖；另一种是借助可信的第三方进行公证来防止抵赖行为，称为需仲裁的数字签名不可抵赖。选择哪一种机制实现不可抵赖需要事先确定，因为不同的机制实现的条件、性能和效果都不一样。

4. 不可抵赖性机制的性能

不可抵赖性验证可能的运算包括发送方计算消息摘要，进行私钥签名（加密），接收方进行验证签名（解密）等。影响性能的主要因素是公私钥的加解密，加密的范围（是对整体消息的签名还是只对消息的摘要进行签名）等。在不可抵赖机制中要求生成数字签名、识别和验证数字签名要相对容易，以提高机制的性能，因此在选择计算消息摘要算法、加解密机制和加密的范围时要根据实际情况对不可抵赖的安全性和性能进行折中考虑。

5. 不可抵赖性机制的信息有效率

不可抵赖性机制的信息有效率是指原信息长度与合并后总信息（包括原消息和附加的信息摘要的签名等）的长度之比。比值越大信息的有效率越大，有效率越大越能保证不可抵赖机制不会额外增加太多的网络信息量。

6. 不可抵赖性机制是否具有双向不可抵赖功能

不可抵赖性包括两个方面，第一是发送信息方不可抵赖；第二是信息的接收方不可抵赖。评判不可抵赖机制要清楚该机制是否具有双向不可抵赖的作用。

7. 不可抵赖性机制中的加密安全

由于不可抵赖性的一些机制需要加密操作，因此密钥的分发、密钥空间的大小以及加密算法的选取等都直接影响不可抵赖性的性能和安全性。

4.3　用户不可抵赖性机制与评价

数字签名方便企业和消费者通过网络进行交易，例如，商业用户无需在纸上签字或为信函往来而等待，足不出户就能够通过网络获得抵押贷款、购买保险或者与房屋建筑商签订契约等。企业之间也能通过网上协商达成有法律效力的协议，大多数国家已经把数字签名看成是与手工签名具有相同法律效力的授权机制，在我国数字签名已经具有法律效力。例如，通过 Internet 向银行发一个消息，要求把钱从自己的账号转到某个朋友的账号，并对消息进行数字签名，则这个事务与你到银行亲手签名的效果是相同的。

定义 4.2　数字签名　国际标准化组织（ISO）对数字签名是这样定义的：附加在数据单元上的一些数据，或是对数据单元所做的密码变换，这种数据或变换允许数据单元的接收者用以确认数据单元的来源和数据单元的完整性，并保护数据，防止被他人（如接收者）伪造。

一个签名算法至少应满足以下 3 个条件：①签名者事后不能否认自己的签名；②接收者能验证签名，而其他任何人都不能伪造签名；③当双方关于签名的真伪性发生争执时，第三方能解决双方之间发生的争执。数字签名的作用除了具有不可抵赖作用外，还包括两方面的作用。①身份认证。如果接收方 B 收到用发送方 A 的私钥加密的消息，就可以用 A 的公钥解密。如果解密成功，那么 B 可以肯定这个消息是 A 发来的。这是因为，如果 B 能够用 A

的公钥解密消息，就表明最初消息是用 A 的私钥加密的（注意：用一个公钥加密的消息只能用相应私钥解密，反过来，用一个私钥加密的消息也只能用相应公钥解密），因为只有 A 知道他自己的私钥，因此发送方的身份可以确定。②防假冒：其他人不可能假冒 A，假设有攻击者 C 假冒 A 发送消息，由于 C 没有 A 的私钥，因此不能用 A 的私钥加密消息，接收方也就不能用 A 的公钥正确解密，不能假冒 A。

手写签名与数字签名的主要区别如下。

（1）签署文件方面的不同。一个手写签名是所签文件的物理部分，一个数字签名并不是所签文件的物理部分，所以所使用的数字签名算法必须设法把签名"绑"到所签文件上。例如，对消息摘要签名，根据消息摘要的性质，摘要是跟原消息密切关联的。

（2）验证方面的不同。一个手写签名是通过和一个真实的手写签名相比较来验证的，这种方法很不安全，并且很容易伪造。数字签名是通过一个公开的验证算法来验证的，这样任何人都能验证数字签名，安全的数字签名算法的使用将阻止伪造签名的可能性。例如，基于 RSA 的数字签名就是基于 RSA 加密算法的特性："用一个公钥加密的消息只能用相应私钥解密，反之，用一个私钥加密的消息也只能用相应公钥解密。"

（3）备份方面的不同。数字签名消息的复制品与其本身是一样的，而手写签名纸质文件的复制品与原品不同。这个特点要求我们阻止一个数字签名的重复使用，一般通过要求信息本身包含诸如日期等信息来达到阻止重复使用签名的目的。

目前已经提出了许多数字签名体制，按签名的方式可以分成两类：直接数字签名和需仲裁的数字签名。直接数字签名仅涉及通信双方，假定接收方知道发送方的公开密钥，签名通过使用发送方的私有密钥对整个消息进行加密或使用发送方的私有密钥对消息的信息摘要进行加密来产生，其中后者更为有效，性能更高。方案的有效性依赖于发送方私有密钥的安全性。需仲裁的数字签名的基本思路是：发送方的签名不是直接发送给接收方，而是先发给仲裁者，仲裁者经过一系列的确认处理后重新签名，再转发给接收方。

4.3.1　基于 RSA 数字签名的不可抵赖机制与评价

1. 实现机制

假设 A 是发送方，B 是接收方，A 向 B 发送消息 M，基于 RSA 数字签名的不可抵赖机制见表 4-1，整体模型如图 4-1 所示，图中 E 表示加密操作，D 表示解密操作。

表 4-1　　　　　　　　　　**基于 RSA 数字签名的不可抵赖机制**

步骤 1： A 用自己的私钥加密消息 M，用 $E_{A私}(M)$ 表示。
步骤 2： A 把加密的消息发送给 B。
步骤 3： B 收到加密的消息后用 A 的公钥解密，用公式 $D_{A公}(E_{A私}(M))$ 表示。
步骤 4： B 如果解密成功，表示消息 M 一定是 A 发送的，起到了数字签名的抗抵赖作用。
步骤 5： 对 A 的抵赖反驳。如果 A 抵赖，B 将从 A 收到的信息 $E_{A私}(M)$ 交给仲裁者，仲裁者和 B 一样用 A 的公钥解密 $E_{A私}(M)$，如果解密成功，就说明 B 收到的信息一定是用 A 的私钥加密的，而 A 的私钥只有 A 自己拥有，因此 A 不能抵赖没有发送消息 M，并且 A 也不能抵赖自己发送的信息不是 M，因为信息 M 中途如果被攻击者篡改，由于篡改者没有 A 的私钥，因此不能再用 A 是私钥重新签名（加密），接收方也不能用 A 的公钥正确解密签名。

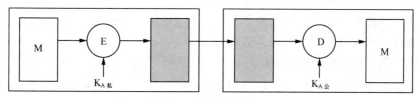

图 4-1　基于 RSA 数字签名的不可抵赖机制

2. 机制评价

优点：该机制算法简单，可以防止发送者抵赖未发送消息的行为，不需要专门的第三方参与，并且具有完整性验证作用。

缺点与改进：由于签名是用发送方的私钥签名，因此任何人都可以用他的公钥进行解（验证）签名，而公钥是公开的，这样的数字签名只能起到签名的作用但不能起到保密作用，容易受到网络截获的攻击。改进的方法是用接收方的公钥再加密签名。

这个机制不具有双向不可抵赖的作用，只能防止 A 的抵赖行为，不能防止 B 的抵赖行为；这个机制的性能较低，因为签名和验证操作都是用的非对称加密机制加密的，并且是对整个信息 M 进行签名和解签名的。

下面讲述的机制是对该机制不具有保密性缺点进行的改进。

4.3.2　具有保密性的不可抵赖机制与评价

1. 实现机制

假设 A 是发送方，B 是接收方，A 向 B 发送消息 M，具有保密性的不可抵赖机制见表 4-2。

表 4-2　　　　　　　　　　　　**具有保密性的不可抵赖机制**

步骤 1：A 用自己的私钥加密消息 M，获得 A 的签名，用 $E_{A私}(M)$ 表示。
步骤 2：A 用 B 的公钥加密第 1 步的签名，用 $E_{B公}(E_{A私}(M))$ 表示。
步骤 3：把两次加密后的消息发送给 B。
步骤 4：B 接收到加密的消息后先用自己的私钥解密，获得签名 $E_{A私}(M)$，用公式 $D_{B私}(E_{B公}(E_{A私}(M))) = E_{A私}(M)$ 表示。
步骤 5：B 对第 4 步的解密结果再用 A 的公钥解密，获得发送的消息 M，用公式 $D_{A公}(E_{A私}(M)) = M$ 表示。
步骤 6：对 A 的抵赖反驳：如果 A 抵赖，B 将从 A 收到的信息 $E_{A私}(M)$ 交给仲裁者，仲裁者和 B 一样用 A 的公钥解密 $E_{A私}(M)$，如果解密成功，就说明 B 收到的信息一定是用 A 的私钥加密的，并且中途未被篡改，而 A 的私钥只有 A 自己拥有，因此不能抵赖没有发送消息 M。

2. 机制评价

优点：这个机制由于对签名后的消息又再一次用接收方的公钥进行了加密，因此除了接收方外，任何人都不能解密这个消息，这样的数字签名也起到了信息的保密作用，防止了网络截获的攻击。该机制同样可以防止发送者抵赖未发送消息的行为，并且在机制中不需要专门的第三方参与，同样具有完整性验证的作用。

缺点：该机制不具有双向不可抵赖的作用，只能防止 A 的抵赖行为，不能防止 B 的抵赖行为；这个机制的最大缺点是性能低，因为发送的两次操作都是用非对称加密机制对整个信息加密的。

讨论：在这个签名机制中，采用的是先签名后加密，那么能否先加密后签名呢？答案是否定的。假定进行的操作是先加密后签名，则信息在传输过程中被攻击者截获后，攻击者因为也知道发送方的公钥，因此它可以解签名，虽然攻击者不知道密文信息所对应的明文的具体内容，但是攻击者可以再次用他自己的私钥签名，然后继续发送。这样接收者由于不能正确用 A 的公钥进行解签名，因此就不知道这个信息是谁发出的了。

4.3.3 基于公钥和私钥加密体制结合的不可抵赖机制与评价

前两种方法由于签名是用非对称加密算法 RSA 对整个消息进行加密，而 RSA 的加密速度慢，实用性差，因此在实际网络应用中用的不多。下面结合非对称密钥和对称密钥加密体制方法，只对一次性对称密钥进行签名。

1. 实现机制

假设 A 是发送方，B 是接收方，A 向 B 发送消息 M，基于非对称密钥和对称密钥结合的不可抵赖机制见表 4-3。

表 4-3   **基于公钥和私钥加密体制结合的不可抵赖机制**

步骤 1： A 产生一次性的随机对称密钥 K1 加密要发送的消息 M。
步骤 2： A 用自己的私钥加密 K1。
步骤 3： A 用 B 的公钥加密第 2 步的结果。
步骤 4： A 通过网络将第 1 步和第 3 步的结果发送给 B。
步骤 5： B 接收到信息后，用自己的私钥解密发送过来的第 3 步的结果，得到签名。
步骤 6： B 用 A 的公钥解密第 5 步的结果，得到一次性对称密钥 K1。
步骤 7： B 用一次性对称密钥 K1 解密发送过来的第 1 步的结果，得到原消息 M。
步骤 8： 对 A 的抵赖反驳。如果 A 抵赖，B 将从 A 收到的信息 $E_{A私}$(K1)交给仲裁者，仲裁者和 B 一样，用 A 的公钥解密 $E_{A私}$(K1)，如果解密成功，那么 B 可以进一步解密获得消息 M，这说明 B 收到的密钥 K1 一定是用 A 的私钥加密的，而 A 的私钥只有 A 自己拥有，并且中途未被篡改，因此不能抵赖没有发送消息 M。

2. 机制评价

优点：这个机制可以防止发送者抵赖未发送消息的行为，并且在机制中不需要专门的第三方参与，具有数据保密作用。这个机制的最大优点是改进了上述机制性能低的缺点，只对短的对称密钥签名，该签名虽然只对一次性对称密钥 K1 进行签名，表面上好像签名没有跟整个消息关联，但是实际上由于整个消息是用 K1 加密的，是受密钥 K1 加密保护的，因此签名是跟整个消息关联的。

缺点：该机制不具有双向不可抵赖的作用，只能防止 A 的抵赖行为，不能防止 B 的抵赖行为；签名与信息关联的程度不是很强，没有下面将要讲述的基于消息摘要的数字签名不可抵赖机制强。这里对 K1 是先签名后加密的，不能先加密后签名，否则有可能因为攻击者的再签名而得不到正确的对称密钥 K1。

4.3.4　基于消息摘要的不可抵赖机制与评价

1. 实现机制

假设 A 是发送方，B 是接收方，A 向 B 发送消息 M0，基于消息摘要的不可抵赖机制见表 4-4，整体模型如图 4-2 所示。

表 4-4　　　　　　　　　　基于消息摘要的不可抵赖机制

步骤 1：A 用 SHA-1 等消息摘要算法对要发送的消息 M0 计算消息摘要 MD0。
步骤 2：A 用自己的私钥加密这个消息摘要 MD0，这个过程的输出是 A 的数字签名（DS0）。
步骤 3：A 将消息 M0 和数字签名（DS0）一起发给 B。
步骤 4：B 收到消息和数字签名分别设为 M1 和 DS1（传输过程中有被篡改的可能性），B 用发送方 A 的公钥解密数字签名 DS1，这个过程得到的消息摘要设为 MD1。
步骤 5：B 使用与 A 相同的消息摘要算法重新计算收到的信息 M1 的消息摘要 MD2。
步骤 6：对 A 的抵赖反驳：B 比较两个消息摘要，如果 MD1 = MD2，就表明 B 收到的消息是未经篡改的消息，同时由于消息摘要 MD1 是用 A 的公钥解密签名获得的，说明原摘要一定是经过 A 的私钥签名，而 A 的私钥只有 A 拥有，因此 A 不能抵赖没有发送消息 M0。

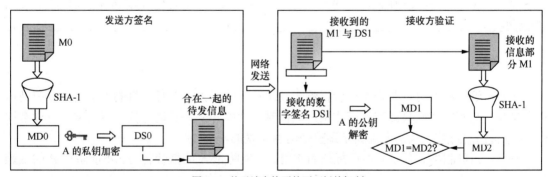

图 4-2　基于消息摘要的不可抵赖机制

2. 机制评价

优点：该机制可以防止发送者抵赖未发送消息的行为，并且在机制中不需要专门的第三方参与，具有完整性验证作用；其优点是只对消息摘要签名，机制性能好，且消息摘要跟整个消息密切关联。

缺点：这个机制不具有保密作用，也不具有双向不可抵赖的作用，只能防止 A 的抵赖行为，不能防止 B 的抵赖行为。

讨论：在该机制中，数字签名是否需要再用接收方的公钥加密来达到保密效果？答案是否定的，这是由摘要的性质（从数字签名解密得到的信息摘要里看不出任何与原消息有关的信息）决定的。

4.3.5 具有保密性和完整性的数字签名不可抵赖机制与评价

1. 实现机制

假设 A 是发送方，B 是接收方，A 向 B 发送消息 M，具有保密性和完整性的数字签名不可抵赖机制见表 4-5。

表 4-5　　　　　　　　　具有保密性和完整性的数字签名不可抵赖机制

步骤 1：A 用 MD5 或者 SHA-1 等算法对要发送的消息 M 计算消息摘要 MD1。
步骤 2：A 用一次性对称密钥 K1 加密要发送的消息 M。
步骤 3：A 用 B 的公钥加密一次性对称密钥 K1。
步骤 4：A 用自己的私钥加密消息摘要 MD1，这个过程的输出是 A 的数字签名 DS。
步骤 5：A 将加密的消息、加密的一次性对称密钥 K1 和数字签名 DS 一起发给 B。
步骤 6：B 收到信息后用自己的私钥解密第 3 步的结果（加密的一次性对称密钥 K1），得到一次性对称密钥 K1。
步骤 7：B 用一次性对称密钥 K1 解密第 2 步的结果（加密的信息 M），得到原消息 M。
步骤 8：B 使用与 A 相同的消息摘要算法再次计算收到消息的消息摘要 MD2。
步骤 9：B 通过第 5 步收到数字签名，B 用发送方 A 的公钥解密数字签名（注意：A 是用他自己的私钥加密消息摘要得到数字签名的，只能用 A 的公钥解密），这个过程得到原先的消息摘要 MD1。
步骤 10：对 A 的抵赖反驳：B 比较两个消息摘要，如果 MD1＝MD2，就可以表明 B 收到的消息 M 是未经篡改的、具有保密性的消息，B 也断定消息是来自 A 而不是他人，因此 A 不能抵赖没有发送消息 M。

2. 机制评价

优点：这个机制可以防止发送者抵赖未发送消息的行为，并且在机制中不需要专门的第三方参与，具有完整性验证和保密作用；该机制的性能好，只对消息摘要签名和对对称密钥 K1 进行密钥的封装，且消息摘要是跟整个消息关联的。

缺点：该机制不具有双向不可抵赖的作用，只能防止 A 的抵赖行为，不能防止 B 的抵赖行为。

4.3.6 双方都不能抵赖的数字签名不可抵赖机制与评价

1. 实现机制

假设 A 是发送方，B 是接收方，A 向 B 发送消息 M，双方都不能抵赖的数字签名不可抵赖机制见表 4-6。

表 4-6　　　　　　　　　　**双方都不能抵赖的数字签名不可抵赖机制**

步骤 1：A 用随机对称密钥 K 对消息 M 加密，记为 E(K，M)，并用自己的私钥对加密结果进行签名，记为 A $_{私}$(E(K，M))，最后用接收方 B 的公钥再次加密 A $_{私}$(E(K，M))后发送给接收方。
步骤 2：接收方 B 收到信息后，先用自己的私钥解密得到 A $_{私}$(E(K，M))，再用发送方的公钥解密得到 E(K，M)。
步骤 3：B 用自己的私钥对 E(K，M)进行签名（加密），记为 B $_{私}$(E(K，M))，再用发送方的公钥加密 B $_{私}$(E(K，M))后发送给发送方 A。
步骤 4：A 收到信息后，用自己的私钥解密得到 B $_{私}$(E(K，M))，再用接收方 B 的公钥解签名得到 E(K，M)。
步骤 5：A 比较解签名的结果与自己先前发送给 B 的 E(K，M)，如果相等，那么 A 确认接收方 B 已正确收到信息。
步骤 6：A 把对称密钥 K 用自己的私钥签名，并用 B 的公钥加密，然后发送给 B。
步骤 7：B 收到信息后，先用自己的私钥解密，再用发送方 A 的公钥解签名得到对称密钥 K，就可以对 E(K，M)解密得到 M。
步骤 8：抵赖行为的反驳：由于双方都交换了数字签名，因此这个机制对双方的抵赖行为都具有作用。

2.　机制评价

优点：这个机制可以防止发送者和接收者双方的抵赖行为，保证了信息传输的安全性，适合安全性要求较高的数据传输，并且在该机制中不需要专门的第三方参与，具有完整性验证和保密作用；在该机制中，如果 B 不发送确认收到的信息并签名 B $_{私}$(E(K，M))，就不能得到明文 M，因此可以实现双向不可抵赖。

缺点：这个机制的缺点是性能不好，在上述机制中，发送方加密 5 次，解密 2 次，接收方加密 2 次，解密 5 次，计算复杂，性能较低，对于性能的改进可以参考基于信息摘要的数字签名不可抵赖性进行改进，只对信息摘要进行签名。

4.3.7　基于第三方仲裁的不可抵赖机制与评价

在前面讲述的直接签名中，不可抵赖性的验证模式依赖于发送方的私有密钥的保密程度，发送方要抵赖发送某一消息时，可能会声称其私有密钥已暴露、过期或被盗用等，导致他人伪造了签名，不是自己的真实签名，这种情况需要可信的第三方参与来避免出现类似情况，例如用户要及时将私钥暴露的情况报告给可信的第三方授权中心，接收方在验证签名时要先到可信的第三方授权中心查验发送方的公钥是否吊销，然后再验证签名。这就产生基于第三方仲裁的不可抵赖机制，在这种机制中，仲裁者必须是一个所有通信方都充分信任的仲裁机构。

基于第三方仲裁的不可抵赖机制的基本思路是：发送方 A 创建一个签名，并把发送的信息、自己的身份、接收方的身份和签名先发送给仲裁者 C，C 检验该信息及其签名的出处和内容，然后将包含发送方的身份、接收者的身份和时间戳的信息副本保留在档案中，该仲裁者还用它的私钥根据信息创建自己的签名。再把信息、新签名、发送方的身份和接收方的身份发送给接收方 B。仲裁者在这一类签名模式中扮演着敏感而关键的角色。

1. 实现机制

假设 A 是发送方，B 是接收方，C 是双方可信的仲裁机构，A 向 B 发送消息 M，基于第三方仲裁的不可抵赖机制见表 4-7。

表 4-7　　　　　　　　　　　　基于第三方仲裁的不可抵赖机制

步骤 1：A 用自己的私钥 KR_a 签名（加密）要发送的消息 M，用 $E_{KRa}[M]$ 表示。
步骤 2：A 用 B 的公钥 KU_b 加密第 1 步结果，用 $E_{KUb}(E_{KRa}[M])$ 表示。
步骤 3：A 将第 2 步的结果以及 A 的标识符 ID_a 一起用 A 的私钥 KRa 签名（加密）后发送给仲裁机构 C，用 $E_{KRa}[ID_a\|E_{KUb}(E_{KRa}[M])]$ 表示。
步骤 4：A 将 A 的标识符 ID_a 也发送给 C，即 A 向 C 发送的全部消息为 $ID_a\|E_{KRa}[ID_a\|E_{KUb}(E_{KRa}[M])]$。
步骤 5：C 首先通过数字证书（在下一章中讲述）检查 A 的公/私钥对的有效性和真实性，并通过对第 3 步结果的解签名（解密）得到的 A 的标识符和第 4 步收到的 A 的标识符的比较，确认 A 的身份真假。
步骤 6：C 对 A 的抵赖反驳：C 通过第 3 步的数字签名得知该消息是来自 A，并且中途未被篡改，A 不能抵赖。
步骤 7：C 将从 A 收到的签名消息 $E_{KRa}[ID_a\|E_{KUb}(E_{KRa}[M])]$ 进行解签名（解密）获得信息 $ID_a\|E_{Kub}(E_{KRa}[M])$，再加上时间戳 T（防止重放攻击）用 C 的私钥 KRc 签名后发送给 B，公式为 $E_{KRc}[ID_a\|E_{KUb}(E_{KRA}[M])\|T]$，并保留这个副本。
步骤 8：B 收到 C 的信息后用 C 的公钥解签名（解密），获得 $E_{KUb}(E_{KRa}[M])$。
步骤 9：B 用自己的私钥解密第 8 步的信息，再用 A 公钥解签名（解密）就获得 M。
步骤 10：B 对 A 的抵赖反驳：如果 A 抵赖发送过 M，B 可以向 C 提起申诉，将 $ID_a\|E_{KUb}(E_{KRa}[M])\|T$ 发给 C，由 C 根据原来保留的信息（第 7 步）通过第 6 步来防止 A 抵赖发送过消息 M 的行为。

2. 机制评价

优点：这个机制可以防止发送者的抵赖行为，在机制中借助可信的第三方参与，因此前提是双方必须相信仲裁机构正常工作。同时该机制具有保密作用，它的最大好处是内部采用双重加密消息 $E_{KUb}(E_{KRa}[M])$，这对除了 B 以外的其他人都是安全保密的，包括仲裁机构 C；在通信之前各方无须共享任何信息，从而避免了共享信息是双方联合欺诈；C 能进行外层 $E_{KRa}[ID_a\|E_{KUb}(E_{KRa}[M])]$ 的解密，从而证实报文确实是来自 A 的，因为只有 A 拥有 KR_a；时间戳告诉 B 该消息是及时的而不是重放消息。具体信息发送的形式化公式如下。

（1）A→C：$ID_a\|E_{KRa}[ID_a\|E_{KUb}(E_{KRa}[M])]$

（2）C→B：$E_{KRc}[ID_a\|E_{KUb}(E_{KRa}[M])\|T]$

缺点：这个机制也不具有双向不可抵赖的作用，只能防止 A 的抵赖行为，不能防止 B 的抵赖行为，但这个机制只要接收方 B 对从 C 收到的信息进行签名确认，就很容易实现接收方 B 的抗抵赖性，因为接收信息是经过可信第三方确认的；性能低，多次用非对称加密机制加密整个信息 M。

4.4　数字签名综合应用实例

4.4.1　Web 服务提供者安全地向用户发送信息

下面看一个"Web 服务提供者如何安全地对用户发送一次信息"的实例，在这个实例中假设使用 MD5 计算消息摘要，使用的对称加密算法是 DES，非对称加密算法是 RSA。

现有 Web 服务提供者甲向用户乙提供服务，为了保证信息传送的保密性、完整性和不可抵赖性，需要对传送的信息进行加密、数字签名和完整性验证。其传送过程如下。

第 1 步：甲对要发送的信息使用 MD5 进行哈希运算得到一个信息摘要。

第 2 步：甲用自己的私钥对信息摘要进行加密得到甲的数字签名，并将其附在信息上。

第 3 步：甲随机产生一个 DES 密钥，并用此密钥对要发送的信息进行加密形成密文。

第 4 步：甲用乙的公钥对刚才随机产生的加密密钥再进行加密，将加密后的 DES 密钥连同密文一起传送给乙。

第 5 步：乙收到甲传送过来的密文，数字签名和加密过的 DES 密钥，先用自己的私钥对加密的 DES 密钥进行解密，得到 DES 密钥。

第 6 步：乙然后用 DES 密钥对收到的密文进行解密，得到明文的数字信息。

第 7 步：乙用甲的公钥对甲的数字签名进行解密得到消息摘要。

第 8 步：乙用 MD5 对收到的明文再进行一次 hash 运算，得到一个新的消息摘要。

第 9 步：乙将收到的消息摘要和新产生的消息摘要进行比较，如果一致，就说明收到的信息一定是甲发送过来的具有保密作用的并且没有被修改过的信息。

以上 9 个步骤是 Web 服务提供者向用户发送信息的过程，在整个过程中涉及数据的保密性、完整性和不可抵赖性，这个过程同样也适用于用户向 Web 服务提供者提交信息的过程。

4.4.2　对等网络中两个用户的一次安全消息发送

假设张三和王五是对等网络中的两个用户，现在张三向王五传送信息，为了保证信息传送的保密性、完整性和不可抵赖性，需要对要传送的信息进行加密、数字签名和完整性验证，传送过程如下。

第 1 步：张三准备好要传送的明文信息。

第 2 步：张三对信息进行哈希（hash）运算，得到一个信息摘要。

第 3 步：张三用自己的私钥（SK）对信息摘要进行加密得到张三的数字签名，并将其附在数字信息上。

第 4 步：张三随机产生一个加密密钥（DES 密钥），并用此密钥对要发送的信息进行加密，形成密文。

第 5 步：张三用王五的公钥（PK）对刚才随机产生的加密密钥进行加密，将加密后的 DES 密钥连同密文一起传送给王五。

第 6 步：王五收到张三传送过来的密文和加过密的 DES 密钥，先用自己的私钥（SK）对加密的 DES 密钥进行解密，得到 DES 密钥。

第 7 步：王五然后用 DES 密钥对收到的密文进行解密，得到明文的数字信息，然后将 DES 密钥抛弃（DES 密钥作废），防止重放攻击。

第 8 步：王五用张三的公钥（PK）对张三的数字签名进行解签名（解密），得到信息摘要。

第 9 步：王五用相同的 hash 算法对收到的明文再进行一次 hash 运算，得到新的信息摘要。

第 10 步：王五将收到的信息摘要和新产生的信息摘要进行比较，如果一致，就说明收到的信息是张三发送过来的，并且没有被修改过，张三不能抵赖。

4.4.3　PGP 加密技术

PGP（Pretty Good Privacy）加密技术是一个基于 RSA 公钥加密体系的邮件加密软件。PGP 把 RSA 公钥体系和私钥加密体系结合起来，并且在数字签名和密钥认证管理机制上有巧妙的设计，PGP 是目前最流行的公钥加密软件包之一。

由于 RSA 算法计算量极大，在速度上不适合加密大量数据，所以在实际应用中，PGP 用来加密的不是 RSA 本身，而是采用对称加密算法 IDEA，IDEA 加解密的速度比 RSA 快得多。

PGP 随机生成一个密钥，用 IDEA 算法对明文加密，然后用 RSA 算法对密钥加密（密钥的封装）。收件人同样是用 RSA 解出随机密钥，再用 IEDA 解出原文。这样的加密方式既有 RSA 算法的保密性（Privacy）和认证性（Authentication），又保持了 IDEA 算法速度快的优势。使用 PGP 可以简捷而高效地实现邮件或者文件的加密与数字签名。

4.5　非对称密钥加密算法的中间人攻击与分析

在前面的数据加密、数字签名、数据完整性验证等过程中都用到了非对称密钥加密技术，因此非对称密钥加密技术非常重要，但它也有被攻击的可能性，这就是中间人攻击，具体攻击的方法如下。

第 1 步：张三要给李四安全保密地发送信息，张三必须先向李四提供自己的公钥 $K_张$，并请求李四也把他的公钥 $K_李$ 给张三（相互要交换公钥）。

第 2 步：中间攻击者王五截获张三的公钥 $K_张$，并用自己的公钥 $K_王$ 替换 $K_张$，并把 $K_王$ 转发给李四。

第 3 步：李四答复张三的信息，发出自己的公钥 $K_李$。

第 4 步：王五又截获李四发送的信息，将李四的公钥 $K_李$ 改为自己的公钥 $K_王$，并把它转发给张三。

第 5 步：张三认为李四的公钥是 $K_王$，就用 $K_王$ 加密要发送的信息给李四。

第 6 步：王五截获张三发送的信息，并用自己的私钥解密信息，非法获得张三发送的信息，他又用李四的公钥 $K_李$ 重新加密消息，然后转发给李四。

第 7 步：李四用自己的私钥解密从王五那里收到的信息，并进行答复，李四的答复是用 $K_王$ 进行加密的，因为李四以为 $K_王$ 是张三的公钥 $K_张$。

第 8 步：王五截获这个消息，用自己的私钥解密，非法获得信息，并用张三的公钥 $K_张$ 重新加密信息，然后转发给张三，张三用自己的私钥解密发过来的信息。

第 9 步：这个过程不断重复，张三和李四发送的信息都被王五看到，而张三和李四还认为是直接进行通信。

出现这个问题的主要原因是自己的公钥被他人冒名顶替，因此必须解决这个问题，保证公钥和身份关联的正确性。

下面再看一个例子：用户 A 冒充用户 B，发布自己的公钥 K，称这是 B 的公钥 K_B，这样有人要给 B 发信息时就会误用 A 的公钥加密，A 截获加密的消息后，A 可以用自己的私钥解密，非法看到信息的内容，因此要有可信的第三方管理大家的公钥及其身份，具体内容将在下章中解决。

4.6　特殊的数字签名

在前面我们讲述了一些普通的数字签名方案，但在日常应用中我们会遇到不同的情况和需求。为了满足这种需求，研究者提出了各种应用在不同情况下的特殊数字签名方案，以解决或者部分解决某些现实问题。下面介绍几种特殊用途的签名方案：盲签名、不可否认签名、代理签名和群签名。

4.6.1　盲签名

盲签名（Blind Signature）的概念是由 David Chaum 于 1982 年提出的。盲签名方案是一个有关两个实体的密码系统，包括请求签名方和签名者。盲签名允许请求签名方能够拥有签名者所签署的消息的签名，同时签名者在签名过程中无法得到任何关于自己所签署消息的内容。也就是说，签名者只是对消息进行数字签名，而不能知道待签消息的实际内容。盲签名主要应用于数字现金、电子投票等领域。

盲签名过程如图 4-3 所示。请求签名方把待签的明文消息 m 通过盲变换成为 M，从而把明文 m 的内容隐藏起来，然后把 M 发给签名者进行数字签名；签名者在签名后把签名结果 Sig（M）发回给请求签名方；请求签名方把收到的签名 Sig（M）进行解盲变换后即可得到签名者对消息 m 的签名 Sig（m）。

图 4-3　盲签名过程

4.6.2　不可否认签名

不可否认签名（Undeniable Signature）的概念是由 Chaum 和 Antwerpen 于 1989 年提出的，并且给出了一个具体的实现。与普通的数字签名一样，不可否认的数字签名除了具有两个交互的协议（验证协议和否认协议）外，还增加一个抵赖协议（Disavowal Protocol），即只有在得到签名者的许可后才能进行验证，亦即在没有签名者的合作时，请求签名方将无法验证签名的合法性。不可否认签名主要由以下 3 部分组成。

（1）签名过程：签名者 A 对消息进行数字签名，其他人不能伪造该签名。

（2）确认过程：请求签名方 B 和签名者 A 执行交互式协议，以确认该签名的有效性。

（3）否认协议：签名者 A 和请求签名方 B 执行交互式协议，使签名者 A 能够向请求签名方 B 证明某个签名不是自己签署的；不属于签名者 A 的签名一定能够通过否认协议，属于签名者 A 的合法签名（签名者 A 进行欺骗）通过否认协议的概率极小，可以忽略。

不可否认的签名可以应用在许多方面。例如，某公司 A 开发了一个软件，A 把该软件和对该软件的不可否认签名卖给 B。B 当面验证 A 的签名，以确认该软件的真实性。现在假设 B 想把该软件的备份私自卖给第三方 C，但由于没有公司 A 的参与，因而 C 无法验证该软件的真实性，从而保护了公司 A 的利益。不可否认签名把签名者与消息之间的关系和签名者与签名之间的关系分开。在这种签名方案中，任何人都能够验证签名者实际产生的签名，验证方还需要验证该消息的签名是有效的。

不可否认签名也有缺点：签名者不愿意合作或者签名者不能被利用时，签名就不能被验证。因为不可否认数字签名只有在得到原始签名者的合作下才可进行验证，所以签名者可以拒绝合作或在某种情况（网络繁忙等）下不能参与合作。基于这种情况，Chaum 引进了证实数字签名的概念。证实签名中引入了半可信任的第三方，由第三方完成签名的证实和否认。当然，半可信任的第三方不能参与签名的计算，他只给签名验证者提供该签名的证实。很明显，证实签名比不可否认签名有所进步，克服了不可否认签名的缺点，为签名的验证提供了可靠的保障。可证实签名的方案也出现了不少，这方面的研究还在不断继续，提供更加安全保障的方案，以满足实际应用的要求。

4.6.3 代理签名

代理签名（Agent Signature Scheme）是指用户由于某种原因指定某个代理代替自己签名。该概念由 Mambo 等人于 1996 年提出。例如，A 需要出差，而这些地方不能很好地访问计算机网络，因此 A 希望接收一些重要的电子邮件，并指示其秘书 B 作相应的回信。A 在不把其私钥给 B 的情况下，可以请 B 代理。

代理签名具有以下几方面的特性。

（1）可区分性（Distinguishability）：任何人都可以区别代理签名和正常的签名。

（2）不可伪造性（Unforgeability）：只有原始签名者和指定的代理签名者能够产生有效的代理签名。

（3）代理签名的差异（Deviation）：代理签名者必须创建一个能检测到是代理签名的有效代理签名。

（4）可验证性（Verifiability）：从代理签名中，验证者能够相信原始的签名者认同了这份签名消息。

（5）可识别性（Identifiability）：原始签名者能够从代理签名中识别代理签名者的身份。

（6）不可否认性（Undeniability）：代理签名者不能否认由他建立且被认可的代理签名。

另外，从授权的程度上可以划分为 3 类：完全授权（Full Delegation），部分授权（Partial Delegation）和许可授权（Delegation by Warrant）。

4.6.4 群签名

群体密码学（Group-Oriented Cryptography）于 1987 年由 Desmedt 提出。它是研究面向社团或群体中所有成员需要的密码体制。在群体密码中，有一个公用的公钥，群体外面的人可以用它向群体发送加密消息，密文收到后要由群体内部成员的子集共同进行解密。群体签名又称团体签名（Group Signature），是面向群体密码学中的一个课题，1991 年由 Chaum 和 Heyst 提出，具有以下特点。

（1）只有群中成员才能代表群体签名。

（2）接收到签名的人可以用公钥验证群签名，但不可能知道由群体中哪个成员所签。

（3）在发生争议时，可由群体中的成员或可信赖的第三方来识别该签名的签字者。

例如，由投标公司组成的一个群体，一般情况下并不知道哪一份标书是属于哪一家公司签名的，而到该标书被选中之后才能识别出是哪一家公司。又如一个公司有几台计算机，每台都连在局域网上。公司的每个部门都有自己的打印机，也连在局域网上，只有本部门的人员才被允许使用他们部门的打印机。因此，打印前，必须使打印机确信用户是该部门的。同时，公司不想暴露用户的姓名。如果有人在当天结束时发现打印机用得太频繁，主管者必须能够找出谁滥用了那台打印机。

群体签名可使用仲裁者。

（1）仲裁者生成一大批公开密钥/私钥密钥对，并且给群体内每个成员一个不同的唯一私钥表，在任何表中密钥都是不同的。如果群体内有 n 个成员，每个成员得到 m 个密钥对，那么总共有 $n \times m$ 个密钥对。

（2）仲裁者以随机顺序公开该群体所用的公开密钥组表，并保持各个密钥属主的秘密记录。

（3）当群体内成员想对一个文件签名时，他从自己的密钥表中随机选取一个密钥。

（4）当有人想验证签名是否属于该群体时，只需查找对应公开密钥表并验证签名即可。

（5）当争议发生时，仲裁者亦可查表得知该公钥对应于哪位成员。

这个协议的问题在于需要可信的一方，而且 m 必须足够长，以避免被攻击者分析出具体某位成员用了哪些密钥。

群签名给该群体中的成员提供了匿名性，即验证者只能信任或者不信任签名在该群中的合法性，而不知道该成员是谁，也不能从得到的签名中分析哪几个签名属于同一个人产生。所以，群签名对于隐藏组织中的组成结构、提供群成员的匿名性提供了技术保障，它可以应用到电子货币的发行、政府组织结构的隐藏、匿名选举、竞标等方面。

本 章 小 结

- 数字签名的作用包括身份认证、防假冒、防抵赖、防信息篡改。
- 基于 RSA 的签名方法：假设 A 是发送方，B 是接收方，A 向 B 发送消息 M，基本的数字签名方法是：A 用自己的私钥加密消息 M，用 $E_{A私}(M)$ 表示，然后把加密的消息发送给 B，B 接收到加密的消息后用 A 的公钥解密，用公式 $D_{A公}(E_{A私}(M))$ 表示，如果解密成功，就表示消息 M 一定是 A 发送的，起到了数字签名的作用。
- 基于消息摘要的数字签名方法。

（1）A 用 SHA-1 等消息摘要算法对消息 M0 计算消息摘要 MD0。

（2）A 用自己的私钥加密这个消息摘要 MD0，这个过程的输出是 A 的数字签名（DS0）。

（3）A 将消息 M0 和数字签名（DS0）一起发给 B。

（4）B 收到消息和数字签名后，设为 M1 和 DS1（因为可能被篡改），B 用发送方的公钥解密数字签名 DS1，这个过程得到的消息摘要设为 MD1。

（5）B 使用与 A 相同的消息摘要算法重新计算收到的信息 M1 消息摘要 MD2。

（6）对 A 的抵赖反驳：B 比较两个消息摘要，如果 MD1 = MD2，就可以表明 B 收到的消息是 A 发来的未经修改的消息，A 不能抵赖没有发送消息 M0。

● PGP 加密技术是一个基于 RSA 公钥加密体系的邮件加密软件。PGP 把 RSA 公钥体系和传统加密体系结合起来，并且在数字签名和密钥认证管理机制上有巧妙的设计，因此 PGP 成为目前最流行的公钥加密软件包之一。

习　题

一、单选题

1. 数字签名要预先使用单向 hash 函数进行处理的原因是（　　　）。
    A. 多一道加密工序使密文更难破译
    B. 提高密文的计算速度
    C. 缩小签名密文的长度，加快数字签名和验证签名的运算速度
    D. 保证密文能正确地还原成明文

2. 用于实现身份鉴别的安全机制是（　　　）。
    A. 加密机制和数字签名机制 　　　　　B. 加密机制和访问控制机制
    C. 数字签名机制和路由控制机制 　　　D. 访问控制机制和路由控制机制

3. 在数字签名中，实施电子签名的密钥是（　　　）。
    A. 发送者的私钥 　　　　　　　　　　B. 发送者的公钥
    C. 接收者的私钥 　　　　　　　　　　D. 接收者的公钥

4. 如果发送方用私钥加密消息，就可以实现（　　　）。
    A. 保密性 　　　　B. 保密与鉴别 　　　C. 保密而非鉴别 　　　D. 鉴别

5. 以下是几种公开密钥 RSA 算法与对称分组密钥 IDEA 算法的加密组合，最佳方案是（　　　）。
    A. 利用 IDEA 密钥加密 RSA 的公钥，并发送给接收者，数据加密利用 RSA 私钥进行
    B. 利用 IDEA 密钥加密传输数据，以 RSA 私钥进行签名
    C. 利用对方 RSA 公钥加密己方 IDEA 密钥，数据用 IDEA 密钥进行加密，对方解密并获取 IDEA 密钥后进行解密数据
    D. 利用 IDEA 密钥加密己方 RSA 私钥，传递到对方后，再使用 RSA 私钥加密数据传输

6. 如果发送方用私钥加密消息，就可以实现（　　　）。
    A. 保密性 　　　　B. 保密与鉴别 　　　C. 保密而非鉴别 　　　D. 鉴别

7. RSA（　　　）用于数字签名。
    A. 不应 　　　　　　B. 不能 　　　　　　C. 可以 　　　　　　D. 不可

8. 既可以很好地用于加密，也可以很好地用于数字签名，并且最为通用的算法是（　　　）。
    A. DES 　　　　　　B. RSA 　　　　　　C. FEAL 　　　　　　D. ElGamal

9. 用户 A 通过计算机网络向用户 B 发消息，表示自己同意签订某个合同，随后用户 A 反悔，不承认自己发过该条消息。为了防止这种情况，应采用（　　　）。
    A. 数字签名技术 　　　　　　　　　　B. 数据完整性验证技术
    C. 数据加密技术 　　　　　　　　　　D. 身份认证技术

10．在公钥加密体制中，没有公开的是（　　　）。

  A．私钥   B．密文   C．公钥   D．算法

11．在下列叙述中，（　　　）是数字签名功能。

  A．防止计算机病毒入侵   B．防止交易中的抵赖行为发生

  C．保证数据传输的安全性   D．以上都不对

12．数字签名和手写签名的区别是（　　　）。

  A．前者因消息而异，后者因签名者而异

  B．前者因签名者而异，后者因消息而异

  C．前者是 0 和 1 的数字串，后者是模拟图形

  D．前者是模拟图形，后者是 0 和 1 的数字串

13．数字签名是（　　　）。

  A．一种使用"公钥"加密的身份宣示

  B．一种使用"私钥"加密的身份宣示

  C．一种使用"对称密钥"加密的身份宣示

  D．一种使用"不可逆算法"加密的身份宣示

14．发送者利用自己的私钥对要传送的数据实现加密，接收者以发送者的公钥对数据进行解密，这种技术能够实现（　　　）。

  A．数字签名   B．防止病毒入侵

  C．数据加密   D．以上都能实现

二、填空题

1．不可抵赖性包括两方面：一方面是_____；另一方面是_____。

2．抗抵赖性机制的实现可以通过_____来保证。

3．一个完整的抗抵赖性机制包括两部分：一个是_____；另一个是_____。

4．数字签名主要使用非对称密钥加密体制的_____加密发送的消息 M。

5．目前已经提出了许多数字签名体制，按签名的方式可以分成两类：_____和_____。

三、简答题

1．简述数字签名的作用。

2．简述基于 RSA 签名的基本原理。

3．为什么通常将数据的完整性和数字签名二者相结合？简述具有数据完整性的数字签名方法。

第5章　用户身份可鉴别性机制

5.1　网络安全中用户身份可鉴别性概述

在计算机和互联网络世界里，用户身份可鉴别性是一个最基本的安全特性，也是整个信息安全的基础。如何确认用户（访问者）的真实身份，如何解决访问者的物理身份和数字身份的一致性问题是网络必须首先要解决的问题，因为只有知道对方是谁，数据的保密性、完整性和访问控制等才有意义。用户身份可鉴别性是保证用户的真实身份的网络安全机制，它的基础通常是被鉴别者与鉴别者共享同一个秘密，例如口令等。用户身份可鉴别性也称身份认证（Authentication），是指用户在使用网络系统中的资源时对用户身份的确认。这一过程通过与用户的交互获得身份信息（诸如用户名/口令组合、生物特征等），然后提交给认证服务器，后者对身份信息与存储在数据库里的用户信息进行核对处理，根据处理结果确认用户身份是否正确。用户身份认证是计算机网络应用中需要解决的最重要的内容之一，特别是在云计算、电子商务、政府网络工程、军队等与安全有关的重大的网络应用中。

定义 5.1　用户身份可鉴别性　用户身份可鉴别性是指用户在使用网络资源时，通过对用户身份信息的交换对用户身份的真实性进行确认的过程。

在用户的身份可鉴别性过程中，涉及的对象包括 5 方面。①提供身份信息的被验证者，称为用户（User），用户端通常需要有进行登录（Login）的设备或系统。②检验身份信息正确性和合法性的一方，称为认证服务器（Authentication Server），服务器上存放用户的鉴别方式及用户的鉴别信息。③提供仲裁和调解的可信第三方。④企图进行窃听和伪装身份的攻击者。⑤认证设备，它是用户用来产生或计算密码的软硬件设备。

身份鉴别的基本思路是：通过与用户的交互获得相关的身份信息，然后提交给认证服务器，后者将身份信息与存储在数据库里的身份信息进行核对处理，根据比较结果确认用户身份是否真实可信。注意：在身份鉴别中，要求用户身份标识（ID）必须唯一，否则就有可能在服务器的用户数据库里出现两个 ID 相同，甚至是 ID 和口令都相同的用户信息，导致用户身份鉴别的不确定性。

5.2　用户身份可鉴别性机制的评价标准

1. 用户身份可鉴别机制的安全性

用户身份可鉴别性主要是通过用户与服务器之间相互交换信息进行鉴别的，因此用户身份可鉴别机制的安全（真实）性重点需要解决的问题是信息交换的机密性和时效性。机密性主要是防止身份鉴别信息的截获窃听，最大限度地防止私有信息的泄密，同时要防止身份鉴别信息被强力攻击、被篡改和被伪造等；时效性是指为了防止消息的重放攻击，防止过时消息的重放。能否正确无误地鉴别出对方的真实身份，主要需要做到 3 点：①验证者正确识别合法用户身份的概率极大；②攻击者伪装骗取验证者信任的成功率极小；③通过重放鉴别信息进行欺骗和伪装的成功率极小。在用户身份鉴别过程中，有 3 处容易出现鉴别漏洞：一是服务器方存放用户鉴别信息的用户数据库，如果被攻击者攻破，那么用户的鉴别信息将被暴露；二是鉴别信息在网络中传输的安全，防止鉴别信息被截获或重放；三是用户自己对鉴别信息的妥善保管，防止鉴别信息被盗和丢失等。

2．身份鉴别因素的数量和种类

用户身份鉴别一般通过多个因素来共同鉴别用户身份的真伪，称为多因子鉴别（Multi-factor Authentication），最常见的是三因子。

- 用户所知道的东西（what you know），如口令、密码等。
- 用户所拥有的东西（what you have），如信用卡或 U 盾等。
- 用户所具有的东西（who you are），如声音、指纹、视网膜、签字或笔迹等。

一般情况下，鉴别的因子越多，鉴别真伪的可靠性越大，当然也要考虑鉴其他的方便性和性能等综合因素。

3．口令的管理

口令在用户身份鉴别中非常重要，如何管理好口令是用户身份鉴别的重要内容。口令管理涉及口令交换信息的传输形式是明文还是密文，存储形式是原口令还是口令摘要；对简单用户口令的处理措施是直接处理还是加盐处理，初始口令如何设置，初始口令如何交付给用户，对口令遗忘的处理方式是重新申请新的口令还是通过相应的措施找回原口令；在用户使用的口令方便性方面，是要求用户记住口令还是利用设备自动产生口令等诸多问题。

4．用户身份可鉴别机制是否需要第三方参与

在身份鉴别机制中可以是不借助第三方的双方直接鉴别，如简单口令鉴别；也可以是通过第三方参与的用户鉴别，如基于数字证书的鉴别。

5．是否具备双向身份鉴别功能

在用户身份的鉴别中，可以是单向身份鉴别，也可以是双向身份鉴别，根据不同的实际应用确定。单向身份鉴别是指通信双方中只有一方向另一方进行身份鉴别。双向身份鉴别是指通信双方相互进行身份鉴别。在重要网络应用中通常需要双向身份鉴别。

5.3 用户的网络身份证——数字证书

5.3.1 数字证书概述

为了进行有效的身份鉴别，类似现实生活中的身份证，在网络中每个用户也发一个网络身份证，即数字证书。数字证书是网络通信中标志各方身份信息的一系列数据，因此可以用来对用户身份进行鉴别，它是由一个可信的权威机构发行的，人们可以在网络应用中用它来识别对方的身份。数字证书是从公钥基础设施（Public Key Infrastructure，PKI）中发展而来的，PKI 是网络安全不可缺少的技术和基础，它不仅从技术上解决网上身份认证、信息完整性和抗抵赖等安全问题，还涉及电子政务以及国家信息化的整体发展战略等多层面问题。在讲述基于数字证书的用户鉴别机制之前，先讲述什么是数字证书，什么是 PKI 以及它们在用户鉴别中的作用。

数字证书是一种计算机文件，文件的扩展名为.cer（其中.cer 是单词 certificate 的前 3 个字母）。数字证书证明证书中的用户与证书中的公钥关联的正确性，因此，数字证书至少要包含用户名和用户的公钥，并证明公钥是属于该用户的。数字证书要由信任实体签发，否则很难让人相信。通常颁发数字证书的证书机构是可信的第三方，包括一些著名组织，如邮局、财务机构、软件公司等。这样，证书机构有权向个人和组织签发数字证书，使其可以在关键网络应用程序中使用这些证书。

5.3.2 数字证书的内容

最简单的证书至少包括 3 项基本内容：一个公钥、用户名（也称主体名）以及证书机构的数字签名。一般情况下证书中还包括序号（Serial Number）、起始日期（Valid from）、终止日期（Valid to）、签发者名（Issuer Name）等信息，证书的内容和格式遵循 X.509 国际标准，它于 1993 和 1995 年做了两次修订。这个标准的最新版本是 X.509V3。在数字证书中用户名被称为主题名，这是因为数字证书不仅可以发给个体用户，还可以发给组织，最后一个字段是证书机构的签名，如图 5-1 所示。

可以从浏览器查看数字证书的内容，直接打开数字证书文件是不可读的，但相应的程序是可以处理的。从浏览器的"工具"菜单中选择"Internet 选项"，然后选择"内容"选项卡，单击"证书"，然后选择"受信任的根证书颁发机构"标签，列表中有相应的根证书，先单击"查看"按钮，再单击"详细信息"标签就可以看到数字证书的内容，如图 5-2 所示，证书中指出了签名算法使用的是 SHA-1 和 RSA。

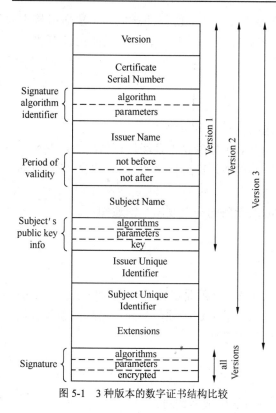

图 5-1　3 种版本的数字证书结构比较

图 5-2　Internet 中的数字证书内容

5.3.3　生成数字证书的参与方

生成数字证书的参与方至少需要两方参与，即主体（最终用户）和签发者（证书机构，Certification Authority）。证书生成与管理还可能涉及第三方——注册机构。由于证书机构的任务很多，如签发新证书、维护旧证书、吊销因故无效的证书等，因此可以将一些任务转交给第三方注册机构（Registration Authority，RA）。

1.　主体

主体是申请数字证书的人或者组织，主要任务是产生公/私钥密钥对、提出申请和提供与申请者相关的证明材料等。

2.　注册机构及作用

从最终用户角度看，证书机构与注册机构差别不大。注册机构是用户与证书机构之间的中间实体，帮助证书机构完成日常工作，注册机构通常提供下列服务。

（1）接收与验证最终用户的注册信息。

（2）为最终用户生成密钥。

（3）接收与授权证书吊销请求。

在证书机构与最终用户间加进注册机构的另一个重要好处是：证书机构成为被隔离的实体，更不容易受到安全攻击。最终用户只能通过注册机构与证书机构通信，因此可以将注册机构与证书机构通信高度保护，使这部分连接很难攻击。值得注意的是，注册机构主要是为了帮助证书机构与最终用户间交互，注册机构不能签发数字证书，只能由证书机构签发。

3. 证书机构及作用

证书机构是公钥基础设施的核心机构，它的作用包括以下两项。

（1）证书的数字签名与发放，用户相信证书的真假主要看是不是经过可信的 CA 签名，因此 CA 对证书的签名很重要。为了防止数字凭证的伪造，证书机构的公共密钥必须是可靠的，证书机构必须公布其公钥。

（2）证书的管理工作，如跟踪证书状态，对因故无效的证书发出吊销通知等。

5.3.4 证书的生成

在证书生成前，实现要选定可信的第三方作为 CA，一般是机构总部设置自己的 CA 服务器，也可以是国家机构性质的 CA 提供者，同时 CA 的公钥必须是公开可靠的，就像我们知道号码百事通 114 一样。通常证书的生成分 5 个步骤完成。

1. 密钥生成

主体（用户/组织）要取得证书，可以使用两种方法生成密钥对。

（1）主体可以用某个软件自己生成公钥/私钥对，这个软件通常是 Web 浏览器或 Web 服务器的一部分，也可以使用特殊软件程序。主体要使生成的私钥保密，然后把公钥和其他相关证明身份的信息发送给注册机构 RA。

（2）注册机构也可以为主体（用户）生成密钥对，可能用户不知道生成密钥对的技术，或特定情况要求注册机构集中生成和发布所有密钥，便于执行安全策略和密钥管理。这个方法的主要缺点是注册机构知道用户的私钥，同时 RA 在给用户发送私钥时也可能中途暴露给别人。

2. 主体注册

在注册时用户提供相关的信息和证明材料。用户首先填数字证书申请表，如图 5-3 所示；其次提供证明材料，证明材料不一定是计算机数据，有时是纸质文档（如护照、营业执照、收入/税收报表复印件等）。注意，用户自己生成密钥对时，不要把私钥发给注册机构，而要将其保密。

3. 验证

验证是由 RA 完成的，包括两方面的内容：一是要验证用户的身份和材料是否真实可靠，二是要验证用户自己持有的私钥跟向注册机构提供的公钥是否相对应。

（1）RA 要验证用户材料。如果用户是组织，那么可能要检查营业记录、历史文件和信用证明。如果是个人用户，验证则相对简单，如验证身份证、电子邮件地址、电话号码、护照与驾照等。

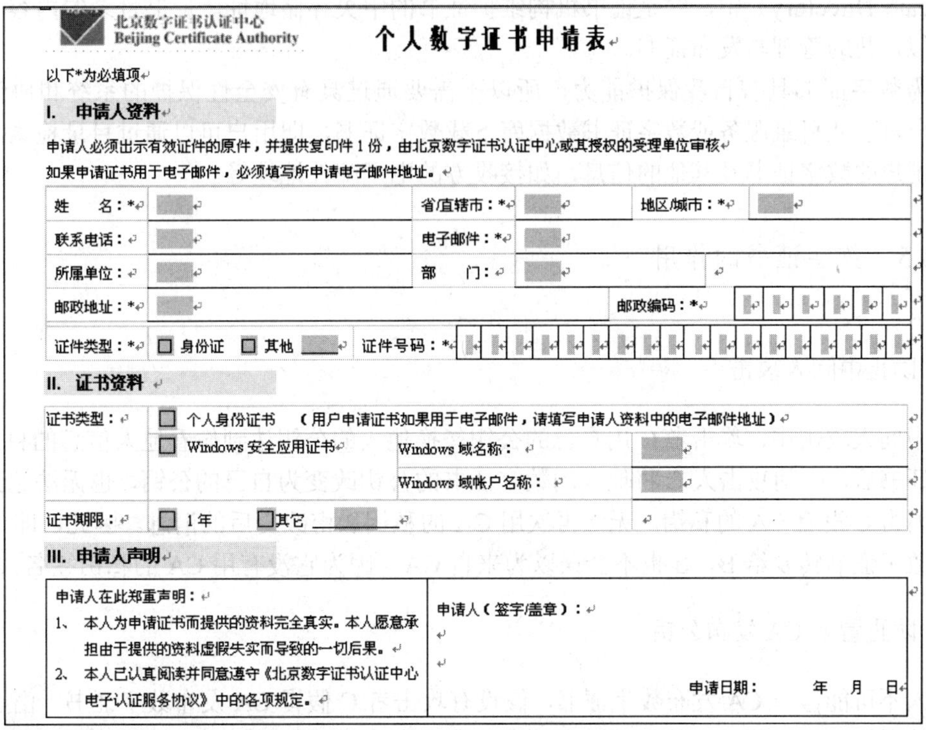

北京数字证书认证中心
Beijing Certificate Authority

个人数字证书申请表

以下*为必填项

I. 申请人资料

申请人必须出示有效证件的原件，并提供复印件 1 份，由北京数字证书认证中心或其授权的受理单位审核

如果申请证书用于电子邮件，必须填写所申请电子邮件地址。

姓　名：*		省/直辖市：*		地区/城市：*	
联系电话：		电子邮件：*			
所属单位：		部　门：			
邮政地址：*				邮政编码：*	
证件类型：*	□身份证　□其他 ____	证件号码：*			

II. 证书资料

证书类型：	□ 个人身份证书　（用户申请证书如果用于电子邮件，请填写申请人资料中的电子邮件地址）		
	□ Windows 安全应用证书	Windows 域名称：	
		Windows 域帐户名称：	
证书期限：	□ 1 年　□其它 ____		

III. 申请人声明

申请人在此郑重声明： 1、本人为申请证书而提供的资料完全真实。本人愿意承担由于提供的资料虚假失实而导致的一切后果。 2、本人已认真阅读并同意遵守《北京数字证书认证中心电子认证服务协议》中的各项规定。	申请人（签字/盖章）： 申请日期：　　年　月　日

图 5-3　数字证书注册示例

（2）RA 要保证用户持有的证书申请中发送的公钥与用户自己的私钥相对应。这也非常重要，因为我们必须证明用户拥有与这个公钥对应的私钥，否则用私钥签名的消息用公钥解密不了。公钥与私钥匹配可以有两种方法进行验证。第一种方法是 RA 要求用户用私钥对注册的申请内容进行数字签名，如果 RA 能用这个用户的公钥验证签名，就可以相信这个用户拥有该私钥。第二种方法是 RA 对用户生成一个不能直接使用的哑证书，用这个用户的公钥加密，将其发给用户。用户只有解密这个加密证书才能取得明文证书。

4. 数字证书的生成

假设上述所有步骤成功，RA 则把用户的所有细节传递给证书机构（CA）。证书机构进行必要的验证，并将这些信息转换成 X.509 标准格式。在证书生成过程中重要的一个环节是 CA 对数字证书的签名，我们之所以相信数字证书的内容是因为数字证书最后一个字段有证书机构的数字签名，即每个数字证书不仅包含用户信息（如主体名、公钥等），还包含证书机构的数字签名。CA 签名的过程与基于摘要的数字签名一样，具体过程如下。

（1）CA 首先要对证书的所有字段计算消息摘要（使用 MD5 与 SHA-1 之类的消息摘要算法）。

（2）CA 用自己的私钥加密消息摘要（使用 RSA 之类的算法），构成 CA 的数字签名。

（3）证书机构将计算的数字签名作为数字证书的最后一个字段插入，相当于护照上的盖章、印章与签名。

5. 数字证书的分发

证书机构将证书发给用户，并保留一份证书的记录。证书机构的证书记录放在证书目录

（Certificate Directory）中，这是证书机构维护证书的中央存储地址。证书目录的内容与电话目录相似，帮助管理与发布证书。

因为数字证书具有自我保护能力，所以不需要通过具有安全性保护的系统和协议来分发。用户可以从目录服务或数字证书数据库下载数字证书，即用户可以通过目录检索来获得另一个用户的数字证书及其他的信息，如接收方的电子邮件地址等。

5.3.5　数字证书的作用

1．防止中间人攻击

在中间人攻击中，攻击者 C 用自己的公钥替换他人的公钥达到偷看他人信息的目的。拥有数字证书后，中间攻击人 C 将他人的数字证书的公钥改变为自己的公钥，也无法达到任何目的，因为 C 没有 CA 的私钥，无法再次用 CA 的私钥加密改变后的消息。因此，即使 C 把改变的数字证书转发给 B，B 也不会误以为来自 CA，因为它没有用 CA 的私钥签名。

2．防止冒名 CA 发布公钥

他人不可能假冒 CA 发布数字证书，假设有攻击者 C 假冒 CA 发布数字证书，由于 C 没有 CA 的私钥，不能用 CA 的私钥加密消息，接收方也就不能用 CA 的公钥正确解密，因此他人不能假冒 CA。

3．防止 CA 的抵赖

数字证书是经过 CA 签名的，而数字签名是具有防抵赖性质的。

4．确保数字证书中用户身份的真实性

确保数字证书中用户身份的真实性是因为用户的身份是经过 RA 对用户的身份证等材料进行审查的。

5．确保用数字证书的公钥加密的消息一定可以用该用户的私钥进行解密

确保用数字证书的公钥加密的消息一定可以用该用户的私钥进行解密是因为 RA 对私钥/公钥对进行了匹配验证。

5.3.6　数字证书的信任

数字证书的一个极其重要的问题就是数字证书的信任。发送方在与接收方交换数据前先将自己的数字证书发给对方，说明自己的身份和公钥，然后进行数据通信，但用户如何相信数字证书内容的真实性？用户信任数字证书不是因为其中包含用户的某些信息（特别是公钥），数字证书不过是一个计算机文件，可以用任何公钥生成数字证书文件。信任数字证书是因为证书机构对证书的内容进行了验证，并用自己的私钥签名这个数字证书，而用户是信任

证书机构的。因此只要成功验证（用证书机构的公钥解密）证书机构的签名，就可以认为证书是有效的。数字证书验证包括表 5-1 所示的步骤。

表 5-1　　　　　　　　　　　　　　　　数字证书验证步骤

步骤 1：用户将数字证书中除最后一个字段以外的所有字段传入消息摘要算法。这个算法与 CA 签名证书时使用的算法相同，CA 在证书中指定签名所用算法，使用户知道用哪个算法。
步骤 2：消息摘要算法计算数字证书中除最后一个字段以外的所有字段的消息摘要（散列），假设这个消息摘要为 MD1。
步骤 3：用户从证书中取出 CA 的数字签名（证书中最后一个字段）。
步骤 4：用户用 CA 的公钥解密签名，假设签名得到另一个消息摘要为 MD2。
步骤 5：用户比较求出的消息摘要（MD1）与用 CA 的公钥解密签名得到的消息摘要（MD2）。如果两者相符，即 MD1=MD2，就可以肯定数字证书是 CA 用其私钥签名的，否则用户不信任这个证书，将其拒绝。

5.3.7　数学证书的吊销

如果你的信用卡丢失或被盗，通常会立即向银行报告，银行会吊销你的信用卡，同样数字证书也需要吊销。

1. 数字证书的吊销原因

常见数字证书吊销的原因有 3 点：①数字证书持有者发现证书中指定的公钥对应的私钥被盗了；②CA 发现签发数字证书时出错；③证书持有者辞职了，而证书是在其在职期间签发的。

就像信用卡用户在证书丢失或被盗时要报告一样，证书持有者在要吊销证书时也要及时报告。无论怎样，CA 要先鉴别证书吊销请求的真伪，之后才能接受证书吊销请求，否则他人可以滥用证书吊销过程吊销属于其他人的证书。在做出吊销数字证书的决定后，认证机构必须通知可能的数字证书用户。通知数字证书撤销的一般方法，就是由认证机构定期地公布一份数字证书撤销表（CRL）。

2. 使用证书时要注意的问题

假设张三要用李四的证书与李四安全通信，使用李四的证书前，张三要注意两个问题：一是这个证书是否是李四的；二是这个证书是否有效，是否被吊销了。

我们知道，张三可以用数字证书的验证来回答第一个问题。假设张三知道这个证书是李四的，然后要回答第二个问题，即这个证书是否有效，是否已经吊销了。对于这个问题，张三要通过证书吊销协议查验。目前常见的证书吊销协议有以下 3 种。

（1）Certificate Revocation List（证书吊销表，CRL）。

（2）Online Certificate Status Protocol（联机证书状态协议，OCSP）。

（3）Simple Certificate Validation Protocol（简单证书验证协议，SCVP）。

注意：数字证书本身不能直接用来进行用户身份鉴别，必须结合用户持有的私钥进行身份鉴别，数字证书只是证明证书中的用户和公钥的关联是正确的，而不是伪造的，具体的基于数字证书的用户鉴别机制将在下一节讲述。

5.4 网络安全中用户身份可鉴别性机制与评价

5.4.1 基于口令的用户身份鉴别机制与评价

口令是最常用的鉴别形式，也是简单有效的鉴别方法。在服务器端为每个用户设定一个唯一的用户名和一个初始口令，将这两项信息存放在用户数据库中，并将这两项信息通过安全途径发给用户，在最简单的基于口令的鉴别中，口令是以明文的形式存放在服务器中的。

1. 实现机制

假设 U 是用户，S 是服务器，基于口令的用户鉴别机制见表 5-2，整个过程的流程图如图 5-4～图 5-7 所示。

表 5-2　　　　　　　　　　　　　基于口令的用户鉴别机制

步骤 1：S 的数据库明文存放用户 U 的用户名和口令。
步骤 2：U 在客户端输入自己的用户名和口令。
步骤 3：U 将自己的用户名和口令以明文形式通过网络传递到 S。
步骤 4：S 检查用户数据库确定这个用户名和口令组合是否存在，如果存在，S 就向 U 返回鉴别成功信息，否则返回鉴别失败的信息。

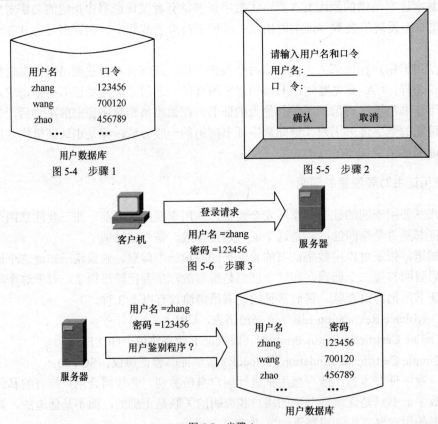

图 5-4　步骤 1　　　　　　　　　　　　　　图 5-5　步骤 2

图 5-6　步骤 3

图 5-7　步骤 4

2. 算法评价

优点：这个机制的优点是简单易用，在安全性要求不高的情况下易于实现。

缺点与改进：该机制存在两大安全问题。①数据库存放的是明文口令，如果攻击者成功访问数据库，就可以得到整个用户名和口令表。改进的措施是不要以明文形式把口令存放在数据库中，而要先对明文口令加密或者变换形式。②口令以明文的形式传递给服务器，这就不能防止窃听，攻击者如果破解用户计算机与服务器之间的通信链路，就很容易取得明文口令。因此用户可以对传输的口令进行加密，然后传输加密的口令，但这要求用户必须知道服务器加密口令的密钥，存在服务器进行密钥的分发问题。为了解决密钥的分发问题，可以不在用户计算机与服务器之间的通信链路传输原口令，而是传输经过变化了的信息，如传输消息摘要等，这种方法不需要密钥加密。相对来说，第二个问题比第一个问题更为严重，因为一般情况下，服务器是高度保护的，但是网络传输的数据是暴露给任何人的。

这个机制的另外一个缺点是：口令是相对固定的，在实际应用中，身份鉴别的口令每次都可以是动态变化的。例如，短信密码以短信形式发送随机的 6 位密码到客户的手机上。客户在登录或者交易认证时输入此动态密码，防止了重放攻击，从而确保系统身份鉴别的安全性。这里主要利用客户拥有手机的前提。

5.4.2　基于口令摘要的用户身份鉴别机制与评价

1. 实现机制

假设 U 是用户，S 是服务器，基于口令摘要的用户鉴别机制见表 5-3，整个过程的流程图如图 5-8～图 5-11 所示。

表 5-3　　　　　　　　　　　　**基于口令摘要的用户鉴别机制**

步骤 1：S 的数据库存放用户 U 的用户名和口令摘要。
步骤 2：U 在客户端输入自己的用户名和口令。
步骤 3：用户计算机计算口令的消息摘要。
步骤 4：U 将自己的用户名和口令摘要通过网络传递到 S。
步骤 5：S 检查用户数据库，确定用户名和口令摘要组合是否存在。如果存在，S 就向 U 返回鉴别成功信息，否则返回鉴别失败的信息。

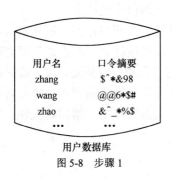

图 5-8　步骤 1

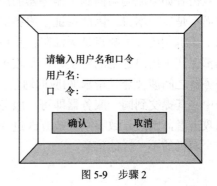

图 5-9　步骤 2

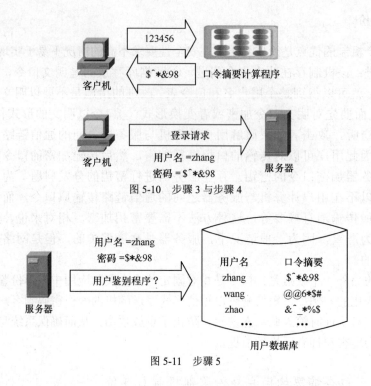

图 5-10 步骤 3 与步骤 4

图 5-11 步骤 5

2. 算法评价

优点：该机制解决了基于口令的用户鉴别机制的两大安全隐患，增加了计算摘要的步骤，在网络截获、服务器攻击和口令猜测方面都保证了用户鉴别的安全，具体分析如下。

（1）U 每次对自己的同一口令计算其摘要时，不能得出不相同的摘要，否则正确的身份会得到错误身份的鉴别结论，这是由摘要具有"同一个消息不能得出不同的摘要"的性质所决定的。

（2）攻击者截获或者窃听了 U 发给 S 的口令摘要时，攻击者不能推算出口令，否则就通过口令摘要暴露了口令，这是由摘要具有"由摘要不能看到原消息的任何信息"的性质所决定的。

（3）攻击者不可能提供错误口令而得到正确的口令摘要，否则攻击者就可以冒充正确的口令，这是由摘要具有"不同的消息很难得出相同的摘要"的性质所决定的。

（4）攻击者如果成功访问到了服务器的用户口令数据库，那么由于口令数据库存放的是口令摘要而不是口令本身，因此保证了服务器方受攻击获得口令的安全。

缺点：该机制的最大缺点是无法阻止重放攻击，虽然它在网络截获、服务器攻击和口令猜测方面都保证了用户鉴别的安全，但是攻击者根本不需要这样做，攻击者只要监听用户计算机与服务器之间涉及登录请求/响应的通信，并复制用户名和口令摘要，过一段时间在新的登录请求中将其提交到同一服务器即可。服务器不能区分这个登录请求不是来自合法用户，而是来自攻击者，因此导致鉴别失败。改进的措施是防止重放攻击，增加随机性，使每次登录都是一个随机的不一样的信息。

5.4.3　基于随机挑战的用户身份鉴别机制与评价

1. 实现机制

假设 U 是用户，S 是服务器，基于随机挑战的用户鉴别机制见表 5-4，整个过程的流程图如图 5-12～图 5-20 所示。

表 5-4　　　　　　　　　　**基于随机挑战的用户鉴别机制**

> **步骤 1**：S 的数据库存放用户 U 的用户名和口令摘要。
>
> **步骤 2**：U 在客户端只输入自己的用户名，不输入口令。
>
> **步骤 3**：U 将自己的用户名通过网络传递到 S。
>
> **步骤 4**：S 检查用户名是否有效，如果无效，就向用户返回相应的错误消息，结束鉴别过程；如果用户名有效，就进入步骤 5。
>
> **步骤 5**：服务器生成一个随机挑战（随机数），保留这个随机挑战并通过网络传递到 U。
>
> **步骤 6**：U 输入自己的口令，用户本地计算机计算口令的消息摘要。
>
> **步骤 7**：U 用计算出来的口令摘要加密从服务器收到的随机挑战，将加密结果发送给服务器。
>
> **步骤 8**：S 通过用户数据库得到用户口令摘要，并用口令摘要加密服务器保留该用户的随机挑战。
>
> **步骤 9**：S 比较步骤 7 和步骤 8 两个用口令摘要加密随机挑战的结果，如果相等，S 就向 U 返回鉴别成功信息，否则返回鉴别失败的信息。

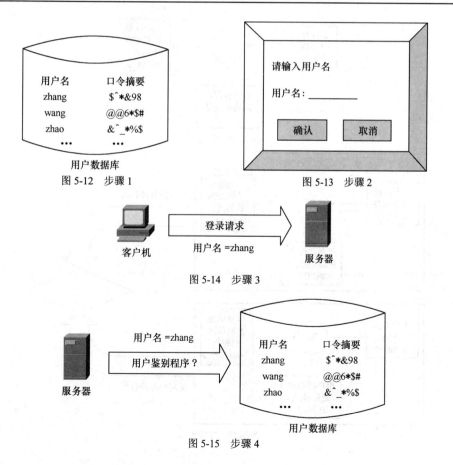

图 5-12　步骤 1　　　　　　　　　图 5-13　步骤 2

图 5-14　步骤 3

图 5-15　步骤 4

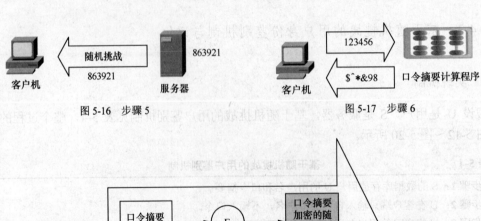

图 5-16　步骤 5　　　　　　　　　　　　　　　图 5-17　步骤 6

图 5-18　步骤 7

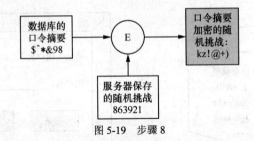

图 5-19　步骤 8

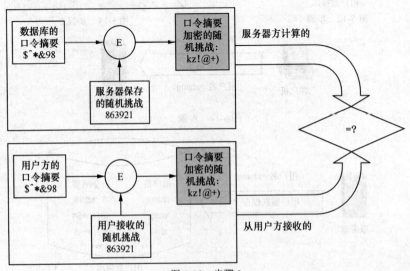

图 5-20　步骤 9

2．机制评价

在算法中我们看到用户是用口令摘要加密随机挑战的，那么为什么不直接用口令加密随机挑战？因为服务器方没有存放用户的口令，只存放用户的口令摘要，所以双方都用口令摘要加密随机挑战，并进行比较验证。

优点：该机制解决了基于口令摘要的用户鉴别机制的重放攻击，增加了随机性，提高了用户鉴别的安全性，具体分析如下。

（1）用户数据库存储口令摘要，防止数据库攻击。

用户数据库存储口令摘要而不是口令本身，因此防止数据库被攻击后获得每个用户的原口令。

（2）随机挑战，防止重放攻击。

由于每次的随机挑战是不同的，因此在网络上传输的用户口令摘要加密的随机挑战也不同，攻击者想用重放攻击很难取得成功。

（3）网络不传输口令和口令摘要，防止截获。

口令和口令摘要都不在网络传输，窃听者只能获得口令摘要加密过的随机挑战和用户名，攻击者不能得到用户的口令摘要和口令。

在用户鉴别过程中，用户和服务器进行了两次验证，一次是用户名的验证，一次是用户用口令摘要加密从服务器收到的随机挑战的验证，这种多次鉴别的方式在现代网络安全中普遍应用。

缺点：这个机制比基于摘要的用户鉴别机制多了一次交互，同时需要客户本地计算机计算口令摘要，并用计算出来的口令摘要加密从服务器收到的随机挑战，存在密钥的分发问题，这两项计算对于普通用户来说都很不方便，一种改进的方法是下面讲述的基于口令卡的用户鉴别机制。

另外，如果攻击者攻击服务器的用户数据库成功，获得整个用户数据库，虽然不知道原口令，但是攻击者如果再知道加密的密钥，就可以用获得的口令摘要加密服务器发来的随机挑战，完成用户的鉴别过程，导致鉴别失败，因此服务器可以进一步加密口令摘要，将加密的结果再存放在数据库中，保证数据库的安全。

口令安全管理分析：前面 3 种用户鉴别机制都是基于口令的，它是应用最为广泛的身份认证技术，特点是鉴别机制简单易用，不需要借助第三方公正。基于随机挑战的用户鉴别机制可以防止服务器方、网络传输过程中和重放攻击的威胁，但是无论鉴别的机制多么完善，如果用户的口令丢失，用户鉴别就会发生错误，因此口令的保护是基于口令鉴别的重要内容之一。

对于口令的选择要遵循易记、难猜和抗分析的原则，在设计口令时注意以下问题：①不要使用用户名（账号）作为口令；②不要使用自己或者亲友的生日作为口令；③不要使用学号、身份证号、单位内的员工号码等作为口令；④不要使用常用的英文单词作为口令；⑤口令长度至少要有 8 位；⑥口令应混合大小写字母、数字或者控制符等；⑦不要将口令写在电脑上或纸条上；⑧要养成定期更换口令的习惯。

口令丢失是用户常见的口令管理问题之一，目前有多种方式可以从服务器那里恢复和重新创建新口令，其中用户输入正确的登记过的电子邮件后，服务器可以重新创建一个新口令并通过电子邮件发给用户，这种处理方式简单有效，在设计用户的鉴别过程中普遍使用，鉴别的前提是用户拥有的电子邮件是正确无误的。

5.4.4 基于口令卡的用户身份鉴别机制与评价

口令卡上以矩阵的形式印有若干字符串，不同的账号口令卡不同，用户在使用电子银行进行对外转账或缴费等支付交易时，电子银行系统会随机给出一组口令卡坐标，客户根据坐标从卡片中找到口令组合并输入电子银行系统，电子银行系统据此来对用户进行身份鉴别，图 5-21 显示了口令卡的内容。

序列号: 10 00000 1136 9									hbecard
B	C	D	K	N	O	S	U	V	X
1 919	221	164	764	468	038	660	788	546	516
2 948	522	282	847	423	612	829	298	887	853
3 501	704	072	077	147	250	801	663	086	133
4 950	472	224	011	846	963	455	429	406	368
5 079	153	959	829	410	454	027	614	621	922
6 743	842	571	477	366	235	405	709	123	792
7 705	582	444	800	141	827	612	200	285	223
8 915	851	096	613	749	753	468	795	104	467

动态口令卡正面　　　　　　　　　动态口令卡背面（覆膜刮开后效果图）

图 5-21　口令卡的正反面内容

1. 实现机制

假设 U 是用户，S 是服务器，基于口令卡的用户鉴别机制见表 5-5。

表 5-5 　　　　　　　　　　**基于口令卡的用户鉴别机制**

> **步骤 1**：S 的数据库存放用户 U 的用户名（账号）和口令卡内容（包括坐标及其对应的随机 3 位数字）。
> **步骤 2**：U 在客户端只输入自己的用户名，不输入口令。
> **步骤 3**：U 将自己的用户名通过网络传递到 S。
> **步骤 4**：S 检查用户名是否有效。如果无效，就向用户返回相应的错误消息，结束鉴别过程；如果用户名有效，就进入步骤 5。
> **步骤 5**：服务器生成两个随机坐标，保留这个随机挑战并通过网络传递到 U。
> **步骤 6**：U 根据坐标利用口令卡查出对应的 6 位口令，并将查找的结果发送给服务器。
> **步骤 7**：S 也根据保留的坐标去查找该账户的口令卡，找出对应的 6 位口令。
> **步骤 8**：S 比较步骤 6 和步骤 7 两个结果。如果相等，S 就向 U 返回鉴别成功信息，否则返回鉴别失败的信息。

2. 机制评价

优点：该机制使用方便、灵活，对用户端要求较少，不要求用户端计算口令摘要和进行数据加密，不需要在电脑上安装任何软件，每张口令卡都不一样，并且每个口令卡在领用时会绑定用户的银行卡号，任何人不能使用他人的口令卡。

每次用户输入不同动态口令，防止了重放攻击，当口令卡划完之后需要重新换卡。使用口令卡时只需要根据系统提示的动态密码坐标（例如 S5，N1），刮开 S5，N1 所对应的电子银行口令卡坐标，如图 5-22～图 5-24 所示，用户只需在动态密码框中顺序输入 S5，N1 所对应的口令 027468（中间无空格），单击确认就可以了。

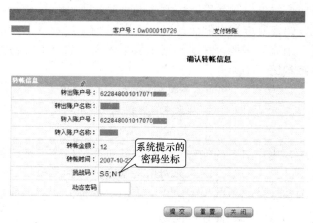

图 5-22　口令卡的输入界面

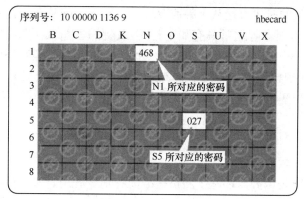

图 5-23　口令卡的刮开

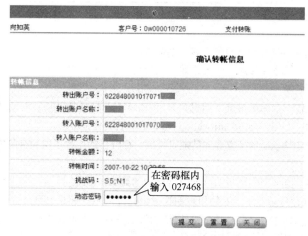

图 5-24　口令的输入

　　用户只要保管好手中的口令卡，就不会损失资金，即使用户不慎丢失了卡号和登录密码，只要保管好手中的口令卡，使登录卡号、登录密码、口令卡不被同一个人获取，就能够保证资金的安全。

领用动态口令卡时，需要确认口令卡的包装膜和覆膜是否完好，若有损坏，应该要求更换。建议不要一次性将覆膜全部刮开，而是使用到哪个位置就刮开哪个位置。

缺点：口令卡的动态口令机制简单，安全系数低于目前用的 U 盾，一般口令卡对电子商务的交易有金额限制，如果要进行大额交易建议使用 U 盾。用口令卡一次性成本低，但每张卡可以用的次数有限，用完了需要再去买，累积成本较大。口令卡容易丢失，网银使用次数越多，口令卡更换就越频繁。

5.4.5　基于鉴别令牌的用户身份鉴别机制与评价

在用户鉴别机制中，用户口令的保密和维护非常重要。口令泄密、丢失、被窃和被攻击成功等都构成鉴别安全的最大威胁，因此要对口令做重点保护，包括口令的长度、口令的组成、口令的保管等。但这些策略也同时给用户带来很多麻烦，比如如何记住不同应用的口令等，这就需要解决用户口令记忆和保存等问题。

鉴别令牌是代替记口令和保存口令的好办法，它解决记口令难等问题，不再要求用户记住口令，而是每次登录的时候直接从令牌读取口令。鉴别令牌是个小设备，像钥匙扣、计算器或信用卡么大。鉴别令牌通常具有如下结构：①处理器；②显示屏幕；③可选的小键盘；④可选实时时钟。每个鉴别令牌预编设了一个唯一数字，称为随机种子（Random Seed）。随机种子是保证鉴别令牌产生唯一输出的基础。根据令牌的使用方法，可分为基于随机挑战的令牌用户鉴别机制和基于时间的令牌用户鉴别机制。这里先讲述基于随机挑战的令牌用户鉴别机制。

1. 实现机制

假设 U 是用户，S 是服务器，基于随机挑战的鉴别令牌用户鉴别机制见表 5-6。

表 5-6　　基于随机挑战的鉴别令牌用户鉴别机制

步骤 1：S 生成令牌的随机种子，这个种子在令牌中存储，同时这个种子和用户名存储在服务器的用户数据库中。 **步骤 2**：U 在客户端只输入自己的用户名，不输入口令。 **步骤 3**：S 检查用户名是否有效，如果无效，就向用户返回相应的错误消息，结束鉴别过程；如果用户名有效，就进入步骤 4。 **步骤 4**：服务器生成一个随机挑战（随机数），保留这个随机挑战并通过网络传递到 U。 **步骤 5**：U 使用 PIN（Personal Identification Number）打开令牌。 **步骤 6**：U 向令牌中输入从服务器收到的随机挑战，令牌自动用种子值加密随机挑战，结果显示在令牌上。 **步骤 7**：U 将用种子值加密的随机挑战通过网络传递到 S。 **步骤 8**：S 对 U 进行身份鉴别。它用用户的种子值解密从用户那里收到的加密随机挑战（用户的种子可以通过服务器的用户数据库取得）。如果解密结果与服务器上原先发送给 U 的随机挑战相等，S 就向 U 返回鉴别成功信息，否则返回鉴别失败的信息。

2. 算法评价

优点：该机制的优点是用户不需要记口令，只要拥有令牌就可以了，解决了记口令带来的麻烦和问题，可以把令牌种子看成用户口令，但用户不知道种子值，鉴别令牌自动使用种子。

如果用户丢失鉴别令牌如何处理？其他人拿到了令牌是否可以冒充？答案是否定的，从机制的第 5 步我们可以看到用户只有输入正确的 PIN 之后，才能使用令牌，因此这种鉴别机制的安全性是基于双因子的鉴别，即用户既要知道 PIN，又要拥有鉴别令牌，只知道 PIN 或只拥有令牌是不够的，要使用鉴别令牌，同时要有这两个因子。因此鉴别的安全性要高于基于口令的鉴别机制。

该机制同时使用了随机挑战，因此可以防止重放攻击。对于网络截获者来说，获得的是用种子加密的随机挑战，不能非法得到种子值。

缺点：服务器遭到攻击后，用户的种子值会暴露给攻击者，造成鉴别的不安全性，需要对服务器中的用户种子值进行加密，以防止服务器攻击。

另外一个缺点是使用令牌的不方便性，用户在使用令牌的时候要进行 3 次输入：首先要输入 PIN 才能访问令牌；其次要从屏幕上阅读随机挑战，并在令牌中输入随机数挑战；最后要从令牌屏幕上阅读加密的随机挑战，输入到计算机终端，然后发送给服务器，用户在这个过程中很容易出错。改进方法是采用基于时间的鉴别令牌的用户鉴别机制。

3．基于时间的鉴别令牌用户鉴别机制的实现

假设 U 是用户，S 是服务器，基于时间的鉴别令牌用户鉴别机制见表 5-7。

表 5-7　　　　　　　　　　　　基于时间的鉴别令牌用户鉴别机制

步骤 1：S 生成令牌的随机种子，这个种子在令牌中存储，同时这个种子和用户名存储在服务器的用户数据库中。
步骤 2：令牌每 60 秒自动生成一个口令，生成的口令是基于令牌种子和当前系统时间的，令牌对这两个参数进行某种加密处理，自动产生口令，然后在令牌的屏幕显示该口令。
步骤 3：鉴别时，U 通过令牌的屏幕阅读其中产生的口令，然后通过网络将其用户名与口令发送到 S。
步骤 4：S 查出服务器数据库中该用户的用户名和对应的种子，并对用户种子值和当前系统时间独立执行同样的加密功能，生成自己的口令。
步骤 5：S 对 U 进行身份鉴别。如果步骤 3 和步骤 4 的用户名和口令分别相等，S 就向 U 返回鉴别成功信息，否则返回鉴别失败的信息。

4．改进机制的评价

优点：简化了用户使用令牌的步骤，防止攻击者的网络截获口令攻击和重放攻击。

缺点与改进：该机制需要解决时间窗口过时的问题，如果用户登录请求在到达服务器和鉴别完成之前不在同一分钟时间窗口之内，服务器就认为用户无效，因为其 60 秒时间窗口与用户的时间窗口不符。为了解决这类问题，可以采用重试方法，当时间窗口过期时，用户计算机发送一个新的登录请求，将时间提前 1 分钟。基于时间的令牌用户鉴别机制使用起来非常便捷，每 60 秒变换一次口令，它是一次一密的认证，因此广泛应用在 VPN、网上银行、电子政务和电子商务等领域。

5.4.6 基于数字证书的用户身份鉴别机制与评价

1. 机制实现

假设 U 是用户，S 是服务器，CA（Certificate Authority）是证书机构，基于数字证书的用户鉴别机制见表 5-8。

表 5-8   基于数字证书的用户鉴别机制

步骤 1：CA 对每个用户生成数字证书并将其发给相应用户，并将这些证书同时存放在鉴别服务器的用户数据库中，以便进行鉴别。 **步骤 2**：U 在客户端只输入自己的用户名，不输入口令。 **步骤 3**：S 检查用户名是否有效，如果无效，就向用户返回相应的错误消息，结束鉴别过程；如果用户名有效，就进入步骤 4。 **步骤 4**：服务器生成一个随机挑战（随机数），保留这个随机挑战并通过网络传递到 U。 **步骤 5**：用户首先输入秘密密钥，打开私钥文件，然后从文件中取得私钥。 **步骤 6**：U 用自己的私钥签名随机挑战，并将签名的结果发送给服务器。 **步骤 7**：服务器从用户数据库取得用户的公钥，然后用这个公钥解密第 6 步的结果。 **步骤 8**：S 比较步骤 6 和步骤 4 两个随机挑战，如果相等，S 就向 U 返回鉴别成功信息，否则返回鉴别失败的信息。

2. 机制评价

优点：基于数字证书的用户鉴别比基于口令用户鉴别的安全程度更强，因为这种鉴别机制的安全性是基于双因子的鉴别，即用户既要知道打开私钥文件的秘密密钥，又要拥有私钥文件。只知道秘密密钥或只拥有私钥文件是不够的，使用基于数字证书的用户鉴别同时要有这两个因子。

该机制增加了随机挑战，防止了重放攻击；U 在网络传输的是 U 用只有自己知道的私钥签名的随机挑战，防止攻击者的截获攻击；截获者即使截获了服务器向用户发送的随机挑战，也不能假冒，因为私钥只有 U 自己拥有，他不能用用户 U 的私钥签名，服务器就不能用用户 U 的公钥验证签名。攻击者即使攻击了服务器，也不能对数字证书进行篡改，因为算改后他不能再用 CA 的私钥进行签名；只知道用户的公钥是没有用的，因为只要数字证书的内容是正确没有被篡改的，公钥就是可以公开的。

缺点：它不是双方的直接鉴别，需要借助可信的第二方 CA 的参与来确保数字证书的内容可信。

5.4.7 基于生物特征的用户身份鉴别机制与评价

在用户身份鉴别的机制中，以"用户名＋口令"方式过渡到目前网银广泛使用的 U 盾方式为例，首先需要随时携带 U 盾，其次它也容易丢失或失窃，补办手续繁琐，并且仍然需要你出具能够证明身份的其他文件，使用很不方便。直到生物识别技术得到成功的应用才真正回归到了对人类最原始的特性上。基于生物特征的鉴别技术具有传统的身份认证手段无法比拟的优点。采用生物鉴别技术，可不必再记忆和设置密码，使用更加方便。生物特征鉴别技术已经成为一种公认的、最安全和最有效的身份鉴别技术，将成为 IT 产业最为重要的技术革命。

生物特征鉴别技术（Biometrics）是根据人体本身所固有的生理特征、行为特征的唯一性，利用图像处理技术和模式识别等方法来达到身份鉴别或验证目的的一门科学。生物特征是指唯一的可以测量或可自动识别和验证的生理特征或行为方式。生物特征分为身体特征和行为特征两类。

（1）身体特征包括指纹、掌形、视网膜、虹膜、人体气味、脸形、手的血管和 DNA 等。

（2）行为特征包括签名、语音、行走步态等。

目前部分学者将生物特征鉴别技术分为 3 类：①高级生物识别技术，包括视网膜识别、虹膜识别和指纹识别等；②次级生物识别技术，包括掌形识别、脸形识别、语音识别和签名识别等；③"深奥的"生物识别技术，包括血管纹理识别、人体气味识别和 DNA 识别等。

1. 实现机制

假设 U 是用户，S 是服务器，基于生物特征的身份鉴别机制见表 5-9，鉴别过程如图 5-25 所示。

表 5-9	基于生物特征的身份鉴别机制
步骤 1：S 先对用户的生物特征进行多次采样，然后对这些采样进行特征提取，并将平均值存放在服务器的用户数据库中。 **步骤 2**：鉴别时，对用户 U 的生物特征进行采样，并对这些采样进行特征提取。 **步骤 3**：U 通过数据的保密性和完整性保护措施将提取的特征发送到服务器，并在服务器 S 上解密用户的特征。 **步骤 4**：比较步骤 2 和步骤 3 的特征，如果特征匹配达到近似要求，S 就向 U 返回鉴别成功信息，否则返回鉴别失败的信息。	

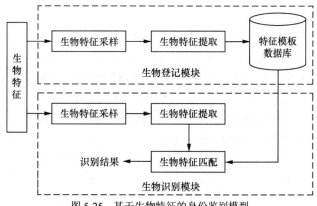

图 5-25　基于生物特征的身份鉴别模型

2. 算法评价

优点：该机制与传统身份鉴别技术相比具有以下优点。①随身性：生物特征是人体固有的特征，与人体是唯一绑定的，具有随身性。②安全性：人体特征本身就是个人身份的最好证明，满足更高的安全需求。③唯一性：每个人拥有的生物特征各不相同。④稳定性：生物特征如指纹、虹膜等人体特征不会随时间等条件的变化而变化。⑤广泛性：每个人都具有这种特征。⑥方便性：生物识别技术不需要记忆密码与携带使用特殊工具（如口令卡），不会遗失。⑦可采集性：选择的生物特征易于测量。基于以上特点，生物识别技术具有传统的身份认证手段无法比拟的优点。

缺点： 基于生物特征的身份鉴别也有缺点，生物鉴别的重要思想是每次鉴别产生的样本可能稍有不同。这是因为用户的物理特征可能因为某些原因而改变。例如，获取用户的指纹，每次用于鉴别时所取的样本可能不同，因为手指可能变脏，可能割破，出现其他标记，或手指放在阅读器上的位置不同等。这样就不能要求样本准确匹配，只要近似匹配即可。因此，用户注册过程中，生成用户生物数据的多个样本，并把它们的组合和平均值存放在用户数据库中，使实际鉴别期间的各种用户样本能够映射这个平均样本。利用这个基本思路，任何生物鉴别系统都要定义两个可配置参数：①假接收率（False Accept Ratio，FAR），即系统接收了该拒绝的用户占所有鉴别用户的比率；②假拒绝率（False Reject Ratio，FRR），即系统拒绝了该接收的用户占所有鉴别用户的比率。因此，FAR 与 FRR 正好相反。

各种鉴别机制的分析： 最好将基于生物特征的身份鉴别机制和其他用户鉴别机制结合起来，形成三因子鉴别机制，即用户所知道的东西（what you know），如口令、密码等；用户所拥有的东西（what you have），如口令卡或 U 盾等；用户所具有的东西（who you are），如声音、指纹、视网膜、签字或笔迹等，同时要防止攻击者对服务器、网络传输和重放的攻击。例如，在鉴别的交互过程中可以采用随机挑战的方式进行鉴别，但用户响应随机挑战时，如果用户用提取的生物特征加密随机挑战，服务器方要验证随机挑战时也要用数据库中的用户生物特征加密随机挑战，但是由于每次的生物特征会有微小区别，两次加密的比较结果可能不同，因此要进行必要的处理和解决。

5.5 AAA 服务

目前网络的商用部署大多采用 AAA（Authentication，Authority，Accounting）技术来保证网络资源利用的合法性与安全性。本节的 AAA 服务器是为流媒体系统设计的，完成接入认证、授权以及计费功能。目前，由于 RADIUS 协议仍然是唯一的 AAA 协议标准，因此本节中设计的 AAA 服务器仍采用 RADIUS 协议，实现 RADIUS 协议中提供的 AAA 服务功能，同时提供用户和计费信息的存储与管理等功能。AAA 管理即认证（Authentication）、授权（Authorization）和计费（Accounting）功能。

5.5.1 RADIUS 协议

RADIUS（Remote Authentication Dial-In User Service，远程认证拨号用户服务）的最初设计是为了管理通过串口和调制解调器上网的大量分散用户，后来人们对它进行扩充和完善，使该协议广泛应用于用户的接入管理，成为当今最流行的用户接入管理协议，为网络提供目前最成熟的用户身份认证、授权和计费功能，即 AAA 管理。

1997 年 1 月，RADIUS 协议问世，因其结构良好、实现简单、扩展灵活等特点引起人们的浓厚兴趣与关注。3 个月后，RFC 2138 和 RFC2139 草案产生。1998 年 12 月，IETF 在第 43 次会议上成立了 AAA 工作组，着手 AAA 相关标准的研究，讨论关于认证、授权和计费的问题。2000 年 6 月，RFC 2865 和 RFC 2866 中对 RADIUS 协议进行了进一步的改进和完善，使 RADIUS 协议成为一项通用的 AAA 协议，在 ADSL 接入、以太网接入、无线网络接入等领域中得到广泛应用，成为目前最常用的 AAA 协议之一。但是 RADIUS 协议仍然有不少可以改进之处，比如简单的丢包机制、没有关于重传的规定和集中式计费服务。这些问题使其不太适应网络的发展，需要进一步改进。2000 年开始对 RADIUS 进行深入讨论，提出 RFC 2867（RADIUS Accounting Modifications for Tunnel Protocol Support）和 RFC 2868（RADIUS Attributes for Tunnel Protocol Support）。2003 年，IETF 的 AAA 工作组再次从根本上对 AAA 体系结构进行了讨论，提出 RFC 3575（IANA Considerations for RADIUS）。

1. RADIUS 协议简介

（1）RADIUS 协议的主要特点

RADIUS 是应用层协议，基于 UDP。RADIUS 认证使用 1812 端口，计费使用 1813 端口。概括地说，RADIUS 的主要特点如下。

① 客户端/服务端模式（Client/Server，C/S）

RADIUS 是一种 C/S 结构的协议，它的客户端最初就是网络接入服务器（Network Access Server，NAS），现在运行在任何硬件上的 RADIUS 客户端软件都可以成为 RADIUS 的客户端。客户端的任务是把用户信息（用户名/口令）传递给指定的 RADIUS 服务器，并负责处理返回的响应。

RADIUS 服务器负责接收用户的连接请求，对用户身份进行认证，并为客户端返回所有为用户提供服务所必需的配置信息。一个 RADIUS 服务器可以为其他的 RADIUS 服务器或其他认证服务器担当代理。

② 网络安全

客户端和 RADIUS 服务器之间的交互经过了共享保密字的认证。另外，为了避免某些人在不安全的网络上监听获取用户密码的可能性，在客户端和 RADIUS 服务器之间的任何用户密码都是被加密后传输的。

③ 灵活的认证机制

RADIUS 服务器可以采用多种方式来认证用户的合法性。当用户提供了用户名和密码后，RADIUS 服务器可以支持点对点的 PAP 认证（PPP PAP）、点对点的 CHAP 认证（PPP CHAP）、UNIX 的登录操作（UNIX Login）和其他认证机制。

④ 扩展协议

所有的交互都包括可变长度的属性字段。为满足实际需要，用户可以加入新的属性值。新的属性值可以在不中断已存在协议执行的前提下自行定义新的属性。

（2）RADIUS 协议的分组格式

RADIUS 数据分组必须遵循如图 5-26 所示的格式，在 RADIUS 数据分组中，有 Code（代码）、Identifier（标识符）、Length（长度）、Authenticator（认证码）、Attribute（属性）5 个字段域，每个域都按照从左到右的顺序在网络中传送。

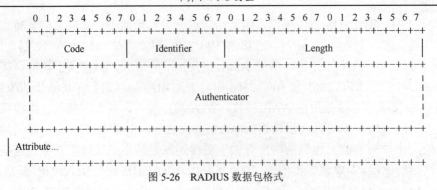

图 5-26　RADIUS 数据包格式

① Code 字段

Code 字段占一个字节长度，标识 RADIUS 消息分组类型。如果收到的分组中代码字段无效，就简单地丢弃该消息。RADIUS 代码值（十进制）具体分配如下。

> 1　接入请求（Access-Request）
>
> 2　接入允许（Access-Accept）
>
> 3　接入拒绝（Access-Reject）
>
> 4　计费请求（Accounting-Request）
>
> 5　计费响应（Accounting-Response）
>
> 11　接入询问（Access-Challenge）
>
> 12　服务器状态（Status-Server(experimental)）
>
> 13　客户机状态（Status-Client (experimental)）
>
> 255　预留（Reserved）

② Identifier 字段

Identifier 字段占一个字节长度，一般来说是一个短期内无法重复的数字，用于匹配请求与应答。RADIUS 服务器能检测出具有相同的客户源 IP 地址、源 UDP 端口及标识符的重复请求。

③ Length 字段

Length 字段占两个字节长度，即包含代码、标识符、长度、认证者和属性域的分组总长度。超出长度域所指示的部分将被看作填充字节而被忽略接收。如果分组长度比长度域所指示的短，就必须丢弃该分组。长度值最小为 20 字节，最大为 4096 字节。

④ Authenticator 字段

Authenticator 字段占 16 个字节，用于口令隐藏算法，同时能够认证 RADIUS 服务器的应答。认证码有请求认证码（Request Authenticator）和响应认证码（Response Authenticator）两种。

（a）请求认证码

在接入请求（Access-Request）数据包中，认证码值是一个 16 字节的随机二进制数，称为请求认证码。值得注意的是，在密钥的整个生存周期中，这个值应该是不可预测的，并且是唯一的，因为具有相同机密的重复请求值，使黑客有机会用已截取的响应回复用户。因为同一机密可以被用在不同地理区域中的服务器的验证中，所以请求认证域应该具有全球和临时唯一性。另外，在请求接入和请求计费协议包中的请求认证码的生成方式是有区别的。对于请求接入包，请求认证码是 16 字节的随机数。对于计费请求包，认证码是一串由（Code + Identifier + Length + 16 个为 0 的 8 位字节 + 请求属性 + 共享密钥）所构成字节流经过 MD5 加密算法计算出的散列值。

（b）响应认证码

响应认证码是接入允许、接入拒绝、接入询问和计费响应数据包中的认证码值，包含了在一串字节流上计算出的单向 MD5 散列，这些二进制数是由 RADIUS 数据包组成的，包括编码域、标识符、长度以及来自接入请求数据包的请求认证码和执行共享机密的响应属性，即

ResponseAuth = MD5（Code+ID+Length+RequestAuth+Attributes+Secret）

⑤ Attribute 属性字段

Attribute 属性字段是可变长度，不同类型的分组，属性字段的内容和取值不同。RADIUS 消息的长度字段值指明了属性列表的结束。

（3）RADIUS 协议中的属性

RADIUS 消息中最重要的就是属性字段。RADIUS 协议通过不同的属性来实现各种操作的定义，因为不同含义的属性携带不同的信息。认证属性携带认证请求与应答的详细认证、授权信息和配置细节。计费属性携带详细计费信息。

RADIUS 消息中的各个属性没有先后顺序关系。每个属性都有一个代码标识，属性的基本格式如图 5-27 所示。

图 5-27　属性域的格式

① 类型（Type）

类型用一个字节表示，取值为 1~255。目前分配的范围为 1~63，具体内容在 RFC 2865、RFC 2866 中进行了说明。此外，为了在 RADIUS 协议中封装 EAP（PPP Extensible Authentication Protocol，PPP 的扩展认证协议）包，RFC 2869 定义了两个新的属性：EAP-Message（79）和 Message-Authenticator（80）。其中，EAP-Message 用于封装 EAP 包，而 Message-Authenticator 包含消息摘要以防止 EAP 包被篡改。RADIUS 服务器和客户端都可以忽略不可辨识类型的属性。

② 长度（Length）

类型用一个字节表示，指定了包括类型、长度和值域在内的属性长度。如果在接收到的接入请求中属性的长度是无效的，就应该发送一个接入拒绝数据包。如果在接收到的接入允许、接入拒绝和接入询问中属性的长度是无效的，那么该数据包必须处理为接入拒绝，或者直接丢弃。

③ 属性值（Value）

属性值可以为零或者多个字节，包括属性的详细信息。值域的格式和长度由属性的类型和长度决定。

特别值得一提的是 26 号属性：Vendor-Specific，它用于 NAS 厂商对 RADIUS 进行扩展，以实现标准 RADIUS 协议没有定义的功能，诸如 VPN 等。此属性禁止对 RADIUS 协议中的

操作有影响。服务器不具备去解释由客户端发送过来的供应商特性信息时，服务器必须忽略它。

2. RADIUS 的安全处理

（1）RADIUS 支持的认证操作

标准 RADIUS 协议只规范了 NAS 与 RADIUS 服务器之间的交互操作的内容，而对用户主机与 NAS 之间的交互操作未作任何的规定和限制，所以，由用户主机与 NAS 协商决定他们之间使用何种协议。

标准 RADIUS 协议中描述了在用户、NAS、RADIUS 服务器三者之间进行的两种基本认证操作模式：请求/响应模式和质询/应答模式。对应着用户与 NAS 之间使用密码认证协议（Password Authentication Protocol，PAP）和挑战-握手认证协议（Challenge-Handshake Authentication Protocol，CHAP）。

对于 PAP 认证，NAS 将用户名和密码作为明文传输给 RADIUS 服务器。RADIUS 根据用户和密码对用户进行认证，如果认证通过，就发送接入允许的包；如果认证没有通过，就发送接入拒绝包。

对于 CHAP 认证，NAS 产生一个 16 位的随机码传送给用户，用户端得到这个随机码之后对传过来的数据进行加密，生成一个响应数据包传给 NAS。数据包包含 CHAP ID 和对随机数加密后的数据。NAS 收到这个响应之后，加上原先的 16 位随机码，一起传送给 RADIUS 服务器。服务器收到这个请求包之后，查询数据库找出匹配项与认证服务器相比较，若不满足，则发送接入拒绝包；若满足，则取出随机数和用户共享的加密密码，对随机数采用同样的加密得出一个数据和 NAS 传送过来的数据相比较，若一致，则认证通过，否则拒绝接入。

请求/响应模式操作简单，但因为用户的口令等认证信息要在网络中传输，容易被偷听，安全性较差。质询/应答模式不存在这种缺陷，因为用户的口令信息不在网络中传输，而是通过随机产生的质询值使每次传输的验证信息都不同的方式来防止信息被窃听，具有较好的安全性。但是这需要服务器端保存明文密码，用来做相同的加密运算才可以比较出结果。

现在，RADIUS 协议已经扩展可以支持用户与 NAS 之间的多种认证方式，比如 EAP 等。

（2）用户密码的处理

在传输时，密码是被隐藏起来的。首先在密码的末尾用 nulls 代替填补形成多个 16 字节的二进制数。单向 MD5 散列是通过一串字节流计算出来的，该字节流由共享密钥和其后的请求认证码组成。这个值同密码的第一个 16 字节段相异或，然后将异或结果放在用户密码属性字符串域中的第一组 16 字节中。如果密码长于 16 字节，那么第二次单向 MD5 散列对一串字节流进行计算，该字节流由共享机密和其后的第一次异或结果组成。散列结果与密码的第二组 16 字节段相异或，然后将异或结果放在用户密码属性字符串域中的第二组 16 字节段中。如果需要，上述计算过程可以重复。每一个异或结果被用于和共享机密一道生成下一个散列，再与下一个密码段相异或，但是最大不超过 128 字节。

其流程如图 5-28 所示，描述如下。

① 调用共享机密 S 和伪随机 128 位请求认证码 RA。

② 把密码按 16 字节为一组划分为 P_1、P_2 等，在最后一组的结尾处用 null 填充，以形成一个完整的 16 字节组。

③ 调用已加密的数据组 c_i，b_i 是将要用到的中间值。

$$b_1 = MD5(S + RA) \qquad c_1 = P_1 \text{ 异或 } b_1$$
$$b_2 = MD5(S + c_1) \qquad c_2 = P_2 \text{ 异或 } b_2$$
$$\cdots\cdots$$
$$b_i = MD5(S + c_{i-1}) \qquad c_i = P_i \text{ 异或 } b_i$$

④ 密码字符串包含 $c_1+c_2+\cdots+c_i$，其中"+"表示串联。

⑤ 在接收时，这个过程被反过来，从而生成原始的密码。

（3）认证码的处理

RADIUS 数据包中的认证码主要有两个作用：数据包的完整性检查和对客户端的认证。由于相应认证码产生的时候对整个数据包采用共享机密字加密，所以如果这个共享机密字不一致，服务器端产生的认证码和 NAS 端传送过来的认证码就会不一致。同时，如果数据包在网络中传输的时候有数据丢失，那么两个认证码也会不一致，这样就可以完成数据包的完整性检查。其具体的实现过程如下。

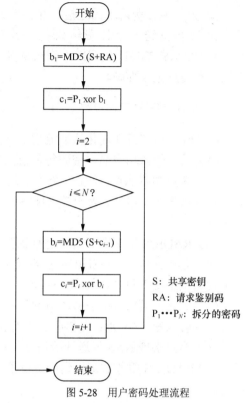

图 5-28　用户密码处理流程

① NAS 根据一定的算法，产生 16 个 8 位随机二进制数作为请求认证码，这个值在密码的整个生存周期中是不可预测且唯一的。

② NAS 构造请求接入包，发送给 RADIUS 服务器。

③ RADIUS 服务器收到 NAS 的接入请求之后根据用户名在数据库中查找匹配项，若找到匹配项，则采用与客户端一致的方法将用户密码以及与客户端的共享机密字进行加密运算产生认证码。

④ 用这个运算产生的数据和 NAS 传送过来的认证码进行比较，如果一致，认证就通过，发送允许接入包，否则发送拒绝接入包。

⑤ 服务器构造响应认证码。

⑥ 服务器根据上面的响应认证码加上前面的认证结果构造响应包发送给 NAS。

⑦ NAS 收到认证应答包后，根据正在等待响应的请求队列中的那个请求，按照刚接收到的应答包的内容及其请求认证码计算一个响应认证码，与 RADIUS 服务器发送过来的这个认证码相比较。如果相等，认证就通过，建立连接，否则认证失败。

（4）数据包的重传机制

由于 RADIUS 数据包采用 UDP 传输，因此丢失数据包的可能性非常大，协议采用多种措施保证数据传输的可靠性。

① 不管是认证请求还是计费请求，在一个指定的时间内没有收到回应，就会多次重传。如果超过一定的时间还没有收到响应，那么可以看作主服务器已经关机。这时，NAS 可以选

择给一个或者多个备用服务器传送请求。在多次尝试连接主服务器失败后，或在一轮循环方式结束后选择连接后备服务器。

② 为保障计费请求的连接，在计费开始的时候要发送一个计费开始请求包，一个呼叫结束之后要发送一个计费结束包。在计费开始请求和计费结束请求中必须包含一个 ACCT_DELAY_TIME 的属性，记录从开始发送请求到计费请求发送出去之间的时间间隔，确保计费信息记录准确。

3. RADIUS 的工作过程

RADIUS 协议旨在简化认证流程，其典型认证授权工作过程如下。

（1）用户输入用户名、密码等信息到客户端或连接到 NAS。

（2）客户端或 NAS 产生一个"接入请求（Access-Request）"报文到 RADIUS 服务器，其中包括用户名、口令、客户端（NAS）ID 和用户访问端口的 ID。口令经过 MD5 算法进行加密。

（3）RADIUS 服务器对用户进行认证。

（4）若认证成功，RADIUS 服务器向客户端或 NAS 发送允许接入包（Access-Accept），否则发送拒绝接入包（Access-Reject）。

（5）若客户端或 NAS 接收到允许接入包，则为用户建立连接，对用户进行授权和提供服务，并转入第（6）步；若接收到拒绝接入包，则拒绝用户的连接请求，结束协商过程。

（6）客户端或 NAS 发送计费请求包给 RADIUS 服务器。

（7）RADIUS 服务器接收到计费请求包后开始计费，并向客户端或 NAS 回送开始计费响应包。

（8）用户断开连接，客户端或 NAS 发送停止计费包给 RADIUS 服务器。

（9）RADIUS 服务器接收到停止计费包后停止计费，并向客户端或 NAS 回送停止计费响应包，完成该用户的一次计费，记录计费信息。

5.5.2 AAA 服务器设计

1. AAA 系统概述

自网络诞生以来，认证、授权以及计费体制就成为其运营的基础。网络中各类资源的使用都需要由认证、授权和计费进行管理。AAA 的发展与变迁自始至终都吸引着营运商的目光。对于一个商业系统来说，认证是至关重要的，只有确认了用户的身份，才能知道所提供的服务应该向谁收费，同时也能防止非法用户对网络进行破坏。在确认用户身份后，根据用户开户时所申请的服务类别，系统可以授予客户相应的权限。最后，在用户使用系统资源时，需要有相应的设备来统计用户对资源的占用情况，据此向用户收取相应的费用。

其中，认证是指用户在使用网络系统中的资源时对用户身份的确认。这一过程通过与用户的交互获得身份信息（诸如用户名口令的组合、生物特征等），然后提交给认证服务器；后者对身份信息与存储在数据库里的用户信息进行核对处理，然后根据处理结果确认用户身份是否正确。授权是指网络系统授权用户以特定的方式使用其资源，这一过程指定了被认证的用户在接入网络后能够使用的业务和拥有的权限，如授予的 IP 地址等。计费是指网络系统收集、记录用户对网络资源的使用，以便向用户收取资源使用费用，或者用于审计等目的。

认证、授权和计费一起实现了网络系统对特定用户的网络资源使用情况的准确记录。这样既在一定程度上有效地保障了合法用户的权益，又能有效地保障网络系统安全可靠地运行。

2．AAA 系统的设计需求

这里的 AAA 服务器是为流媒体系统设计的，完成接入认证、授权以及计费的功能，采用 RADIUS 协议实现 RADIUS 协议中提供的 AAA 服务功能，同时系统提供用户和计费信息的存储与管理等功能。该系统需求主要包括以下几方面。

（1）用户认证

用户在申请享受服务时，需要得到用户信息的认证。在本系统中，客户端发送 AAA 认证数据包给服务器，数据包包含用户 ID 和 Password，服务器对数据包进行验证给出结果。验证过程中数据包加密传输。

（2）用户服务授权

不同的用户可以享受不同的服务。AAA 服务器在通过用户的认证请求后，按照该用户的权限来决定用户是否可以享受申请的服务内容。

（3）服务计费

系统提供计费信息和计费算法，支持一定的计费策略，并保存计费过程产生的中间数据。系统必须达到实时计费的要求。计费的最小单位为分，保证用户不会透支费用。

（4）用户信息管理

主要功能包括用户注册、费用管理查询、权限设置等。用户需要注册才能申请享受服务，用户注册时提供用户名、密码和邮箱等基本资料，并且提供密码遗忘时找回密码的功能。用户可以查询自己费用的详细信息，可以给账户充值。管理员能对注册用户进行管理。

（5）服务器性能

AAA 系统中需要考虑的服务器性能包括以下几项。

① 服务器的可处理容量，包括支持用户数和在某一段时间内支持的并发用户数。

② 可靠性，由于网络原因，数据在传输中常常会丢失，如何减少这种丢失，为认证计费提供尽量可靠的传输是需要考虑的问题。

③ 鲁棒性，即容错性，发生不可避免的丢包时如何保证认证和计费过程的正确。

④ 请求响应时间，用户在发出请求到收到应答的间隔时间不能太长。

⑤ 对于一个研究中的流媒体平台来说，用户的需求是在不断扩展的。AAA 系统的设计需要充分考虑这一点，即系统的可扩展性非常重要。对于系统的各个模块来说，其部分的改动应该不会影响到其他模块的正常运行。

3．AAA 系统的整体结构

AAA 系统主要包括认证、计费服务器外，还包括用户和计费信息的存储、用户和计费策略管理等。整体结构如图 5-29 所示，系统交互如图 5-30 所示。

考虑到扩展性、计费准确性以及各部分性能要求，我们将 AAA 服务器分为认证/授权和计费服务器两大部分，这种结构为典型的 AAA 系统架构。这种结构可以容易地扩展为一台认证服务器+多台计费服务器，或者多台认证服务器+多台计费服务器的架构，以适合不同规模的流媒体平台应用。

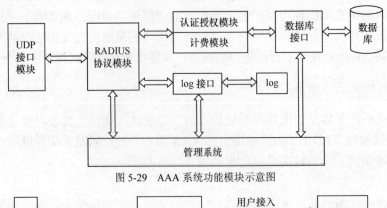

图 5-29　AAA 系统功能模块示意图

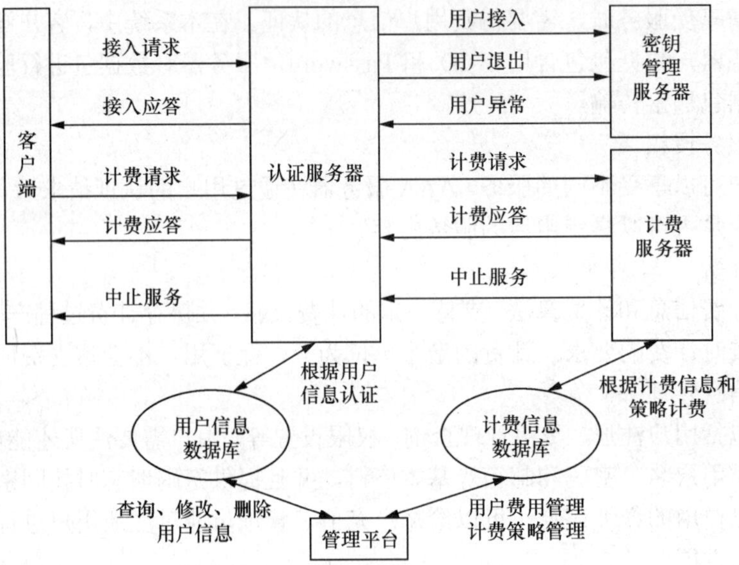

图 5-30　AAA 系统交互示意图

在整个 AAA 系统中，RADIUS 服务器之间以及 RADIUS 认证服务器与 NAS 的通信遵循
RADIUS 协议标准；用户信息和计费信息保存在 MySQL 数据库中，信息管理通过 Web 页面
形式进行管理，发布平台采用 PHP+MySQL 的方式。

4．AAA 系统的基本设计思想

在流媒体系统中，RADIUS 服务器要处理 5 方面的内容：用户的认证处理、用户的授权
处理、计费开始信号的处理、计费结束信号的处理和中止用户服务信号的处理。服务器大致
来说包括 3 个重要的处理模块：收发包处理模块、计费/认证处理模块和代理 Client。其中，
收发包处理模块的功能主要是接收 NAS 端发送过来的 RADIUS 数据包，对之做相应的处理，
然后把数据包转发给认证/计费处理模块，以及将服务器处理过的数据包按照 RADIUS 协议打
包，然后发送到 NAS。

认证/计费处理模块的主要功能是对发送过来的数据包进行认证和计费处理。如果是本
地认证，就对数据包直接处理；如果是一个漫游，就向上级服务器转发这个请求。

代理 Client 的主要功能是根据要求，将非本地认证/计费请求按要求转发给相应的上级
服务器，同时接受上级服务器处理过的请求，将之转发给收发包处理模块，由收发包处理模
块转发到 NAS 终端。

RADIUS 服务器的内部数据处理的流程如图 5-31 所示，描述如下。

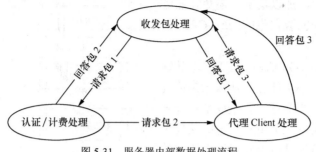

图 5-31　服务器内部数据处理流程

（1）收发包处理模块接收到来自 NAS（RADIUS Client）的认证/计费请求，将其转交给认证/计费处理模块处理，也就是图 5-31 的"请求包 1"的过程。

（2）如果计费/认证处理模块不能对（1）发送过来的请求包进行处理，则将其作为"请求包 2"转发。

（3）代理 Client 对"请求包 2"处理，然后作为"请求包 3"向上级转发数据包，请求上级 RADIUS 服务器做响应的计费/认证处理。

（4）"回答包 1"是收发处理模块收到的来自上级的 RADIUS 服务器的应答，转发给代理 Client 处理。

（5）"回答包 2"是来自计费/认证处理模块的数据包，是认证/计费处理模块对用户认证/计费的处理结果，发送给收发包处理模块转发给 NAS 的。

（6）"回答包 3"是代理 Client 对上级的 RADIUS 服务器的"回答包 1"处理后交由收发处理模块转发的数据包。RADIUS 服务器与客户端连接如图 5-32 所示。

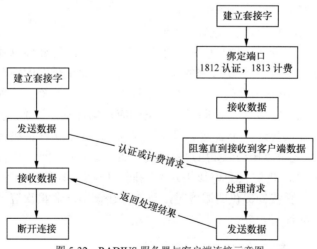

图 5-32　RADIUS 服务器与客户端连接示意图

5. RADIUS 认证服务器

RADIUS 协议本身没有对数据传输做要求，使用 UDP，使 RADIUS 协议数据包传输不可靠。数据包的丢包可能发生在网络传输的环节，也可能发生在数据接收端。RADIUS 认证服务器作为 RADIUS 系统对 NAS 的服务前端，必须考虑在 RADIUS 协议包大量并发情况下的性能，包括丢包率、应答延迟时间、待处理数据包排队情况等。为此，RADIUS 服务器需要合理利用系统资源，加以均衡，避免在服务器大量存在需要处理的数据包的同时 CPU 大量空闲。

　　认证的流程如图 5-33 所示。对于一个认证请求，如果不包括 Proxy 处理，那么正常情况下要经过授权和认证两个过程。授权是从外部（文件或者数据库）获得一个用户信息的处理过程，以及检查这些信息是否能够对这个用户的验证。数据库以及文件等模块都属于授权模块。

　　认证方法在授权处理的过程中决定，因为一个特定的用户也许不能采用某种认证方法，所以在授权处理的过程中决定某用户采用哪种认证方法或者发送拒绝接入信息。

　　在一个认证和授权的处理过程中，有 3 个相关的队列：request 队列、config 队列和 reply 队列，每个认证请求数据包的属性都被填入 request 队列，认证和授权模块都可以将属性添加到 reply 队列中。这些被添加到 reply 中的属性将被收发包处理模块打包发送给客户端。

　　在授权处理开始的时候，系统为一个请求创建一个 request 属性队列和一个空的 config 属性队列。授权模块根据请求队列项中的属性（比如 User-Name）作为主键查询以及获取数据

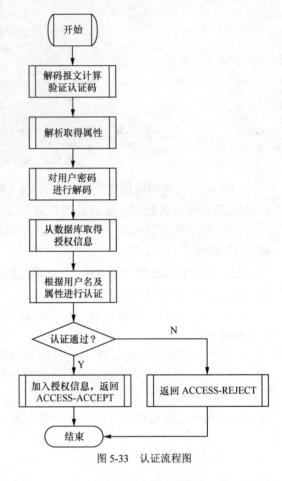

图 5-33　认证流程图

库中的所有相关记录，它查询 3 种类型的属性：验证属性、配置属性以及应答属性。它将取出的验证属性和 request 队列中传送过来的属性值相比较，如果数据库中根据主键取出的属性和 request 队列中的属性没有一个匹配，那么授权处理失败。如果有一个相匹配，那么这个匹配的属性要被加入到 config 队列中，同时所取出的应答属性都要被加入到 reply 队列中。授权模块最少要给认证模块传送一个属性，即 Auth-Type，这个属性将决定采用什么模块认证该用户。同时授权模块还可以传送诸如用户密码或 hash 处理后的密码，以及登录限制等信息。

　　对于一个用户账号，我们只允许该用户名在同一一时间内只能有一个计费服务的会话连接，也就是说在用户享受我们提供的服务时，我们不让该用户名再次登录，这样才能保证我们计费系统正常实时的计费。

6. RADIUS 计费服务器

　　计费服务器需要满足以下几个要求。

　　（1）接收并处理标准 RADIUS 计费数据包。

　　（2）根据给定策略，能够准确并实时地计算当前用户某会话的费用，计算的最小时间粒度为分。

　　（3）对每服务中用户的账户状态实时监控，并在需要时将其反馈到密钥管理服务器，保

证用户不会恶意透支。

计费服务器的接收数据部分与认证/授权部分类似，同样的，计费服务器的主要任务是接收 RADIUS 计费数据包，根据包中的计费信息进行服务费用计算，所以采用线程池来进行计费数据包的处理和费用计算。由于支持实时计费，即需要对用户账户状态进行实时监控，因此需要有一个线程来做定时扫描和监控工作，保证整个计费过程的正确性，以及防止用户的恶意透支。

计费系统在每隔一段时间产生定时消息，判断现有用户是否符合监控标准。如果符合，就启动监控线程对该用户进行监控。当被监视的用户余额不足后，停止该用户的服务。该监控线程还监控成员管理服务器发来的用户异常的消息，如果客户端长时间没有响应，即视为用户已经退出服务，停止该用户的服务和计费。

此外，考虑到万一服务器出现问题而导致关闭或重启情况发生，那么在服务器关闭或重启时应该对客户端会话进行处理，中断客户端的当前连接并停止计费。客户端需要重新进行身份认证和发送计费消息才可以享受服务。

5.6　用户身份鉴别实例分析——U 盾

U 盾内置智能卡芯片，可以进行签名和加解密操作，U 盾又称为移动数字证书，它存放着用户个人的私钥以及数字证书。同样，银行服务器也记录着用户的数字证书。当用户尝试进行网上交易时，银行会向用户发送由时间字串、地址字串、交易信息字串、防重放攻击字串组合在一起进行加密后得到的随机数 A。U 盾的身份鉴别可以与数字证书结合起来，用户的 U 盾首先对随机数 A 使用 SHA-1 计算消息摘要 MD0，然后在 U 盾中用 U 盾中的私钥签名 MD0，并发送给银行。银行用该用户的公钥验证用户的签名得到 MD0 并与银行独立使用 SHA-1 计算随机数 A 的消息摘要 MD1 进行比较。如果两个结果一致就认为用户合法，交易可以完成；如果不一致就认为用户不合法，交易失败。U 盾具体安全措施包括以下几项。

1. 硬件 PIN 码保护

"U 盾"采用了使用以物理介质为基础的个人客户证书，建立了基于公钥（PKI）技术的个人证书认证体系（PIN 码）。黑客需要同时取得用户的 U 盾硬件以及用户的 PIN 码，才可以登录系统。即使用户的 PIN 码被泄露，只要用户持有的 U 盾不被盗取，合法用户的身份就不会被仿冒；如果用户的 U 盾遗失，拾到者由于不知道用户的 PIN 码，因此也无法仿冒合法用户的身份。

2. 安全的密钥存放

U 盾的密钥存储于内部的智能芯片之中，用户无法从外部直接读取，对密钥文件的读写和修改都必须由 U 盾内部的 CPU 调用相应的程序文件执行，从 U 盾接口的外面没有任何命令能够对密钥区的内容进行读出、修改、更新和删除。这样可以保证黑客无法利用非法程序修改密钥。

3. 双钥密码体制

为了提高交易的安全，U 盾采用了双钥密码体制，在 U 盾初始化的时候，先将密码算法程序烧制在 ROM 中，然后通过产生公私密钥对的程序生成一对公私密钥，公私密钥产生后，公钥可以导出到 U 盾外，私钥则存储于密钥区，不允许外部访问。进行数字签名以及非对称解密运算时，凡是有私钥参与的密码运算只在芯片内部即可完成，全过程中私钥不出 U 盾介质，以此来保证以 U 盾为存储介质的数字证书认证在安全上无懈可击。

4. 硬件实现加密算法

U 盾内置 CPU 或智能卡芯片，可以实现数据摘要、数据加解密和签名的各种算法，加解密运算在 U 盾内进行，保证了用户密钥不会出现在计算机内存中。

本 章 小 结

- 公钥基础设施 PKI 技术成为 Internet 上现代安全机制的中心焦点，是几乎所有加密系统的必经之路，它不仅是信息安全技术的核心，也是电子商务的关键和基础技术。
- PKI 可以作为支持身份认证、完整性、机密性和不可否认性的技术基础。
- 数字证书解决密钥交换问题。
- 最简单的证书包含一个公开密钥、用户名称以及证书授权中心的数字签名。
- 目前数字证书结构标准的名称是 X.509。
- 数字证书将用户与其公钥相联系。
- 证书生成的步骤如下。

第 1 步：密钥生成。

第 2 步：注册。

第 3 步：验证。

第 4 步：证书生成。

第 5 步：证书的分发。

- 证书机构（CA）可以签发数字证书。
- CA 工作量可能很大，可以将部分任务交给注册机构（RA）。
- 证书生成的验证包括两方面的内容，一是要验证用户的身份和材料是否真实可靠，另一个是要验证用户自己持有的私钥跟向注册机构提供的公钥是否相对应。
- 信任数字证书是因为证书机构用自己的私钥签名这个数字证书。
- 数字证书验证包括下列步骤。

（1）用户将数字证书中除最后一个字段以外的所有字段传入消息摘要算法。这个算法与 CA 签名证书时使用的算法相同，CA 会在证书指定签名所用算法，使用户知道用哪个算法。

（2）消息摘要算法计算数字证书中除最后一个字段以外的所有字段的消息摘要（散列），假设这个消息摘要为 MD1。

（3）用户从证书中取出 CA 的数字签名（证书中最后一个字段）。

（4）用户用 CA 的公钥解密签名，这样就得到另一个消息摘要，称为 MD2。

（5）用户比较求出的消息摘要（MD1）与用 CA 的公钥解密签名得到的消息摘要（MD2）。如果两者相符，即 MD1=MD2，就可以肯定数字证书是 CA 用其私钥签名的，否则用户不信任这个证书，将其拒绝。

- 使用证书时要解决两个问题。一是这个证书是否是发送者的（用验证数字证书回答），二是这个证书是否有效/过期/吊销了（用 CRL，OCSP 和 SCVP 来回答）。
- 常用鉴别机制有基于口令的用户身份鉴别、基于口令摘要的用户身份鉴别、基于随机挑战的鉴别、基于口令卡的用户身份鉴别、鉴别令牌和基于数字证书的鉴别和生物鉴别等。
- 随机挑战可以在口令机制中增加安全性，防止重放攻击。
- 基于随机挑战形式鉴别的步骤如下。

第 1 步：在用户数据库中存放由口令导出的消息摘要。

第 2 步：用户发送登录请求。

第 3 步：服务器生成随机挑战发给用户。

第 4 步：用户用口令摘要加密随机挑战。

第 5 步：服务器验证从用户收到的加密随机挑战。

第 6 步：服务器向用户返回相应消息。

- 基于随机挑战鉴别的安全性表现如下。

（1）用户数据库存储口令摘要，防止数据库攻击。

（2）随机挑战防止重放攻击。

（3）网络不传输口令和口令摘要，防止截获。

- 鉴别令牌更加安全，鉴别令牌的每个登录请求都生成一个新口令，鉴别令牌是双因子鉴别，因为既要知道什么（保护 PIN），又要拥有什么（鉴别令牌）。
- 多因子鉴别中最常见的是三因子鉴别。

（1）用户所知道的东西，如口令、密码等。

（2）用户所拥有的东西，如口令卡或 U 盾等。

（3）用户所具有的东西，如声音、指纹、视网膜、签字或笔迹等。

- 鉴别令牌分为基于挑战/响应和基于时间的，基于时间令牌更常用，更加自动化。

习　　题

一、单选题

1. 公钥密码技术中 CA 的作用是（　　）。

　　A．保护用户的密钥不被获取

　　B．检验公钥是否易被攻击

　　C．统一管理某一地区内的所有用户密钥

　　D．验证发布公钥的用户身份，提供可信任的用户公钥

2. 如果认证安全服务使用 RSA 公钥算法，那么较为安全的公钥发布机制应该为（　　）。

　　A．国家机构性质的 CA 提供者

　　B．大型 Internet 服务商提供的 CA 服务器

　　C．该机构总部建置的 CA 服务器

　　D．包括总部与分支机构在内的各地区 CA 服务器组成的分布式认证服务

3. 某 Web 网站向 CA 申请了数字证书。用户登录该网站时，通过验证（3.1），可确认该数字证书的有效性，从而（3.2）。

   （3.1）   A. CA 的签名   B. 网站的签名

                  C. 会话密钥   D. DES 密码

   （3.2）   A. 向网站确认自己的身份   B. 获取访问网站的权限

                  C. 和网站进行双向认证   D. 验证该网站的真伪

4. 密钥交换问题的最终方案是使用（　　）。

   A. 护照   B. 数字信封   C. 数字证书   D. 消息摘要

5. （　　）可以签发数字证书。

   A. CA   B. 政府   C. 小店主   D. 银行

6. （　　）标准定义数字证书结构。

   A. X.500   B. TCP/IP   C. ASN.1   D. X.509

7. RA（　　）签发数字证书。

   A. 可以   B. 可以或不可以   C. 必须   D. 不能

8. CA 用（　　）签名数字证书。

   A. 用户的公钥   B. 用户的私钥

   C. 自己的公钥   D. 自己的私钥

9. 要解决信任问题，使用（　　）。

   A. 公钥   B. 自签名证书   C. 数字证书   D. 数字签名

10. 以下关于安全服务的说法不正确的是（　　）。

   A. 身份鉴别是授权控制的基础，必须做到准确无二义地将对方辨别出来，同时还提供双向的认证

   B. 授权控制是控制不同主体对信息资源访问权限

   C. 目前的数据加密技术主要有两大类：一种是基于对称密钥加密的算法，也称公钥算法；另一种是基于非对称密钥的加密算法，也称私钥算法

   D. 防止否认是指接收方在接收到发送方发出的信息后，发送方无法否认自己的发送行为

11. 身份鉴别是安全服务中的重要一环，以下关于身份鉴别的叙述不正确的是（　　）。

   A. 身份鉴别是授权控制的基础

   B. 身份鉴别一般不用提供双向的认证

   C. 目前一般采用对称密钥加密或公开密钥加密的方法

   D. 数字签名机制是实现身份鉴别的重要机制

12. 下面关于鉴别和加密的说法正确的是（　　）。

   A. 加密用来确保数据的可用性   B. 鉴别用来确保数据的秘密性

   C. 鉴别用来确保数据的真实性   D. 加密用来确保数据的真实性

13. 确定用户身份称为（　　）。

   A. 鉴别   B. 保密   C. 授权   D. 访问控制

14. （　　）是最常用的鉴别机制。

   A. 智能卡   B. PIN（Personal Identification Number）

   C. 生物   D. 口令

15.（　　）是鉴别令牌随机性的基础。

  A．口令   B．用户名   C．种子   D．消息摘要

16．基于口令鉴别是（　　）鉴别。

  A．单因子   B．双因子   C．三因子   D．四因子

17．基于时间令牌中的可变因子是（　　）。

  A．种子   B．随机挑战   C．时间   D．口令

18．基于数字证书鉴别中，用户要输入访问（　　）的口令。

  A．公钥文件 B．私钥文件 C．种子   D．随机挑战

19．生物鉴别基于（　　）。

  A．人的特性 B．口令   C．智能卡   D．PIN

20．用户鉴别方法不包括（　　）。

  A．根据用户知道什么来判断   B．根据用户拥有什么来判断

  C．根据用户地址来判断   D．根据用户是什么来判断

21．PKI 体系数字证书所遵循的国际标准是（　　）。

  A．ISO 17799 B．ISO X.509 C．ISO 15408 D．ISO X.905

22．网络黑客为了非法闯入一个网络系统，（　　）是其攻击的主要目标。

  A．口令   B．电子邮件   C．病毒   D．WWW 网址

二、填空题

1．PKI 可以作为支持_____、完整性、机密性和不可否认性的技术基础。

2．目前数字证书的结构标准的名称是_____。

3．数字证书将用户与其_____相联系。

4．CA 工作量可能很大，可以将部分任务交给_____。

5．证书生成的验证包括两方面的内容，一是要验证用户的身份和材料是否真实可靠，另一个是_____。

6．信任数字证书是因为证书机构用_____签名这个数字证书。

7．使用证书时要解决两个问题：一是这个证书是否是发送者的，二是这个证书是_____。

8．常用的鉴别机制有_____，口令导出形式的鉴别，_____，鉴别令牌，_____和生物鉴别等。

9．采用随机挑战的鉴别方式，可以防止_____攻击。

10．鉴别令牌是双因子鉴别，因为既要知道_____，又要拥有_____。

11．多因子鉴别中最常见的是三因子鉴别，即_____；_____；_____。

12．鉴别令牌分为基于挑战/响应令牌和基于时间的令牌，其中_____更常用，更加自动化。

13．基于随机挑战鉴别的安全性表现为：用户数据库存储_____，防止数据库攻击；随机挑战防止_____；网络不传输_____，防止截获。

三、简答题

1．为什么要引入公钥基础设施？主要解决什么问题？

2．数字证书的典型内容是什么？

3．CA 与 RA 的角色是什么？

4．列出生成数字证书的 5 个关键步骤。

5．在生成数字证书时，RA 验证用户的哪些内容？

6．在生成数字证书时，RA 如何验证用户的公钥与私钥的一致性的？

7．简述数字证书的作用。

8．用户如何验证接收到数字证书的真实性？

9．在使用证书前要解决哪两个问题？

10．基于明文口令的鉴别机制有什么问题?如何改进？

11．基于口令摘要的鉴别如何工作，有什么缺点？

12．如何在口令摘要的鉴别机制中增加不可预测性来防止重放攻击？

13．三因子鉴别的 3 方面是什么？

14．挑战/响应令牌与基于时间令牌有什么差别？

15．基于数字证书鉴别的基本步骤有哪些？

16．基于生物特征的用户身份鉴别机制有哪些优点和缺点？

第 6 章　网络访问的可控性机制

6.1　网络安全中网络访问的可控性概述

互联网络发展至今，已成为一个庞大的非线性复杂系统，系统规模和用户数量巨大且不断增长，协议体系庞杂，业务种类繁多，异质网络融合发展等。这远超过了当初网络设计者的考虑，一些现有的访问控制手段相对薄弱，产生了许多安全隐患。如何解决网络访问的低可控性（Controllability）与安全可信需求之间的矛盾是网络安全的重要内容之一。

前面讲述的数据保密性、完整性、用户的可鉴别性和不可抵赖性中，结合 PKI 中的数字证书可以得到很好的解决，而在这些技术中最大的安全隐患是存在安全控制点，一旦攻击者攻破了安全控制点，所有采用的技术就将形同虚设，例如私钥的丢失和泄露等。因此增加网络访问的控制手段成为保证网络安全的重要措施，网络访问的可控性的主要目标是：在网络的关键部分增加认证、授权等控制机制，使网络的访问更安全可信。

定义 6.1　网络访问的可控性　网络访问的可控性是指控制网络信息的流向以及用户的行为方式，是对所管辖的网络、主机和资源的访问行为进行有效的控制和管理。根据 OSI 模型的层次不同，可控性可分为高层访问控制和底层访问控制。高层访问控制是指在应用层层面的访问控制，是通过对用户口令、用户权限、资源属性的检查和对比来实现的，其中资源属性权限要比用户权限高，当两者发生冲突时，以资源属性权限为主。底层访问控制是指在传输层及以下层面的基于网络协议的访问控制，是对通信协议中的某些特征信息的识别、判断来禁止或允许对网络的访问。例如，防火墙就属于底层访问控制。防火墙中的过滤规则通常涉及 5 个字段：①IP 协议类型（TCP、UDP）；②IP 源地址；③IP 目标地址；④TCP 或 UDP 源端口号；⑤TCP 或 UDP 目标端口号。访问控制机制是网络安全的一种解决方案，在计算机网络安全中，有 4 类安全特性与访问控制有直接和间接关系。

- 用户的可鉴别性（Authentication）：用户访问网络资源进行访问控制的前提，只有知道用户的真正身份才能正确地进行访问控制。
- 数据保密性（Confidentiality）：数据保密性保证信息的安全和私有，防止信息泄露给未授权的用户，这个可以通过访问控制机制限制非法用户对敏感信息的访问来间接保护数据的保密性。
- 数据的完整性（Integrity）：数据的完整性防止信息被非法用户篡改或破坏，它也是通过访问控制机制限制非法用户对重要信息的非法访问，阻止信息被非法用户篡改或破坏，从而达到间接保护数据完整性的目的。
- 网络的可用性（Availability）：网络的可用性保障授权用户对系统信息的可访问性，

访问控制并不能完全保证可用性，它的作用是当一个非法的攻击者试图访问系统，可能造成系统不可用时，访问控制机制将阻止它。访问控制能保障授权用户对系统的可访问性，是因为访问控制机制阻止了非法用户的可能破坏，这在一定的程度上保护了合法用户对网络的可访问性。

网络访问控制机制的基本思路是：首先对所辖的整个网络进行访问控制，决定是否允许访问整个网络；其次，如果允许进入网络，要对单个主机和设备进行访问控制，决定是否允许访问单个主机和设备；第三，如果允许访问单个主机和设备，就要对单个主机和设备的数据和资源进行访问控制，决定用户是否可以访问这些资源。网络访问的可控性机制根据控制的粒度分为 3 类：对所辖整个网络的访问控制，包括防火墙控制机制、面向网络的入侵检测控制机制；对单个主机和设备的访问控制，包括基于操作系统的访问控制、面向主机的入侵检测和主机防火墙等；对系统资源的访问控制，包括基于数据库管理系统的访问控制等。

另外，加密方法也可被用来提供访问控制，它可以独立实施访问控制，也可以作为其他访问控制机制的加强手段。例如，采用加密措施可以限定只有拥有解密密钥的用户才有权限访问特定资源。

6.2　基于防火墙技术的网络访问控制机制与评价

6.2.1　设置防火墙的含义

防火墙（Firewall）是在两个网络之间执行访问控制策略的一个或一组安全系统，可以对整个网络进行访问控制。防火墙是一种计算机硬件和软件系统集合，是实现网络安全策略的有效工具之一。本质上，它遵循的是一种允许或阻止业务来往的网络通信安全机制，也就是提供可控的过滤网络通信，只允许授权的信息通过防火墙。从逻辑上讲，防火墙是分离器、限制器和分析器。防火墙可分为硬件防火墙和软件防火墙两类。通常意义上讲的防火墙是指硬件防火墙，是由路由器、计算机或者二者的组合，再配上具有过滤功能的软件形成的。通过这种硬件和软件的结合来达到隔离内、外部网络的目的，一般价格较贵，但效果较好。软件防火墙是通过纯软件的方式来实现防火墙功能的，价格很便宜，但这类防火墙只能通过一定的规则来达到限制一些非法用户访问内部网的目的。

通常防火墙建立在内部网和 Internet 之间的一个路由器或计算机上，该计算机也叫堡垒主机（Bastion Host），它是高度暴露给 Internet 的，也是最容易受到攻击的主机，如图 6-1 所示。它就如同一堵带有安全门的墙，可以阻止外界对内部网资源的非法访问，也可以防止内部对外部网的不安全访问。设计防火墙要注意以下基本原则。

- 所有进出网络的通信流都应该通过防火墙，而随着无线网络的发展，这个原则实现起来很难。
- 所有穿过防火墙的通信流都必须有安全策略（规则）确认和授权，规则不能有漏洞，至少要有一个默认规则去处理那些没有匹配任何规则的分组（包）。
- 防火墙本身无法被穿透，要高度安全。

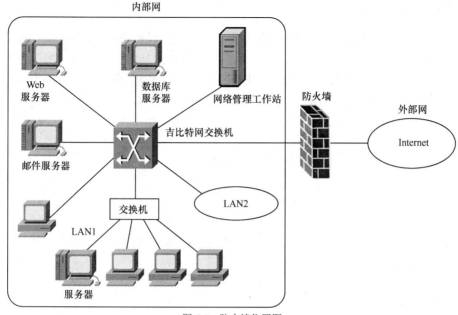

图 6-1　防火墙位置图

6.2.2　防火墙分类

根据不同的标准，防火墙可分成若干类，主要包括以下几种分类。

1. 包过滤防火墙和代理服务器防火墙

根据防火墙实现的技术不同可分为包过滤防火墙和代理服务器防火墙。包过滤防火墙通常是一个具有包过滤功能的路由器，由于路由器工作在网络层，因此包过滤防火墙又称为网络层防火墙。所谓代理服务器防火墙，就是一个提供替代连接并且充当服务的网关。代理服务器防火墙运行在两个网络之间，对于客户来说它像是一台真的服务器，而对于外界的服务器来说，它又像是一台客户机。

2. 基于路由器的防火墙和基于主机的防火墙

根据实现防火墙硬件环境不同可分为基于路由器的防火墙和基于主机系统的防火墙。包过滤防火墙可以基于路由器，也可以基于主机系统实现，而代理服务器防火墙只能基于主机系统实现。

3. 内部防火墙和外部防火墙

根据防火墙所处的位置可分为内部防火墙和外部防火墙。通常意义上的防火墙是指外部防火墙，它主要是保护内部网络资源免受外部用户的非法访问和侵袭。有时为了某些原因，我们还需要对内部网的部分站点再加以保护，以免受内部网其他站点的侵袭。因此，在同一内部网的两个不同组织之间再建立一层防火墙，这就是内部防火墙。在园区网中，也常使用 VLAN 技术对内部网进行隔离。

4. 各种专用防火墙

根据防火墙的功能不同可分为 FTP 防火墙、Telnet 防火墙、E-mail 防火墙、病毒防火墙等各种专用防火墙。通常也将几种防火墙技术一起使用以弥补各自的缺陷，增加系统的安全性能。目前有的厂商把防火墙、入侵检测和病毒防范 3 种功能合在一起的网络安全产品取名为 UTM 安全网关，UTM 是 Unified Threat Management 的缩写。

5. 硬件防火墙和软件防火墙

按照产品形式可分为硬件防火墙和软件防火墙。

6.2.3 防火墙技术

防火墙基本技术包括包过滤技术、代理服务技术和 NAT 技术。

1. 包过滤技术

（1）包过滤涉及的字段

包（也称分组）是网络层的数据单位。在网上传输的文件一般在发出端被划分成一串数据包，经过网上的中间站点，最终传到目的地，然后将这些包中的数据又重新组成原来的文件。包过滤技术是对 OSI 模型网络层的包按安全管理规则进行有选择的通过或者禁止。每个包由数据部分和包头两个部分组成，其中包头中含有重要的与过滤有关的信息，防火墙根据这些信息来决定包是否允许进出所管辖的网络。包头包含的与防火墙有关的主要字段如下。

① IP 协议类型（TCP、UDP）。
② IP 源地址。
③ IP 目标地址。
④ IP 选择域的内容。
⑤ TCP 或 UDP 源端口号。
⑥ TCP 或 UDP 目标端口号。
⑦ ICMP 消息类型。

其中，第三层可过滤的字段如图 6-2 所示的灰色部分，包括 32 位的源 IP 地址、目的 IP 地址、协议类型（TCP、UDP）和服务类型。

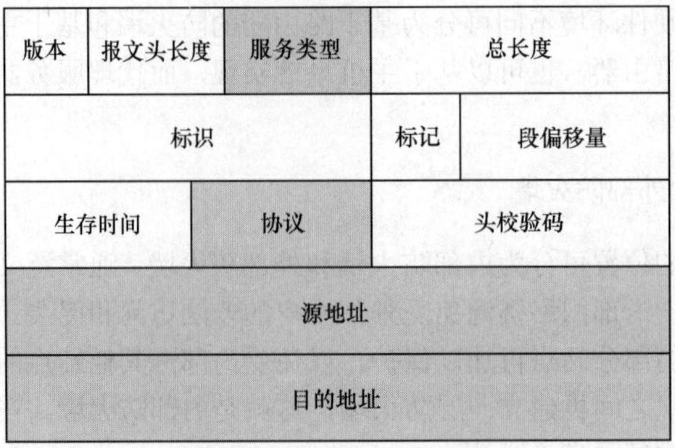

版本	报文头长度	服务类型	总长度	
标识			标记	段偏移量
生存时间		协议	头校验码	
源地址				
目的地址				

图 6-2　第三层可过滤的字段

第四层可过滤的字段如图 6-3 所示的灰色部分，包括 16 位的源端口、目的端口和标识。标识符又包括紧急比特 URG、确认比特 ACK、推送比特 PSH、复位比特 RST、同步比特 SYN 和终止比特 FIN。

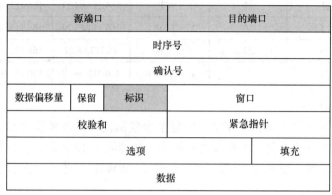

源端口		目的端口	
时序号			
确认号			
数据偏移量	保留	标识	窗口
校验和		紧急指针	
选项			填充
数据			

图 6-3　第四层可过滤的字段

（2）包过滤基本原理

包过滤是一种简单而有效的防火墙技术，通过拦截数据包过滤掉不应入网的信息。其基本原理是在网络的出入口（如路由器上）对通过的数据包进行检测，只有满足条件的数据包才允许通过，否则被抛弃。每个包在路由器中的处理步骤如下。

① 进入路由器。

② 包过滤（Packet Filter），这是防火墙的功能。

③ 路由表的查找（Routing Lookup），这是确定可以通过防火墙的包的下一个端口。

④ 包分类（Packet Classification），这是为保障服务质量 QoS 提供的操作。

⑤ 特殊处理（Special Processing），例如，为了检错，路由器需要重新计算校验码等。

⑥ 交换调度（Switching Scheduling），这是为保障服务质量 QoS 提供的操作。

⑦ 离开路由器。

其中第 2 步提供防火墙功能，其他是用来提供信息传输功能和保障服务质量功能的。在包过滤中首先从包头中取出规则中要求的字段，然后用字段值去查规则库，从中找到匹配的规则，每一个规则联系一个行为，记为 $A(R)$，当一个包匹配一个规则时，就按照 $A(R)$ 对包执行过滤功能。

建立一个可靠的规则集对于实现一个安全可靠的防火墙来说是非常关键的一步，因为如果防火墙规则集配置错误，那么再好的防火墙也只是摆设。在防火墙的管理策略中有两种截然不同的观点。一种是悲观策略，它的基本思路是除非明确允许，否则将禁止某种服务。这种保守策略有利于提高网络的安全，但服务受到很大限制。另一种是乐观策略，它的基本思路是除非明确不允许，否则允许某种服务。这种策略开放大部分服务，但容易产生安全漏洞。

● 一般规则的设置

规则的一般格式可表示为 $(R[i], A(R))$，其中 $R_t[i]$ 是包匹配的字段，$A(R)$ 是匹配规则后防火墙所做的动作。每条规则要做两件事：定义包在何种情况下匹配该规则；匹配后防火墙进行何种操作。表 6-1 描述了 5 个防火墙规则。其中，防火墙的动作只有两种：允许和禁止。

表 6-1			5个5维的过滤规则			
	目 的 端 口	源 端 口	协 议 类 型	目的 IP 地址	源 IP 地址	动 作
规则 0	20~21	21	6（TCP）	166.111.68.22	166.111.68.22	允许
规则 1	21	21	6（TCP）	166.112.68.23	166.112.68.23	允许
规则 2	23	20	17（UDP）	166.113.68.24	166.113.68.24	禁止
规则 3	20	23	6（TCP）	16.113.68.24	166.112.68.23	允许
规则 4	23	23	17（UDP）	166.112.68.23	166.113.68.24	禁止

● 默认规则的设置

防火墙可以对网络的访问进行控制，但是至少要保证网络能够实现其最基本的功能，因此通常要考虑默认规则的设置。在基本的功能中，要能防止 IP 欺骗，允许地址解析，允许代理服务工作，常见的服务要允许实现，如 E-mail 和 WWW 服务等，结合上述要求，防火墙的默认规则有以下几点。

① 阻止声明具有内部源地址的外来数据包或者具有外部源地址的外出数据包，这是防止 IP 欺骗。

② 允许从内部 DNS 解析程序到 Internet 上的 DNS 服务器的基于 UDP 的 DNS 查询与应答。这是允许地址解析通过防火墙。

③ 允许从 Internet 上的 DNS 服务器到内部 DNS 解析程序的基于 UDP 的 DNS 查询与应答。

④ 允许基于 UDP 的外部客户查询 DNS 解析程序并提供应答，允许从 Internet 上的 DNS 服务器到 DNS 解析程序的基于 TCP 的 DNS 查询与应答。

⑤ 允许从出站 SMTP 堡垒主机到 Internet 的邮件外出，允许外来邮件从 Internet 到达入站 SMTP 堡垒主机，这是允许电子邮件的访问。

⑥ 允许代理发起的通信从代理服务器到达 Internet，允许代理应答从 Internet 定向到外围的代理服务器，这是允许代理行为。

⑦ 允许从出站 HTTP 堡垒主机到 Internet 的 WWW 外出，允许外来 WWW 从 Internet 到达入站 HTTP 堡垒主机，这 3 个允许 WWW 的访问。

（3）包过滤方式的优点和缺点

① 包过滤方式的优点

包过滤方式的优点主要包括两方面。

（a）用一个放置在重要位置上的包过滤路由器即可保护整个网络。这样，不管内部网的站点规模多大，只要在路由器上设置合适的包过滤规则，各站点均可获得良好的安全保护。

（b）包过滤不需要用户软件支持，也不要对客户机做特殊设置，包过滤工作对用户来说是透明的。当包过滤路由器允许包通过时，其表现与普通路由器没有什么区别，此时用户感觉不到包过滤功能的存在。只有在某些包被禁入或禁出时，用户才会意识到它的存在。

② 包过滤方式的缺点

包过滤方式的缺点是：配置包过滤规则比较困难，人们经常会忽略建立一些必要的规则，或者错误配置了已有的规则，同时过滤规则的配置容易产生难于发现的冲突。规则冲突是指两个或多个规则重叠，从而导致一个冲突匹配问题，即当有一个包同时匹配多个规则并且这些规则所联系的行为不一致时就产生规则的冲突。

例如，假定 166.111.*代表清华大学的 IP 地址，162.105.*代表北京大学的 IP 地址，又设规则仅涉及报文头的两个字段（源 IP 地址，目的 IP 地址）。现考虑两个规则 R1=(166.111.*,*)，它所相联系的行为 A(R1)= {1000bit/s 带宽}，R2 =(*,162.105.*)，它所相联系的行为 A(R2)= {100bit/s 带宽}，第一个规则表示分配所有的从清华大学来的报文千兆带宽，而第二个规则表示分配所有到北京大学的报文百兆带宽。现在如果路由器接收了一个源地址为清华大学、目的地址为北京大学的报文（166.111.*, 162.105.*）该怎么分配带宽呢？是分配该报文千兆带宽还是分配给该报文百兆带宽呢？这时就产生了规则的冲突问题。矛盾的产生是由于一个报文同时匹配了两个规则（R1 和 R2）并且这两个规则所联系的行为也不一致（一个是百兆带宽，另一个是千兆带宽）造成的。当一个包同时匹配多个规则时，许多算法默认排在前面的规则具有较高的优先权，即包匹配所有匹配规则中排在前面的规则，这样 R1 和 R2 哪个规则在前就匹配哪个规则。可见在设置过滤规则时要注意规则的顺序，不同的规则顺序导致的防火墙的动作可能是不一样的。

（4）规则的冗余与处理

① 向后冗余的规则

向后冗余规则的判断：在防火墙的规则库中，设两个规则 R_t 和 R_s 符合下列条件。

（a）$t < s$。

（b）$\forall i$，都有 $R_t[i] \supset R_s[i]$，$1 \leqslant i \leqslant k$，其中 k 为考虑的字段数，$R_t[i]$ 表示规则 t 的第 i 个字段。

（c）$\forall j > m$，$\mathrm{pri}(R_m) > \mathrm{pri}(R_j)$，其中 $\mathrm{pri}(R_j)$ 表示规则 R_j 的优先级。

这样就永远不会有包匹配规则 R_s 了，这时规则 R_s 就是冗余的，我们称这样的冗余为向后冗余。

② 向前冗余的规则

向前冗余规则的判断：在防火墙的规则库中，设两个规则 R_t 和 R_s 符合下列条件。

（a）$t > s$。

（b）$\forall i$，都有 $R_t[i] \supset R_s[i]$，其中 k 为考虑的字段数，$R_t[i]$ 表示规则 t 的第 i 个字段。

（c）$\forall m \in [s,t]$，都有 $A(R_s) = A(R_m)$，$1 \leqslant i \leqslant k$。

（d）$\forall j > m$，都有 $\mathrm{pri}(R_m) > \mathrm{pri}(R_j)$，其中 $\mathrm{pri}(R_j)$ 表示规则 R_j 的优先级。

这时规则 R_s 就是冗余的，我们称这样的冗余为向前冗余。

对于冗余的规则可以从规则库中删除，从而减少规则库的规模，这样既可以提高防火墙的速度，也可以减少内存的需求。

（5）动态包过滤技术

常规的包过滤防火墙是一种静态包过滤防火墙，静态包过滤防火墙是按照定义好的过滤规则审查每个数据包，不能动态跟踪每一个连接，过滤规则是基于数据包的报头信息制定的。针对传统包过滤技术的缺点，提出了更高级的包过滤技术，即动态包过滤技术。它不仅要检查包头的内容，还要跟踪连接的状态信息。例如，双方都用 TCP 通信，如果突然出现 UDP 包就应该拒绝。采用这种技术的防火墙对通过其建立的每一个连接都进行跟踪，并且根据需要可动态地在过滤规则中增加或更新条目。

（6）访问控制列表配置举例

当路由器可以进行分组过滤时路由器就具备了防火墙的功能。防火墙设置的方法之一是访问控制列表，下面以 H3C 路由器为例分析如何设置访问控制列表（ACL），在 H3C 路由器系列配置中，访问控制列表可以分为两种：基本访问控制列表（Basic ACL）和高级访问控制列表（Advanced ACL），基本访问控制列表只使用源地址描述包信息，说明是允许还是拒绝，编号范围为 2000～2999。图 6-4 表明 IP 源地址为 202.110.10.0/24 的分组可以通过防火墙，但 IP 源地址为 192.110.10.0/24 的分组不可以通过防火墙。

高级访问控制列表使用更多信息描述包信息，例如传输层协议号、源 IP 地址、目的 IP 地址、源端口和目的端口等，编号范围为 3000～3999。如图 6-5 表明源 IP 地址为 202.110.10.0/24、目的 IP 地址为 179.100.17.10、传输层协议是 TCP、应用层协议是 HTTP 的包可以通过路由器。

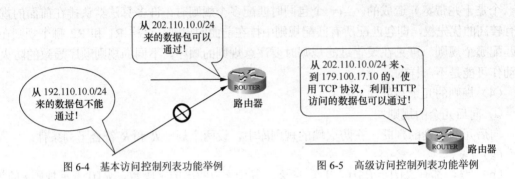

图 6-4　基本访问控制列表功能举例　　　　图 6-5　高级访问控制列表功能举例

例 6.1　用基本访问控制列表规则表示"禁止从 202.110.0.0/16 网段发出的所有访问"。

分析：因为是基本访问控制列表，所以其编号是 2000～2999。根据题意，动作选择禁止"deny"，而非允许"permit"；从网段发出的访问，IP 地址选择源地址"ip source"，而非 IP 目的地址"ip destination"；注意后面跟的是反掩码，而非掩码，在反掩码中 0 表示需要比较，1 表示忽略比较。因此用下列访问控制列表规则进行定义：

acl number 2000

rule deny ip source 202.110.0.0 0.0.255.255

例 6.2　用高级访问控制列表规则表示"允许 202.38.0.0/16 网段的主机使用 HTTP 访问 IP 地址为 129.10.10.1 的主机。

分析：因为是高级访问控制列表，所以其编号可以是 3000～3999。根据题意，动作选择允许"permit"，而非禁止"deny"。HTTP 使用了面向连接的 TCP，IP 地址选择源地址"ip source"202.38.0.0/16，目的地址"ip destination"是 129.10.10.1，端口号等于 www 端口号，因此用下列访问控制列表规则进行定义：

acl number 3000

rule permit tcp source 202.38.0.0 0.0.255.255 destination 129.10.10.1 0 destination-port eq www.

2．代理服务技术

代理服务也称应用级网关，工作在 OSI 参考模型的应用层，它在网络应用层上建立协议过滤和转发功能。它与包过滤技术完全不同，包过滤技术只是在网络层拦截所有的信息流，代理服务可以进行身份认证等包过滤没有的控制功能，它的安全控制能力比包过滤技术强，但缺点是对用户不透明，速度慢。其基本模型如图 6-6 所示，代理服务器介于客户机和真正服务器之间，有了它，客户机不是直接到真正服务器去获取网络信息资源，而是向代理服务器发出请求，信息会先送到代理服务器，由代理服务器取回客户机所需要的信息并传送给客户。

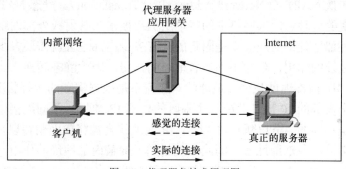

图 6-6　代理服务技术原理图

代理服务位于内部用户和 Internet 上外部服务之间。代理在幕后处理所有用户和 Internet 服务之间的通信以代替相互间的直接交谈。

代理服务的一般工作步骤如下。

（1）内部用户用 HTTP 或 Telnet 之类的 TCP/IP 应用程序访问应用级网关。

（2）应用级网关询问访问它所需要的用户名和口令，以便在确定身份后进行访问控制。

（3）用户向应用级网关提供用户名和口令。

（4）如果应用级网关判定用户是合法的用户，应用级网关进一步要向用户查询要建立连接进行实际通信的远程主机的域名、IP 地址等以便进行代理，如果应用级网关判定用户是非法的用户，就拒绝进行代理。

（5）用户向应用级网关提供这个信息。

（6）应用级网关以用户的身份访问远程主机，将用户的分组传递到远程主机。

（7）应用级网关成为用户的实际代理，在用户和远程主机之间传递分组。

3．NAT 技术

NAT（Network Address Translation，网络地址转换）技术是指通过有限的全球唯一的 IP 地址（外部地址）作为中继，使计算机网内部使用的非全球唯一的 IP 地址（内部地址）可以对 Internet 进行透明的访问。防火墙通过 NAT 技术达到屏蔽内部地址的作用，可以提高网络的安全性，同时也可以解决地址紧缺的问题。

一般 NAT 设备放置在内部网络和外部网络之间（如防火墙），保证所有的对外通信均要通过 NAT 设备。在运作之前必须将内部网络中的 IP 地址分成两类：内部地址和外部地址。在选择内部地址时按照 RFC1597 中的建议使用如下地址范围：

- 10.0.0.0～10.255.255.255　　　（A 类地址）
- 172.16.0.0～172.31.255.255　　（B 类地址）
- 192.168.0.0～192.168.255.255　（C 类地址）

NAT 技术主要完成内外地址的转换，具体步骤如下。

（1）检查每一条 TCP 的消息或 UDP 的报文中的地址信息。

（2）将每一访问 Internet 的 IP 包中的内部地址替换成外部地址。

（3）将从 Internet 返回的 IP 包中的外部地址转换成内部地址，然后转发，从而达到实现使用内部 IP 地址对 Internet 的透明访问。

NAT 实现地址转换的方式可分为 3 种，即静态 NAT（Static NAT）、动态 NAT（Pooled NAT）

和网络地址端口转换 NAPT（（Network Address Port Translation）。静态 NAT 是设置起来最为简单和最容易实现的一种，内部网络中的每个主机都被永久映射成外部网络中某个合法的地址，内部地址与外部地址的对应关系是固定的，有多少内部地址就需要多少外部地址对应，起到了屏蔽内部地址的作用，但起不到节省地址的作用，因此静态转换方式使用价值受限。在动态 NAT 转换中，内部地址与外部地址的对应关系是根据实际的运行状况决定的，用户连接时，它为每一个内部的 IP 地址分配一个临时的外部 IP 地址，不同连接中内部地址与外部地址的对应关系是不同的，用户断开时，这个 IP 地址就会被释放而留待以后使用。在动态转换中，内部地址可以比外部地址多，因此不仅起到了屏蔽内部地址的作用，而且能够起到节省地址的作用。在 NAPT 中，它将内部连接映射到外部网络中的一个单独的 IP 地址上，同时在该地址上加上一个由 NAT 设备选定的 TCP 端口号。NAPT 普遍应用于接入设备中，它可以将中小型的网络隐藏在一个合法的 IP 地址后面。

NAT 技术不但可以节省地址，而且因为外部主机对内部主机的内部地址进行直接访问是不可能的，所以提高了网络的安全性。

6.2.4　防火墙的硬件技术架构

目前防火墙的硬件技术架构主要有 3 种。

（1）基于 X86 体系结构的防火墙，不能满足吉比特防火墙的高吞吐量、低延迟的要求，主要功能和性能依靠算法的好坏，但灵活性强，适应市场速度快。

（2）基于 ASIC（专用集成电路）的防火墙，将算法固化在硬件上，因此性能有明显的优势，缺点是灵活性不够，适应市场速度慢。

（3）基于 NP（Network Processor，网络处理器）技术的防火墙，兼有前二者的优点。

6.2.5　防火墙体系结构

防火墙体系结构一般有 4 种（安全程度是递增的）：过滤路由器结构，双穴主机结构，主机过滤结构，子网过滤结构。

1. 过滤路由器结构

过滤路由器结构是最简单的防火墙结构，这种防火墙可以由厂家专门生产的过滤路由器来实现，也可以由安装了具有过滤功能软件的普通路由器实现，过滤路由器结构示意图如图 6-7 所示。

过滤路由器防火墙作为内外连接的唯一通道，要求所有的报文都必须在此通过检查。

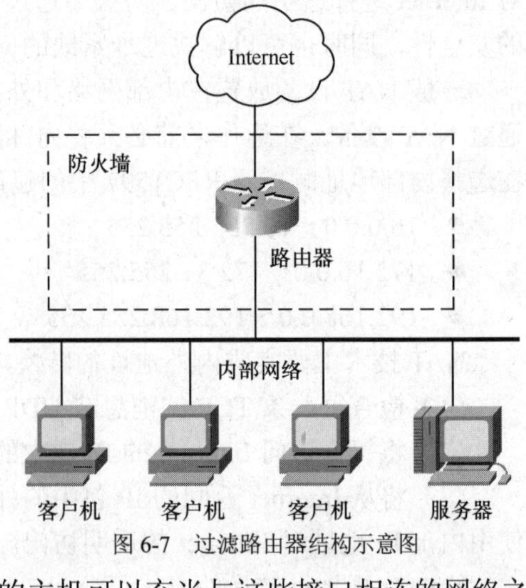

2. 双穴主机结构

双穴主机（Dual Homed Host）体系结构是围绕具有双重宿主的主机而构筑的。该计算机至少

图 6-7　过滤路由器结构示意图

有两个网络接口，同时连接两个不同的网络，这样的主机可以充当与这些接口相连的网络之

间的路由器，并能够从一个网络到另一个网络发送 IP 数据包。防火墙内部的网络系统能与双重宿主主机通信，同时防火墙外部的网络系统（在 Internet 上）也能与双重宿主主机通信。

通过双重宿主主机，防火墙内外的计算机便可进行通信了，但是这些系统不能直接互相通信，它们之间的 IP 通信需要通过双重宿主主机进行控制和代理。

3．主机过滤结构

主机过滤结构由内部网中提供安全保障的主机（也称堡垒主机）和一台单独的过滤路由器一起构成该结构的防火墙。它既有主机控制又有路由器过滤，因此称为主机过滤结构。主机过滤结构示意图如图 6-8 所示。堡垒主机是 Internet 主机连接内部网系统的桥梁，任何外部系统试图访问内部网系统或服务都必须连接到该主机上，因此该主机需要高级别安全。在这种结构中，屏蔽路由器与外部网相连，再通过堡垒主机与内部网连接。

来自外部网络的数据包先经过屏蔽路由器过滤，不符合过滤规则的数据包首先被过滤掉，符合规则的包则被传送到堡垒主机上进行再次控制，比如进行代理。主机和路由器的策略不能雷同，否则就起不到各自的作用了。

主机过滤结构又分为单宿堡垒主机和双宿堡垒主机，单宿堡垒主机只有一个网卡连接在内部网上，双宿堡垒主机有两个网卡，一个连接在内部网上，另一个连接在路由器上，具有更好的安全性。

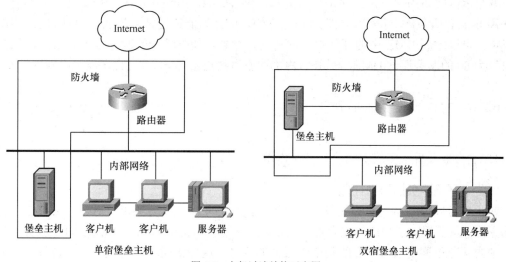

图 6-8　主机过滤结构示意图

4．子网过滤结构

子网过滤体系结构添加了额外的安全层到主机过滤体系结构中，即通过添加一个称为参数网络的网络，更进一步地把内部网络与 Internet 隔离开。

参数网络也叫周边网络，非军事区地带（Demilitarized Zone，DMZ），它是在内/外部网之间另外添加的一个安全保护层，相当于一个应用网关。如果入侵者成功地闯过外层保护网到达防火墙，参数网络就能在入侵者与内部网之间再提供一层保护。

子网过滤体系结构最简单的形式为两个过滤路由器，每一个都连接到参数网络上，其中一个位于参数网与内部网之间，另一个位于参数网与外部网之间。子网过滤结构如图 6-9 所示。

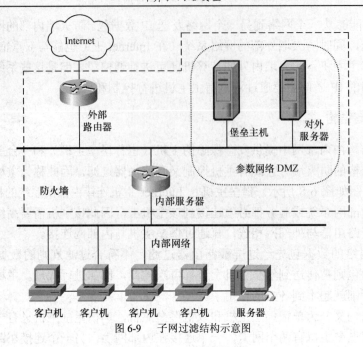

图 6-9　子网过滤结构示意图

非军事区网络中至少有 3 个网络接口：一个接内网，一个接 Internet，一个接 DMZ。

非军事区网络的优点是：通常公司大都提供 Web 和 E-mail 服务，由于任何人都能访问 Web 和 E-mail 服务器，我们不能完全信任它们，因此只能通过把它们放入 DMZ 区来实现该项策略。可以限制 DMZ 中的任何服务的访问，例如，如果唯一的服务是 WWW，就只允许端口号为 80 的服务通过 DMZ。另外，内部网不直接连接 DMZ，这就保证了内部网的安全。

6.2.6　对防火墙技术的评价

1. 防火墙实现了多层次的访问控制作用

（1）对网络服务的访问控制

防火墙可以控制不安全的服务，只有授权的服务才能通过防火墙，这就大大降低了内网的暴露度，从而提高了网络的安全度。例如，防火墙能防止诸如易受攻击的 NFS 服务出入内网，使内网免于遭受来自外界的基于该服务的攻击。这种访问控制是基于端口进行的，因为不同的服务对应的端口不同。常见的 17 种端口号对应的服务见表 6-2。

表 6-2　　　　　　　　　　　　　　　17 种端口号对应的服务

十进制编码	端　口　号	用　　　　途
0	20	FTP Data
1	21	FTP Control
2	23	Telnet
3	25	SMTP (E-mail)
4	53	DNS
5	70	Gopher

续表

十进制编码	端 口 号	用 途
6	79	Finger
7	80	HTTP (Web)
8	88	Kerberos
9	110	POP3 (E-mail)
10	111	Remote Procedure Call (RPC)
11	119	NNTP (News)
12	68	Dynamic Host Configuration Protocol (DHCP)
13	69	Trivial File Transfer Protocol (TFTP)
14	161	Simple Network Management Protocol (SNMP)
15	2049	Network File System (NFS)
16	*	Other ports

（2）对主机的访问控制

防火墙提供了对主机的访问控制，例如，从外界只可以访问内网的某些主机，其他主机则不能进行访问，因此可以有效地防止非法访问主机。这种访问控制是基于 IP 地址进行的，这也是防火墙最常见的控制形式。

（3）对数据的访问控制

一些防火墙结合了病毒防范功能，可以控制应用数据流的通过，如防火墙可以阻塞邮件附件中的病毒。

（4）对协议的访问控制

对协议的访问控制是通过协议（如 UDP，TCP，ICMP 等）来控制某个应用程序可以进行什么操作，因为不同的应用程序使用的协议不同，如图 6-10 所示。

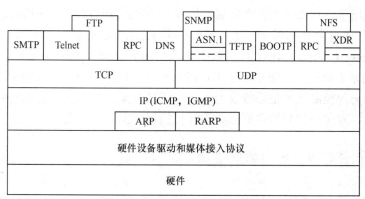

图 6-10　不同的应用程序使用的协议对照

防火墙还具有下列作用。

① 统一安全保护，如果一个内网的所有或大部分主机需要附加相同的安全控制，那么安全软件可以集中放在防火墙系统中，而不是分散到每个主机中。这样，防火墙的保护就相对集中，便于管理和集中控制，价格上也相对便宜。

② 网络连接的审计：当防火墙系统被配置为所有内部网络与外部 Internet 连接均需经过

的安全系统时，防火墙系统就能够对所有的访问做日志记录。日志非常重要，它是对一些可能的攻击进行分析和防范的十分重要的情报源。另外，防火墙系统也能够对正常的网络使用情况进行统计，通过对统计结果的分析和合理的配置，可以使网络资源得到更好的利用。

③ 可以缓解地址短缺的问题和对 IP 地址进行隐藏：通过使用网络地址转化（NAT）技术，防火墙可以在内部 IP 地址和外部 IP 地址间进行转换，达到缓解地址短缺和对 IP 地址进行隐藏的安全目的。

2. 防火墙在网络访问控制中的不足

防火墙在网络安全中虽然非常重要，但是防火墙也存在许多不足，主要包括以下几项。
- 不能防范内部网络的破坏。
- 不能防范不通过防火墙的连接，例如绕过防火墙的笔记本和手机等。
- 不能防备全部的威胁，例如数据的加密、完整性验证等。
- 难于管理和配置，易造成安全漏洞。
- 只实现了粗粒度的访问控制，对于对更细粒度的数据控制，光靠防火墙难于实现，例如，对于数据库中的记录、字段等访问的控制，必须结合数据库管理系统进行控制。
- 容易出现安全误解，人们通常认为只要安装了防火墙，网络就安全了，可以高枕无忧了，放松了网络安全的警惕性。

6.3 用户对资源的访问控制机制与评价

用户对网络资源的访问控制属于高层访问控制，是对用户口令、用户权限、资源属性的检查和对比来实现的，起源于 20 世纪 70 年代，当时是为了满足管理大型主机系统上共享数据授权访问的需要。随着计算机技术和应用的发展，特别是网络应用的发展，这一技术的思想和方法迅速应用于信息系统的各个领域。在 30 多年的发展过程中，先后出现了多种重要的访问控制技术，如自主访问控制（Discretionary Access Control，DAC）、强制访问控制（Mandatory Access Control，MAC）和基于角色的访问控制（Role-Based Access Control，RBAC），它们的基本目标都是防止非法用户进入系统和合法用户对系统资源的非法使用。用户对网络资源的访问控制技术是系统安全的一个解决方案，是保证信息机密性、完整性和可用性的关键技术，对访问控制的研究已成为计算机科学的研究热点之一。

6.3.1 用户对资源的访问控制概述

用户对资源的访问控制技术是国际标准化组织（International Standard Organization，ISO）在网络安全体系的设计标准（ISO7498-2）中定义的五大安全服务功能之一。它是对用户访问网络资源进行的控制过程，只有被授予一定权限的用户，才有资格去访问有关的资源。通过访问控制，隔离了用户对资源的直接访问，任何对资源的访问都必须通过访问控制系统进行仲裁。这使用户对资源的任何操作都处在系统的监视和控制之下，从而保证资源的合法使用。

访问控制的一般模型如图 6-11 所示。其中，用虚线框起来的部分就是访问控制部分。由图 6-11 可以看出，用户必须通过访问控制系统，最后才能真正访问到资源。访问控制由一个仲裁者和一套安全（控制）策略组成。任何访问控制模型都会用到用户、主体、客体、控制策略和权限等概念，下面对这几个概念进行简单的介绍。

① 用户（User）：一个被授权使用计算机的人员。

② 主体（Subject）：主体是指发出访问操作、存取请求的主动方，主体的含义是广泛的，可以是用户、用户所在的组、主机、手持终端、代表用户的应用服务程序或进程等，一个用户可以有多个主体。

③ 客体（Object）：客体是需要保护的资源，一般指被调用的程序或要存取的数据等。客体的含义也是广泛的，凡是可以被操作的信息、资源、对象都可以认为是客体，具体可以是文件、程序、内存、目录、队列、进程间报文、I/O 设备和物理介质等。一个客体可以包含另一个客体。一个

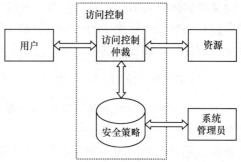

图 6-11　访问控制的一般模型图

实体可以在某一个时刻是主体，而在另一时刻是客体，这取决于某一实体的功能是动作的执行者还是被执行者。

④ 控制策略（Control Policy）：在保证系统安全及文件所有者权益的前提下，如何在系统中存取文件或访问信息的描述，它由一整套严密的规则所组成。规则中规定（也称授权）主体可对客体执行哪些操作，比如读、写、执行、发起连接或拒绝访问等。

⑤ 权限（Permission）：在受系统保护的客体上执行某一操作的许可。权限是客体和操作的联合，两个不同客体上的相同操作代表着两个不同的权限，单个客体上的两个不同操作也代表两个不同的权限。

在这些概念中，主体、客体和控制策略是访问控制最基本的 3 个要素。

访问控制主要包括 3 个过程。

（1）鉴别（Authentication）过程。在访问控制中必须先确认访问者是合法的主体，而不是假冒的欺骗者。主体 S 提出一系列正常的访问请求，通过信息系统的入口到达控制访问的监控器，由监控器判断是否允许或拒绝这次请求，即对用户进入系统进行控制，最简单最常用的方法是利用用户账户和口令进行控制，还有其他前面讲述过的身份鉴别措施。

（2）授权（Authorization）过程。授权用来限制用户对资源的访问级别，主体通过验证，才能访问客体，但并不保证其有权限可以对客体进行任何操作，客体对主体的具体约束由访问控制表来控制实现，它是由用户的访问权限和资源属性共同控制的。

（3）审计（Audit）过程。审计用来记录主体访问客体的过程，监控访问控制的实现效果。审计在访问控制中具有重要意义，比如客体的管理者有操作赋予权，有可能滥用这一权利，这是无法在策略中加以约束的，只有对这些行为进行记录，才能达到威慑作用，保证访问控制正常实现的目的。

6.3.2　系统资源访问控制的分类

1. 按访问控制的方式分为自主访问控制和强制访问控制

自主访问控制（DAC）又称任意访问控制，它允许用户可以自主地在系统中规定谁可

以存取它拥有的资源实体。所谓自主，是指用户有权对自身所创建的访问对象（文件、数据表等）进行访问，并可将对这些对象的访问权授予其他用户和从授予权限的用户收回其访问权限。

强制访问控制指用户的权限和文件（客体）的安全属性都是固定的，由系统决定一个用户对某个客体能否实行访问。所谓"强制"，是指由系统（通过专门设置的系统安全员）对用户所创建的对象进行统一的强制性控制，按照规定的规则决定哪些用户可以对哪些对象进行什么样的操作。即使是创建者用户，在创建一个对象后，也可能无权访问该对象。

2．按访问控制的主体分为基于用户的访问控制和基于角色的访问控制

基于用户的访问控制是指每个用户都分配其权限，缺点是用户太多，可扩展性差。基于角色的访问控制（Role-Based Access Control，RBAC）是在用户和访问许可权之间引入角色的概念，用户与特定的一个或多个角色相联系，角色再与一个或多个访问许可权相联系，从而实现对用户的访问控制。角色可以根据实际的工作需要生成或取消。

6.3.3　自主访问控制

1．自主访问控制概述

自主访问控制的基本思想是系统中的主体（用户或用户进程）可以自主地将其拥有的对客体的访问权限全部或部分地授予其他主体，或者将权限从其他用户那里收回。访问权限主要有读、写、执行、发起连接或拒绝访问等，如此将可以非常灵活地对策略进行调整。由于其易用性与可扩展性，自主访问控制机制经常被用于商业系统。

在商业环境中，大多数系统基于自主访问控制机制来实现访问控制，如主流操作系统的Windows 系统、UNIX 系统和防火墙的访问控制列表等。DAC 的优点是灵活度高、粒度小，但是，访问权限的随意转移很容易产生安全漏洞。另外，由于资源不是受系统管理员统一管理，系统管理员很难确定一个用户在系统中对各个资源的访问权限，很难实现统一的安全策略。

2．自主访问控制的实施

在自主访问控制中，用户可以针对被保护对象制定自己的保护策略。每个主体拥有一个用户名并属于一个组或具有一个角色。自主访问控制的实施有 3 种：目录表（Directory List，DL），访问控制表（Access Control List，ACL），访问控制矩阵（Access Control Matrix，ACM）。

（1）目录表

每个主体都附加一个该主体可访问的客体的表，称为目录表。图 6-12 说明了主体 Subj1 对不同客体的不同访问权限。

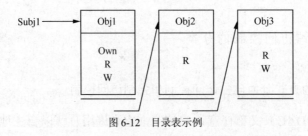

图 6-12　目录表示例

（2）访问控制表

每个客体附加一个可以访问它的表，称为访问控制表。图 6-13 说明了该客体 Obj1 可以被哪些主体访问，访问的权限是什么。

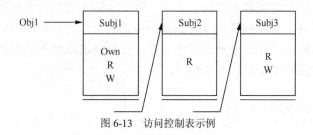

图 6-13　访问控制表示例

（3）访问控制矩阵

任何访问控制策略最终均可被模型化为访问控制矩阵形式：行对应主体，列对应客体，每个矩阵元素规定了相应的主体对相应的客体被准予的访问权限和实施的操作，如图 6-14 所示。

客体 主体	Obj1	Obj2	Obj3
Subj1	R、W、Own		R、W、Own
Subj2		R、W、Own	
Subj3	R	R、W	
Subj4	R	R、W	

图 6-14　访问控制矩阵示例

6.3.4　强制访问控制

1．强制访问控制概述

强制访问控制指用户的权限和文件（客体）的安全属性都是固定的，由系统决定一个主体对某个客体能否实行访问。强制指的是用户和资源的安全等级是由系统规定的，用户不能改变自己和资源的安全等级，也不能将自己的访问权限转让给其他用户。在强制访问控制中，用户不能改变资源的安全级别，限制了用户对资源的不合理使用，提高了系统的安全性，但是，强制访问控制模型限制太多，使用不灵活。强制访问控制主要用在军事部门等具有严格安全等级的系统中。

2．强制访问控制的实施

在强制访问控制系统中，所有主体（用户，进程）和客体（文件，数据）都被分配了安全标签，安全标签标识一个安全级别，实体的安全级别可以分为绝密、机密、秘密、内部和公开等。强制访问控制的实施是在访问发生前，系统通过比较主体和客体的安全级别来决定主体能否以它所希望的模式访问一个客体。例如，攻击者在目标系统中以"秘密"的安全级别进行操作，他将不能访问系统中安全级为"机密"及"高密"的更高秘级的数据。

从强制访问控制的实施过程我们看到，访问控制的实质是将主体和客体的安全等级分级，然后根据主体和客体的安全级别标记来决定访问模式。访问的准则是：只有当主体的安全级别高于或等于客体的安全级别时，访问才是允许的，否则将拒绝访问。

强制访问控制基于两种规则来保障数据的机密性和完整性。①无上读，主体不可读安全级别高于它的数据，这个规则容易理解。②无下写，主体不可写安全级别低于它的数据。这个规则可能不太好理解，通过例子可以看到这个规则的合理性：例如，安全级别高的系教务人员不能写安全级别低的某任课老师的学生成绩，否则会造成数据的混乱和不一致性，但系教务人员可以读不止一个老师的学生成绩。

6.3.5 基于角色的访问控制

1. 基于角色的访问控制概述

基于角色的访问控制（RBAC）的基本思想是通过将权限授予角色而不是直接授予主体，主体通过角色分派来得到客体操作权限从而实现授权。角色是根据用户的职权和责任来设定他们的角色，用户可以在角色间进行转换。系统可以添加或删除角色，还可以对角色的权限进行添加或删除。由于角色在系统中具有相对于主体的稳定性，并具有更为直观的理解，所以大大减少系统安全管理员的工作复杂性和工作量。在 RBAC 中有一些前面没有的概念，包括以下几项。

（1）角色（Role）：对应于组织中某一特定的职能岗位，代表特定的任务范畴。

（2）许可（Permission）：表示对系统中的客体进行特定模式访问的操作许可。例如，对数据库系统中文档进行的选择、插入和删除等。

（3）用户分配、许可分配：用户与角色、角色与许可之间的关系都是多对多的关系。

● 用户分配指根据用户在组织中的职责和能力将其对应到各个角色成员。

● 许可分配指角色按其职责范围与一组操作许可相关联。

● 用户通过被指派到角色来间接获得访问资源的权限。

（4）会话（Session）：代表用户与系统进行的交互。用户是一个静态的概念，会话则是一个动态的概念。用户与会话是一对多关系，即一个用户可同时打开多个会话。

（5）约束（Constraints）：在整个模型上的一系列约束条件，用来控制指派操作，避免操作发生冲突等，RBAC 的典型模型如图 6-15 所示。

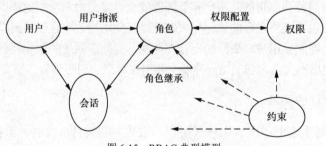

图 6-15　RBAC 典型模型

2. 基于角色的访问控制实施

图 6-16 说明了 RBAC 的整体流程：用户属于某个角色，角色拥有某些权限，权限允许执行相关操作，该操作最终作用于某个对象（客体）。

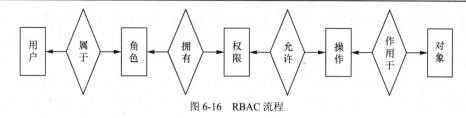

图 6-16　RBAC 流程

3．RBAC 中的原则

RBAC 一般包括 4 个原则，分别为角色继承原则、最小权限原则、职责分离原则和角色容量原则。

（1）角色继承原则。为了提高效率，避免相同权限的重复设置，RBAC 采用了"角色继承"的概念。有的角色虽然有自己的权限，但是还可继承其他角色的权限。如果角色 A 包含角色 B，那么角色 A 可以继承角色 B 的权限。继承关系如图 6-17 所示，图中位于上层的角色可以继承下层角色的权限。

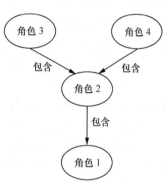

图 6-17　角色继承关系图

（2）最小权限原则。所谓最小权限原则，是指用户所拥有的权力不能超过他执行工作时所需的权限，即每个主体（用户和进程）在完成某种操作时所赋予网络中必不可少的特权。只给予主体"必不可少"的特权，一方面保证所有的主体都能在所赋予的特权之下完成所需要完成的任务和操作；另一方面，限制每个主体所能进行的操作，杜绝可能的操作漏洞。最小特权原则在保持完整性方面起着重要的作用，实现最小权限原则，需分清用户的工作内容，确定执行该项工作的最小权限集，然后将用户限制在这些权限范围之内。基于角色的访问控制中，只有角色需要执行的操作才授权给角色。当一个主体要访问某个资源时，如果该操作不在主体当前活跃角色的授权操作之内，则该访问将被拒绝。坚持最小特权原则要求用户在不同的时间拥有不同的权限级别，这依赖于所执行的任务或功能。过多的权限有可能会泄露信息，因此为了保证系统的机密性和完整性，必须避免赋予多余的权限。

（3）职责分离原则。对于某些特定的操作集，某一个角色或用户不可能同时独立地完成所有这些操作，这时需要遵守"职责分离"原则，它可以有静态和动态两种实现方式。静态职责分离是指只有当一个角色与用户的其他角色彼此不互斥时，这个角色才能授权给该用户。动态职责分离是指只有当一个角色与一个主体的任何一个当前活跃角色都不互斥时，该角色才能成为该用户的另一个活跃角色。

（4）角色容量原则。角色容量原则是指在创建新的角色时，要指定角色的容量，在一个特定的时间段内，有一些角色只能由一定人数的用户占用。

6.3.6　基于操作系统的访问控制

每个主机都安装了操作系统，主机中的一些资源访问控制功能可由操作系统完成。目前常见的网络操作系统有 Windows 系列、UNIX、Linux、IBM 的 AIX、SUN 的 Solaris 等。现在应用服务器上运行的操作系统主要有运行于 RISC（精简指令系统）体系机构服务器上的 UNIX 操作系统，如 IBM RS6000 上的 AIX 操作系统，SUN Solaris 和运行在基于 Intel 平台上的 PC 服务器的 Windows NT 和 Linux 等。这些主流的操作系统均提供不同级别的访问控制功能。

操作系统通常首先根据用户的口令和密码来控制用户是否可以使用主机或设备，其次使用用户访问权限控制用户能访问系统的哪些资源（如目录和文件等）以及对这些资源能做哪些操作（如读、写、建立、修改、删除、文件浏览、访问控制和管理等）。例如，Windows 操作系统应用访问控制列表来对本地文件进行保护，访问控制列表指定某个用户可以读、写或执行某个文件，文件的所有者可以改变该文件访问控制列表的属性。

1. 用户登录的访问控制

（1）基于指纹的用户登录

目前有些计算机系统提供基于指纹的用户登录，指纹识别器提供了用户身份识别的安全性和简单易用性，减少了用户记住多个密码的烦恼。基于指纹的用户登录主要包括下列步骤。

① 注册：基于指纹的用户登录的第一步是注册。在信息技术中，生物匹配的目的是验证，因此必须首先定义用户 ID，然后注册与该用户 ID 相关的指纹。当注册指纹时，必须重复将一个手指呈现给传感器，直至注册软件已从该手指上捕获了在未来进行指纹验证时足以能够识别指纹的信息。通常，3 次测量足以实现这一目的。

② 验证：用户登录时，将手指放置在传感器上，连接在指纹识别器上的软件匹配器便对所放置的手指图像进行分析，并将其与该指纹识别器所具有的已注册指纹进行比较。如果匹配，便通过了验证。如果不匹配，便通不过验证。

（2）Windows 系统登录的访问控制

Windows 系统首先对用户登录进行访问控制，包括以下几项。

① 每个合法用户都有一个用户名和一个口令，在系统建立用户时就将其存入系统的相应数据库中。

② 口令的保护：管理员可以设置要求用户定期更换口令。

③ 系统设定用户尝试登录的最大次数，在到达该数值后，系统将自动锁定，不允许用户再登录。

④ 强制登录：只有同时按 Ctrl+Alt+Del 组合键弹出相应窗口，才能输入用户名和口令，没有其他机能能关闭 Ctrl+Alt+Del 组合键，这样可以防止木马攻击。

⑤ 时间、地址和工作站的登录控制，系统可设定用户登录的时间和地点范围以及指定用户只能在哪些地址登录计算机系统。

（3）登录口令的安全保存

系统不能直接存放用户的明文口令，如果攻击者成功访问数据库，就可以得到整个用户名和口令表。通常要先对明文口令加密或者变换形式之后保存，例如保存用户的口令摘要。如果攻击者窃取了用户的口令摘要，那么攻击者不能推算出口令，这是由摘要具有"由摘要不能看到原消息的任何信息"的性质所决定的。

针对用户容易使用简单口令的缺点，系统可采用在本地计算机上给口令加盐来提高口令的安全性。加盐是计算机系统在加密之前与口令结合在一起的一个随机字符串。由于该字符串在每一次口令创建时都随机生成，因此，即使两个用户的口令相同，由于加盐值不同，得到的口令摘要也不同。

比如，在 Linux 系统中我们可以看到/etc/shadow 文件中包含的两行数据。

zhang:qdUYgW6vvNB.U

wang: zs9RZQrI/0aH2

这里账户 zhang 和 wang 使用了相同的口令,但在口令文件中保存的密文口令完全不同，原因在于加密口令时使用了加盐。这样当口令破解者破解了一个口令之后，他没有办法寻找具有相同摘要的其他口令，取而代之的是他必须一个个地破解每一个口令。更长的破解口令时间会阻止某些恶意攻击者，也有可能让安全专家有时间来检测到进行口令破解攻击的人。

2. 用户存取的访问控制

（1）Windows 操作系统的存取控制

Windows 的存取控制提供了一个用户或一组用户在对象的访问或审计许可权方面的信息。Windows 安全模式的一个最初目标就是定义一系列标准的安全信息，并把它应用于所有对象的实例，这些安全信息包括下列元素。

① 所有者：确定拥有这个对象的用户。

② 组：确定这个对象与哪个组联系。

③ 自由 ACL：表示对象拥有者标明谁可以或者不可以存取该对象。

④ 系统 ACL：安全管理者用来控制审计消息的产生。

⑤ 存取令牌：是使用资源的身份证，包括用户 ID（Identity）、组 ID 及其特权。

利用文件和目录属性限制用户的访问，属性规定文件和目录被访问的特性，网络系统可通过设置文件和目录属性控制用户对资源的访问。属性是系统直接赋予文件和目录等资源的，它对所有用户都具有约束权。一旦目录、文件具有了某些属性，用户（包括系统管理员）都不能超越这些属性规定的访问权，即不论用户的访问权限如何，只能按照资源的属性实施访问控制。当主体的权限跟客体的属性冲突时以属性为主。

对网络服务器安全控制，网络服务器上的软件只能从系统目录上装载，只有网络管理员才具有访问系统目录的权限。系统可授权控制台操作员具有操作服务器的权利，控制台操作员可通过控制台装载和卸载功能模块、安装和删除软件。管理人员可以锁定服务器控制台键盘，禁止非控制台操作员操作服务器。对网络进行监控和锁定控制，网络管理员通过监控和锁定等手段进行安全控制，包括以下几项。

● 网络管理员对网络实施监控。

● 服务器记录用户对网络资源的访问。

● 服务器以图形、文字或声音等形式报警，以引起网络管理员的注意。

● 如果非法用户试图进入网络，网络服务器应能自动记录其企图尝试进入网络的次数；如果非法访问的次数达到设定数值，那么该账户将被自动锁定。

（2）UNIX 操作系统的存取控制

UNIX 系统的资源访问控制是基于文件的，为了维护系统的安全性，系统中每一个文件都具有一定的访问权限，只有具有这种访问权限的用户才能访问该文件，否则系统将给出 Permission Denied 的错误信息。在 UNIX 系统中有一个名为 root 的用户，这个用户在系统上拥有最大的权限，即不需授权就可以对其他用户的文件、目录以及系统文件进行任意操作（可见危险性也很大）。UNIX 系统中的用户、权限和标识如下。

- 3 类用户：用户本人、用户所在组的用户和其他用户。
- 3 类允许权限：R 表示读、W 表示写和 X 表示执行。
- 允许权的标识：A 表示管理员（拥有所有权利）、V 表示属主、G 表示组，--表示其他人。

例 6.3 说明下面标识的各项访问控制的意义。

-rw-r--r-- l root wheel 545 Apr 4 12:19 file1

第 1 位是目录/文件（d/-）；第 2、3、4 三位表示拥有者具有读和写的权限（rw-），在这 3 位中，个位为空（-），十位和百位不空（rw），因此这 3 位可以表示为二进制 110，即 6；接着 3 位表示组有读的权限（r--），也可以表示为 4；再接着 3 位表示其他人有读的权限（r--），也可以表示为 4；接下来是连接（1），它表示有几个目录包含该文件或目录；其他的分别包括拥有者（root）、组名（wheel）、文件大小（545）、访问日期（Apr 4 12:19）和文件名（file1）。注意：权限也可写为 644。

（3）存取控制的原则

存取控制按照下面原则进行：①许可权可以累计，例如用户将组里的权限和用户自己的权限进行累计；②拒绝的优先级永远高于授予的优先级，比如组出现拒绝，用户出现授予，则最终的权限是拒绝；③如果没有明确授予就是拒绝。

6.3.7 基于数据库管理系统的访问控制

访问控制往往嵌入应用程序（或中间件）中以提供更细粒度的数据访问控制。当访问控制需要基于数据记录或更小的数据单元实现时，应用程序将提供其内置的访问控制模型。大多数数据库（如 Oracle）都提供独立于操作系统的访问控制机制，Oracle 使用其内部用户数据库，且数据库中的每个表都有自己的访问控制策略来支配对其记录的访问。

1. 数据库的存取控制

数据库存取控制的常用方法包括用户鉴别和存取控制。用户鉴别可以用前面讲过的用户鉴别的方法进行鉴别。鉴别合法后系统接着为用户分配权限。否则，系统拒绝用户进入数据库系统。

2. 存取控制机制的组成

存取控制由定义存取权限和检查存取权限组成，它们一起组成了 DBMS 的安全子系统。

（1）定义存取权限：为了保证用户只能访问他有权存取的数据，在数据库系统中，必须预先对每个用户定义存取权限。

（2）检查存取权限：对于通过鉴定获得访问权的用户（合法用户），系统根据他的存取权限定义对他的各种操作请求进行控制，确保他只执行合法操作。

存取权限由两个要素组成：数据对象和操作类型。每当用户发出数据库的操作请求后，DBMS 查找数据权限库，根据用户权限进行合法权检查。若用户的操作请求超出了定义的权限，系统就拒绝此操作。对数据库的操作权限一般包括查询权、记录的修改权、索引的建立权和数据库的创建权等，如表 6-3 所示。

表 6-3	授权示例表	
用　户　名	数据对象名	允许的操作类型
王平	关系 Student	SELECR
张明霞	关系 Student	UPDATE
张明霞	关系 Course	ALL
张明霞	SC.Grade	UPDATE
张明霞	SC.Sno	SELECT
张明霞	SC.Cno	SELECT

6.3.8　用户对资源的访问控制机制的评价

一般来说，对整个应用系统的访问，宏观上通常是采用身份鉴别的方法进行控制，而微观控制通常是指在操作系统、数据库管理系统中所提供的用户对文件或数据库表、记录/字段的访问所进行的控制。访问控制是确保主体对客体的访问只能是授权的，未经授权的访问是不允许的，而且其操作是无效的。访问控制机制决定用户及代表一定用户利益的程序能做什么以及做到什么程度。

访问控制策略最常用的是自主访问控制（DAC）、强制访问控制（MAC）和基于角色的访问控制（RBAC）。DAC 根据主体的身份和授权来决定访问模式，灵活性好，但信息在移动过程中主体可能会将访问权限传递给其他人，使访问权限关系发生改变；MAC 根据主体和客体的安全级别标记来决定访问模式，实现信息的单向流动，安全性好，但它过于强调保密性，对系统的授权管理不便，不够灵活。在实际应用中，强制访问控制和自主访问控制有时会结合使用。例如，系统首先执行强制访问控制来检查用户是否有权限访问一个文件组（这种保护是强制的，也就是说这些策略不能被用户更改），然后再针对该组中的各个文件制定相关的访问控制列表（自主访问控制策略）。可以看到，DAC 限制太弱，MAC 限制太强，并且二者的工作量较大，不便管理。RBAC 则可以折中以上问题，角色控制相对独立，根据具体的系统需求可以使某些角色接近 DAC，某些角色接近 MAC。

RBAC 最突出的优点就在于系统管理员能够按照部门、企业的安全政策划分不同的角色，执行特定的任务。一个 RBAC 系统建立起来后主要的管理工作即为授权或取消用户的角色。用户的职责变化时只需要改变角色即可改变其权限；当组织的功能变化或演进时，只需删除角色的旧功能，增加新功能，或定义新角色，而不必更新每一个用户的权限设置。这极大地简化了授权管理，使信息资源的访问控制能更好地适应特定单位的安全策略。RBAC 已被广泛地应用在数据库系统和分布式资源互访中。

6.4　基于入侵检测技术的网络访问控制机制与评价

6.4.1　入侵检测概述

传统的信息安全方法采用严格的访问控制和数据加密策略来防护，但在复杂系统中，这些策略是不充分的，它们是系统安全不可缺的部分但不能完全保证系统的安全。随着日益增长的网络安全的攻击与威胁，单纯的防火墙无法防范复杂多变的攻击。防火墙自身也可能被攻破，而且不是所有的威胁都来自防火墙外部。目前入侵网络系统相对容易，因为到处可以看到入侵教程，随处可以获得各种入侵工具。同时网络攻击变得越来越复杂而且自动化程度越来越高，这样入侵检测技术就相应产生。

入侵检测（Intrusion Detection）是对入侵行为的发觉。它通过从计算机网络或计算机系统的关键点收集信息并进行分析，从中发现网络或系统中是否有违反安全策略的行为和被攻击的迹象。入侵检测技术是主动保护自己免受攻击的一种网络安全技术。

定义 6.2 入侵检测 入侵检测是指对系统的运行状态进行监视，发现各种攻击企图、攻击行为或者攻击结果，以保证系统资源的机密性、完整性和可用性。进行入侵检测的软件与硬件的组合便是入侵检测系统（Intrusion Detection System，IDS）。

入侵要利用漏洞，漏洞是指系统硬件、操作系统、软件、网络协议等在设计上、实现上出现的可以被攻击者利用的错误、缺陷和疏漏。漏洞与后门是不同的，漏洞是难以预知的，后门则是人为故意设置的。后门是软硬件制造者为了进行非授权访问而在程序中故意设置的万能访问口令，这些口令无论是被攻破，还是只掌握在制造者手中，都对使用者的系统安全构成严重的威胁。

目前主要的网络安全技术有 IDS、防火墙、扫描器、VPN 和防病毒技术。入侵检测与其他网络安全技术的比较见表 6-4。

表 6-4   **入侵检测与其他网络安全技术的比较**

	优　　点	局　限　性
防火墙	可简化网络管理，产品成熟	无法处理网络内部的攻击
IDS	实时监控网络安全状态	误报警，缓慢攻击，新的攻击模式
Scanner	简单可操作，帮助系统管理员和安全服务人员解决实际问题	并不能真正扫描漏洞
VPN	保护公网上的内部通信	可视为防火墙上的一个漏洞
防病毒	针对文件与邮件，产品成熟	功能单一

6.4.2 入侵检测技术

典型的入侵检测系统具备 3 个主要的功能部件：提供事件数据和网络状态的信息采集装置、发现入侵迹象的分析引擎和根据分析结果产生反应的响应部件，即信息收集、信息分析和结果处理。

1. 信息收集

入侵检测的第一步是信息收集，收集内容包括系统、网络、数据及用户活动的状态和行为。入侵检测很大程度上依赖于收集信息的可靠性和准确性，因此，要保证用来检测网络系统的软件的完整性，特别是入侵检测系统软件本身应具有相当强的坚固性，防止被篡改而收集到错误的信息。

入侵检测需要采集动态数据（网络数据包）和静态数据（日志文件等），也要观测网络的运行状态（流量、流向等）。信息采集可以在网络层对原始的 IP 包进行监测，这种方法称为基于网络的 IDS 技术；也可以直接查看用户在主机上的行为和操作系统日志来获得数据，这种方法称为基于主机的 IDS 技术。目前有把这两种技术结合起来，在信息采集上进行协同，充分利用各层次的数据提高入侵检测能力的趋势。

在收集信息时应在计算机网络系统中的若干不同关键点（不同网段和不同主机）收集信息，尽可能扩大检测范围，因为仅从一个信息点收集来的信息有可能看不出疑点。信息收集的来源主要有以下几种。

（1）系统或网络的日志文件。黑客经常在系统日志文件中留下他们的踪迹，因此，充分利用系统和网络日志文件信息是检测入侵的必要条件。日志文件中记录了各种行为类型，每种类型又包含不同的信息。例如，记录"用户活动"类型的日志就包含登录、用户 ID 改变、用户对文件的访问、授权和认证信息等内容。显然，对用户活动来讲，不正常的或不期望的行为就是重复登录失败、登录到不期望的位置以及非授权的企图访问重要文件等。

（2）网络流量。网络流量的急剧增加等非正常变化也是判断入侵检测的依据。

（3）系统目录和文件的异常变化。网络环境中的文件系统包含很多软件和数据文件，包含重要信息的文件和私有数据文件经常是黑客修改或破坏的目标。目录和文件中不期望的改变（包括修改、创建和删除），特别是那些正常情况下限制访问的，很可能就是一种入侵产生的指示和信号。入侵者经常替换、修改和破坏他们获得访问权的系统上的文件，同时为了隐藏系统中他们的表现及活动痕迹，都会尽力去替换系统程序或修改系统日志文件。

（4）程序执行中的异常行为。程序执行中的异常行为也是判断入侵检测的依据，比如无缘无故地写磁盘、要求输入密码等。

2．信息分析

对采集到的信息，入侵检测技术需要利用模式匹配和异常检测技术进行分析，以发现一些简单的入侵行为，还需要在此基础上利用数据挖掘技术，分析审计数据以发现更为复杂的入侵行为。实现模式匹配和异常检测的检测引擎首先需要确定检测策略，明确哪些攻击行为属于异常检测的范畴，哪些攻击行为属于模式匹配的范畴。往往管理控制平台中心执行更高级的、复杂的入侵检测，它面对的是来自多个检测引擎的审计数据，可以对各个区域内的网络活动情况进行"相关性"分析，其结果为下一时间段内检测引擎的检测活动提供支持。例如，黑客在正式攻击网络之前，往往利用各种探测器分析网络中最脆弱的主机及主机上最容易被攻击的漏洞，在正式攻击之时，因为黑客的"攻击准备"活动记录早已被系统记录，所以 IDS 就能及时地对此攻击活动做出判断。目前，在这一层面上讨论比较多的方法是数据挖掘技术，它通过审计数据的相关性发现入侵，能够检测到新的进攻方法。

传统数据挖掘技术的检测模型是离线产生的，就像完整性检测技术一样，这是因为传统数据挖掘技术的学习算法必须要处理大量的审计数据，十分耗时。但是，有效的 IDS 必须是实时的。而且，基于数据挖掘的 IDS 仅仅在检测率方面高于传统方法的检测率还不够，只有误报率也在一个可接受的范围内时才是可用的。对信息分析，主要有下列 3 种分析策略。

（1）模式匹配

模式匹配就是将收集到的信息与已知的网络入侵和系统误用模式数据库进行比较，从而发现违背安全策略的行为。一般来讲，一种进攻模式可以用一个过程（如执行一条指令）或一个输出（如获得权限）来表示。该过程可以很简单（如通过字符串匹配以寻找一个简单的条目或指令），也可以很复杂（如利用正规的数学表达式来表示安全状态的变化）。

（2）统计分析

统计分析方法首先给系统对象（如用户、文件、目录和设备等）创建一个统计描述，统计正常使用时的一些测量属性（如访问次数、操作失败次数和延时等）。测量属性的平均值将被用来与网络、系统的行为进行比较，任何观察值在正常值范围之外时，就认为有入侵发生。

（3）完整性分析

完整性分析主要关注某个文件或对象是否被更改，经常包括文件和目录的内容及属性，它在发现被更改的、被安装木马的应用程序方面特别有效。

3．入侵响应

IDS 常见的响应策略包括弹出窗口报警、E-mail 通知、切断 TCP 连接、执行自定义程序、与其他安全产品交互，如防火墙和 SNMP Trap 等。

IDS 的处理策略：限制访问权限，隔离入侵者，断开连接等。IDS 在网络中的位置决定了其本身的响应能力相当有限，因此需要把 IDS 与有充分响应能力的网络设备或网络安全设备集成在一起，协同工作，构成响应和预警互补的综合安全系统。

6.4.3　入侵检测的分类

1．按照检测分析方法分类

（1）异常检测技术（Anomaly Detection）

首先总结正常操作应该具有的特征，当用户活动与正常行为有重大偏离时即被认为是入侵。异常检测也称为基于行为的检测，它根据使用者的行为或资源使用状况的正常程度来判断是否发生入侵，而不依赖于具体行为是否出现作为判断条件。

这种方法先建立被检测系统正常行为的参考库，并通过与当前行为进行比较来寻找偏离参考库的异常行为。例如，一般在白天使用计算机的用户，如果突然在午夜注册登录，就被认为是异常行为，这时有可能是某入侵者在使用。

如果系统错误地将异常活动定义为入侵，称为误报（False Positive）；如果系统未能检测出真正的入侵行为就称为漏报（False Negative）。

（2）误用检测技术（Misuse Detection）

收集非正常操作的行为特征，建立相关的特征库，当监测的用户或系统行为与库中的记录相匹配时，系统就认为这种行为是入侵行为。

误用检测也称为基于知识的检测，它收集已知攻击方法，定义入侵模式，通过判断这些入侵模式是否出现来判断入侵是否发生。定义入侵模式是一项复杂的工作，需要了解系统的脆弱点，分析入侵过程的特征、条件、排列以及事件间的关系，然后具体描述入侵行为的迹象。这些迹象不但对分析已经发生的入侵行为有帮助，而且对即将发生的入侵也有警戒作用，因为只要部分满足这些入侵迹象就意味着可能有入侵发生。

如果入侵特征与正常的用户行为匹配，系统就会发生误报；如果没有特征能与某种新的攻击行为匹配，系统就会发生漏报。

2．按照原始数据的来源分类

（1）基于主机的入侵检测系统：系统获取数据的依据是系统运行所在的主机，保护的目标也是系统运行所在的主机。主机 IDS 具有更强的功能，而且可以提供更详尽的信息，信息主要来源于操作系统的日志文件，它包含了详细的用户信息和系统调用数据，从中可以分析系统是否被侵入以及侵入者留下的痕迹等审计信息。以系统日志为对象的检测技术依赖于日志的准确性和完整性，以及安全事件的定义。若入侵者设法逃避审计或者协同入侵，则这种入侵检测技术会暴露出其弱点。

（2）基于网络的入侵检测系统：系统获取的数据是网络传输的数据包，保护的是网络的运行。入侵检测的早期研究集中在日志文件分析上，因为对象局限于本地用户。随着分布式大型网络的推广，用户可随机地从不同客户机上登录，主机间也经常需要交换信息。尤其是 Internet 广泛应用后，入侵行为大多数发生在网络上，这样就使入侵检测的对象范围也扩大至整个网络。

（3）混合型入侵检测系统：前面二者的结合。

3．按照系统各模块的运行方式分类

（1）集中式入侵检测系统：系统的各个模块包括数据的收集分析集中在一台主机上运行。

（2）分布式入侵检测系统：系统的各个模块分布在不同的计算机和设备上。

4．根据时效性分类

（1）脱机分析：行为发生后，对产生的数据进行分析。

（2）联机分析：在数据产生的同时或者发生改变时进行实时分析。

6.4.4　基于入侵检测技术的访问控制机制评价

（1）防火墙与 IDS 可以很好地互补，这种互补体现在静态和动态两方面。静态方面是 IDS 可以通过了解防火墙的策略，对网络上的安全事件进行更有效的分析，从而实现准确的报警，减少误报；动态方面是当 IDS 发现攻击行为时，可以通知防火墙对已经建立的连接进行有效的阻断，同时通知防火墙修改策略，防止潜在的进一步攻击的可能性。由于交换机和路由器与防火墙一样是串接在网络上的，同时都有预定的策略，可以决定网络上的数据流，所以交换机、路由器也可以和防火墙一样与 IDS 协同工作，对入侵做出响应。入侵检测除了对所辖网络的入侵进行检测外，还可以同时对主机进行入侵检测。

（2）入侵检测系统（IDS）的目的是检测出系统中的入侵行为以及未被授权许可的行为。目前，入侵检测系统和防火墙相结合形成的入侵防御系统（IPS）可以大大地扩展防御纵深，更好地保障网络的安全。IDS 面临的最大的问题是其误报率不能满足实际应用的要求。

（3）如何减少入侵检测系统的漏报和误报、提高其安全性和准确度是入侵检测系统的关键问题。

本 章 小 结

几种网络访问控制方式各有优缺点，由于它们采用的技术以及所要解决问题的方向相差较大，因此在现实的网络安全管理中，通常都是几种甚至是全部技术的组合。

- 访问控制包括 3 个要素，即主体、客体和控制策略。
- 访问控制的 3 个重要过程包括鉴别、授权和审计。
- 访问控制的核心是授权控制，即控制不同用户对信息资源的访问权限。

- 按访问控制的方式分为自主访问控制和强制访问控制。
- 按访问控制的主体分为基于用户的访问控制和基于角色的访问控制。
- 自主存取控制（Discretionary Access Control，DAC）的安全级别是 C2 级。
- 强制存取控制（Mandatory Access Control，MAC）的安全级别是 B1 级。
- 从逻辑上讲，防火墙是分离器、限制器和分析器。
- 通常防火墙建立在内部网和 Internet 之间的一个路由器或计算机上。
- 防火墙的不足有以下几点。

（1）不能防范内部网络的破坏。

（2）防火墙不能防范不通过它的连接。

（3）防火墙不能防备全部的威胁。

（4）防火墙难于管理和配置，易造成安全漏洞。

（5）防火墙只实现了粗粒度的访问控制。

（6）容易出现安全误解。

- 防火墙基本技术包括包过滤技术、代理服务技术和地址转换技术。
- 包（分组）过滤技术工作在 OSI 模型的网络层。
- 应用级网关（Application Level Gateways）代理能够理解应用层上的协议，它在网络应用层上建立协议过滤和转发功能。
- 在选择内部地址时一般应按照 RFC1597 中的建议使用如下地址范围。

（1）10.0.0.0～10.255.255.255　　　　（A 类地址）

（2）172.16.0.0～172.31.255.255　　　　（B 类地址）

（3）192.168.0.0～192.168.255.255　　　　（C 类地址）

- 防火墙体系结构一般有 4 种（安全程度是递增的）：过滤路由器结构，双穴主机结构，主机过滤结构，子网过滤结构。

习　题

一、单选题

1. 访问控制是指确定（　　）以及实施访问权限的过程。

　　A. 用户权限　　　　　　　　　　　　B. 可给予哪些主体访问权力

　　C. 可被用户访问的资源　　　　　　　D. 系统是否遭受攻击

2. 自主访问控制又叫做（　　）。

　　A. 随机访问控制　　B. 任意访问控制　　C. 自由访问控制　　D. 随意访问控制

3. （　　）技术可以防止信息收发双方的抵赖。

　　A. 数据加密　　　　B. 访问控制　　　　C. 数字签名　　　　D. 审计

4. 访问控制技术不包括（　　）。

　　A. 自主访问控制　　　　　　　　　　B. 强制访问控制

　　C. 基于角色访问控制　　　　　　　　D. 信息流控制

5. 身份认证与权限控制是网络的管理基础，这句话（　　）。

　　A. 正确　　　　　　　　　　　　　　B. 不正确

6. 关于用户角色，下面说法正确的是（　　　　）。

   A．在 SQL Server 中，数据访问权限只能赋予角色，而不能直接赋予用户

   B．角色与身份认证无关

   C．角色与访问控制无关

   D．角色与用户之间是一对一的映射关系

7. 防火墙是计算机网络的一种（　　　　）。

   A．字符串匹配　　　　B．访问控制技术　　　　C．入侵检测技术　　　　D．防病毒技术

8. 访问控制的 3 个元素不包括（　　　　）。

   A．主体　　　　　　　　　　　　　　B．客体

   C．控制策略　　　　　　　　　　　　D．制定非法访问的惩罚措施

9. 一般而言，Internet 防火墙建立在一个网络的（　　　　）。

   A．内部子网之间传送信息的中枢

   B．每个子网的内部

   C．内部网络与外部网络的交叉点

   D．部分内部网络与外部网络的接合处

10. 不属于防火墙优点的是（　　　　）。

   A．定义了一个中心"扼制点"来防止非法用户

   B．保护内部网络中脆弱的服务

   C．是审计和记录 Internet 使用量的最佳地方

   D．可以缓解地址空间短缺的问题

   E．防止内部攻击

11. 不属于防火墙实现的基本技术有（　　　　）。

   A．IP 隐藏技术　　　　B．分组过滤技术　　　　C．数字签名技术　　　　D．代理服务技术

12. 下列关于防火墙的论述不正确的是（　　　　）。

   A．防火墙是指建立在内外网络边界上的过滤机制

   B．防火墙用于在可信与不可信网络之间提供一个安全边界

   C．防火墙的主要功能是防止网络被黑客攻击

   D．防火墙通过边界控制强化内部网络的安全政策

13. 分组过滤型防火墙原理上是基于（　　　）的技术。

   A．物理层　　　　　　B．数据链路层　　　　C．网络层　　　　　　D．应用层

14. 代理服务型防火墙是基于（　　　）的技术。

   A．物理层　　　　　　B．数据链路层　　　　C．网络层　　　　　　D．应用层

15. 对于一个使用应用代理服务型防火墙的网络而言，外部网络（　　　　）。

   A．与内部网络主机直接连接

   B．可以访问到内部网络主机的 IP 地址

   C．在通过防火墙检查后，与内部网络主机建立连接

   D．无法看到内部网络的主机信息，只能访问防火墙主机

16. 在下列几种防火墙中，防火墙安全性最好的是（　　　　）。

   A．过滤路由器结构　　　　　　　　B．双穴主机结构

   C．主机过滤结构　　　　　　　　　　D．子网过滤结构

17. 关于防火墙的功能，以下描述中错误的是（　　）。

    A. 防火墙可以检查进出内部网的通信量

    B. 防火墙可以使用应用网关技术在应用层上建立协议过滤和转发功能

    C. 防火墙可以使用过滤技术在网络层对数据包进行选择

    D. 防火墙可以阻止来自内部的威胁和攻击

18. 在以下选项中，（　　）不是防火墙技术。

    A. 包过滤　　　　　B. 应用网关　　　　　C. IP 隧道　　　　　D. 代理服务

二、填空题

1. 访问控制包括 3 个要素，即主体、_____ 和 _____。

2. 访问控制的核心是 _____，即控制不同用户对信息资源的访问权限。

3. 访问控制的 3 个重要过程包括 _____ 和 _____ 和审计。

4. 访问控制的内容比较广泛，可以是对整个网络进行的访问控制，比如通过 _____ 对整个网络进行访问控制；也可以是对单个计算机系统进行访问控制，比如通过 _____ 进行访问控制；还可以是更细粒度的访问控制，比如通过 _____ 的访问控制可以达到对字段或记录的存取访问控制。

5. 按访问控制方式不同，访问控制可分为 _____ 和 _____。

6. 在商业环境中，你会经常遇到 _____ 访问控制机制，由于它易于扩展和理解。

7. _____ 访问控制模型限制太多，使用不灵活，主要用在军事部门等具有严格安全等级的系统中。

8. 强制访问控制基于两种规则来保障数据的机秘度与敏感度：一是 _____，二是 _____。

9. 按访问控制的主体不同，访问控制可分为 _____ 和 _____。

10. 自主存取控制的安全级别是 _____ 级。

11. 强制存取控制的安全级别是 _____ 级。

12. 防火墙基本技术包括 _____、_____ 和地址转换技术。

13. 包（分组）过滤技术工作在 OSI 模型的 _____ 层。

14. 应用级网关代理能够理解 OSI 模型的 _____ 层上的协议。

15. 防火墙体系结构一般有 4 种，按安全程度递增分别为 _____、_____、_____ 和 _____。

三、简答题

1. 简述 4 种防火墙体系结构。

2. 防火墙有哪些不足之处？

3. 简述设计防火墙的基本原则。

4. 论述防火墙所使用的技术。

5. 强制访问控制和自主访问控制有什么区别？

6. 基于角色的访问控制比基于用户的访问控制有哪些优点？

7. 简述访问控制的分类。

8. 简述访问控制的基本原理。

第7章 网络可用性机制

7.1 网络安全中网络可用性概述

随着网络应用的不断普及，网络系统的中断所造成的代价和影响与日俱增，网络的可用性被认为是网络安全的一个重要方面，因此人们对作为业务支撑平台的网络可用性要求也越来越高。例如，当我们正在参加美国计算机学会 ACM 在线程序设计大赛的时候，如果在提交竞赛程序代码期间网络不可用，那么我们为此而付出的精心准备和自己完成的成果就会随着网络的中断而付之东流。目前拒绝服务比较猖獗，可用性并不能阻止拒绝服务攻击，但可用性服务可用来减少这类攻击的影响，并使系统得以正常运行。在各种攻击中，中断是对网络可用性的攻击，截获是对网络保密性的攻击，篡改是对网络完整性的攻击。

目前，国际公司变得越来越分散，公司体系结构可以将管理职责分布到远程办公室，授权个人进行决策。很多公司在世界各地的办公室具有分布式计算机系统，它们可以很容易地访问到公司数据。虽然公司变得越来越不集中，或者区域上越来越分散，但它们却越来越需要共享跨单位和分支办公室的信息。结果，公司将它们的应用合并到较少的服务器上，以便整个企业易于访问，由此，单个被合并的服务器的可用性显得更为重要，因为现在更多的应用程序和更多的用户连接到了这个服务器上，这就要求系统具有较高的可用级别，公司必须使系统的正常运行时间最大化，而使停工时间最小化。

定义 7.1 网络可用性 网络可用性是指网络可以提供正确服务的能力，是为可修复系统提出的，是对系统服务正常和异常状态交互变化过程的一种量化，是网络可以被使用的概率。它是可靠性和可维护性的综合描述，网络可靠性越高，可维护性越好则可用性越高。通俗地讲，网络可用性是指网络提供的服务是可用的，可用性使合法用户能访问网络系统，存取该系统上的信息，运行系统中各种应用程序。

网络系统可用性并不是单纯的网络设备、服务器或节点的通断，而是一种综合管理信息，以反映支持业务的网络是否具有业务所要求的可用性。网络系统的可用性包括链路的可用性，交换节点的可用性（如交换机和路由器），主机系统的可用性，网络拓扑结构的可用性，电源的可用性以及配置的可用性等。系统整体的可用性要考虑木桶原理，可用性最低的网络设备、服务器或节点是整个系统可用性的关键点。针对网络可用性而言，有一种情况可能会经常发生，即当某一设备或连接中断时，可用性不受影响，因为存在冗余连接和二、三层协议的快速汇聚，但需要考虑冗余连接同时失效时对可用性的影响。数据的成功传送同样也是网络可用性的重要参数，它取决于具体的设备性能和应用，如果某一连接由于队列、传输距离或设备延迟变得很慢，那么某些应用将不可用，多数企业会认为此类型的连接是无效的、不可用的。设备厂商和服务提供商宣称提供 9999.9%（5 个 9）的，甚至 100%的可用性，然而在用户的实际环境中，由于人员、环境、管理等因素的影响，实际的可用性并没有那么高。

在讲述可用性时，常常容易与可靠性混淆，要注意它们的区别。可靠性是提供正确服务的连续性，它可以描述为系统在一个特定时间内能够持续执行特定任务的概率。它侧重分析服务正常运行的连续性。可用性是为可修复系统提出的，是对系统服务正常和异常状态交互变化过程的一种量化，是可靠性和可维护性的综合描述。例如，系统发生了故障，需要维修，对于可用性来说，这个维修处理需要的时间越短越好；但不能说这个维修处理时间越短，可靠性越高，因为假如你在很短的 3 分钟就让系统恢复正常了，但是系统出问题的频率很高，十天左右就出一次故障，那么系统的可用性可能很高，但是可靠性仍然很低。相反，如果系统出问题的频率很低，一年才出一次故障，即使维修时间较长，可靠性还是比较高的。

网络可用性 A 用下列公式计算：

$$A=\text{MTBF}/(\text{MTBF}+\text{MTTR})\times100\% \tag{7.1}$$

其中，MTBF（Mean Time Between Failure）为平均故障间隔时间，反映网络系统的可靠性，取决于网络设备硬件和软件本身的质量，在 MTTR 一定的情况下，MTBF 越大网络的可用性越大。MTTR（Mean Time To Repair）为平均修复时间，反映网络系统的可维护性，在 MTBF 一定的情况下，MTTR 越小网络的可用性越大。

高可用性的网络首先确保不能频繁出现故障，即使出现很短时间的网络中断，都会影响业务运营，特别是实时性强、对丢包和时延敏感的业务，如语音、视频和在线游戏等。其次，高可用性的网络即使出现故障，也应该能很快恢复。如果一个网络一年仅出一次故障，但是故障需要几个小时，甚至几天才能恢复，那么这个网络也算不上一个高可用性的网络。

通常，厂家用"9"表示法来表示网络的可用性。可用性的"9"表示法及其故障时间对比情况见表 7-1。注意：多少个 9 的可用性与实现代价紧密相关，因此，要在可用性和费用之间做好折中选择。

表 7-1　　　　　　　　　　　　　**可用性的表示法及其故障时间对比**

正常运行时间百分比	发生故障时间百分比	每年故障时间	每周故障时间
90%	10%	36.5 天	16.8 小时
95%	5%	18.25 天	8.4 小时
98%	2%	7.3 天	3 小时 22 分钟
99%	1%	3.65 天	1 小时 4 分钟
99.8%	0.2%	17 小时 30 分钟	20 分零 10 秒
99.9%	0.1%	8 小时 45 分钟	10 分零 5 秒
99.99%	0.01%	52.5 分钟	1 分钟
99.999%	0.001%	5.52 分钟	6 秒
99.9999%（6 个"9"）	0.0001%	31.5 秒	0.6 秒

从公式 7.1 可知，提高系统可用性主要从两方面着手解决：一是增加 MTBF，二是减少 MTTR。增加 MTBF 的主要措施包括避错和容错两种方法，减少 MTTR 的主要措施包括检错和排错（恢复）两种方法。因此提高系统可用性的主要措施有避错、容错、检错和排错 4 方面：避错和容错可以提高系统的可靠性，检错和排错可以提高系统的可维护性，具体机制如图 7-1 所示。

图 7-1　实现网络高可用性的基本机制

7.2　造成网络系统不可用的原因

造成网络系统不可用的因素较多，主要包括硬件故障、软件故障、数据故障、人为引起的配置不当故障、网络攻击引起的拒绝服务故障和网络故障等。

1. 硬件故障

硬件故障包括计算机、交换机和路由器等设备的硬件故障。以计算机为例，它经常发生在机械部件当中，诸如风扇、磁盘或可移动存储介质等。一个组件的故障可能引起另一个组件的故障，例如，对一个磁盘驱动器而言，不完全或不充足的冷却可能导致内存故障，或者缩短磁盘发生故障的时间。

（1）传输介质的故障

对于一条端到端的电路，对可用性影响最大的是传输介质。传输介质包括光纤、光纤连接器、电缆、电缆连接器及其他传输线。光纤介质是现代传输网络的主要载体，光缆会由于人为施工、环境灾害以及老化等原因导致故障。光纤连接器也经常会由于连接器松动、灰尘等造成光纤连接失效。

相对于光纤而言，电缆和电缆连接器比光纤指标还要差，其受到人为影响的可能性更大。不过随着光口交换机和路由器的出现，传输电缆的用量在逐渐减少。一些咨询公司和运营商的统计数据表明，对于一个端到端的电路而言，光纤的失效往往在网络失效中占有非常高的比例，大部分都超过整个网络失效的 50%，所以提高网络可用性首先要考虑的是提高传输介质的基本可靠性。

（2）服务器故障

服务器在计算机网络中具有重要的作用，服务器故障包括服务器无法启动、系统频繁重启和服务器死机等。

（3）电源故障

如果说 CPU 是网络设备的心脏，那么电源就是网络设备的能量源泉了。它为 CPU、内存、光驱等所有网络设备提供稳定、连续的电流。如果电源出了问题，就会影响网络设备的正常工作，甚至损坏硬件。网络设备故障很大一部分就是由电源引起的。一个灾难恢复研究的统计显示数据中心宣布的灾难记录当中，27%是源于电源故障。这个数字包括因为环境灾难造成的停电，诸如暴风雪、龙卷风和飓风。

2. 软件故障

软件故障是造成系统不可用的常见故障之一，确认造成系统不可用的根源是错综复杂的，大约 20%的软件故障导致的停机是由操作系统故障造成的，20%是由应用程序故障造成的。例如，数据库系统故障，所有的数据库系统都免不了会发生故障，有可能是硬件失灵，有可能是软件系统崩溃，也有可能是其他外界的原因，比如断电等。运行的突然中断会使数据库处在一个错误的状态，而且故障排除后没有办法让系统精确地从断点继续执行下去。这就要求数据库管理系统要有一套故障后的数据恢复机构，保证数据库能够恢复到一致的、正确的状态。

3. 网络故障

网络故障大体可分为连通性问题、软件配置问题、兼容性问题以及性能问题。连通性问题是指网络的连通遭到中断破坏，包括诸如硬件、传输介质、电源故障等。具体来说，如设备或线路损坏、插头松动、线路受到严重电磁干扰等情况。还有软件配置错误，最常见的情况是网络设备的配置不当而导致的网络异常或故障。另外是兼容性问题，不同厂家设备可能存在不兼容的情况。性能问题是指诸如网络拥塞、供电不足及路由环路等导致网络性能的大幅下降。

4. 拒绝服务攻击

DoS 是 Denial of Service 的简称，即拒绝服务，造成 DoS 的攻击行为被称为 DoS 攻击，其目的是使计算机或网络无法提供正常的服务。最常见的 DoS 攻击有计算机网络带宽攻击和连通性攻击。带宽攻击指以极大的通信量冲击网络，使所有可用网络资源都被消耗殆尽，最后导致合法用户请求无法完成。连通性攻击是指用大量的连接请求冲击计算机，使所有可用的操作系统资源都被消耗殆尽，最终计算机无法再处理合法用户的请求。

5. 人为错误

大多数报告表明系统故障是源于不恰当的系统配置和不正确的系统操作。

7.3　网络可用性机制的评价标准

网络可用性机制的评价标准包括所采取的机制对网络可靠性和可维护性的提高程度，在提高可用性时所付出的代价和对系统性能的影响，以及对可用性的提高是否可以进行量化评估与分析。

1. 对可靠性的提高

这个评价标准是看所采取的措施是否有利于提高平均故障间隔时间（MTBF），即保证网络在规定时间内不出故障或少出故障，主要的措施是避错和容错机制。

2. 对可维护性的提高

这个评价标准是看所采取的措施是否有利于降低平均修复时间（MTTR），即网络出了故障要能迅速修复，主要的措施是快速检错和快速排错（恢复）。

3. 考虑付出的代价

不同的可用性要求付出的代价可能差别很大，因此既要考虑可用性，又要以获得较高的性价比为原则。

4. 考虑机制的复杂性对系统性能的影响

为了提高网络系统的可用性，需要在网络设备、软件开发和管理上做更复杂的设计、制造工艺和容错措施等，这些措施直接影响到网络的性能，因此要考虑提高可用性机制的复杂性与对系统性能的影响，找到合理的折中方案。

5. 可用性的量化评估与分析

对于给定的各个部件的可用性，要能定量计算出整个系统的可用性，并给出改进的建议。通常要考虑两种情况：一种是设计时的考虑，对关键路径可用性值的理论估算；另一种是网络维护时的考虑，从用户的角度出发对实际服务可用性的测量。关键路径可用性值的理论估算采用从元件的可靠性到由元件组成的设备的可靠性，再到由设备组成的网络系统的可用性的估算递进过程。其中，元件可靠性包括元件的平均故障间隔时间（MTBF）和平均修复时间（MTTR）。设备的可靠性包括元件的可靠性和设备构成关系，设备的构成关系是指元件组成设备的拓扑结构（如串联关系、并联关系等）；网络系统可用性包括设备可用性和系统的拓扑结构关系，计算是从元件、设备到网络系统逐层进行和量化评估。服务可用性的实际测量是指在实际网络维护中从最终用户的角度测量服务可用性，根据网络提供的不同服务，建立不同的可用性模型，而实测的原始数据往往还需要根据故障发生时间、用户是否得到通知等进行修正。

6. 对可用性的提高

为了提高网络的可用性，可能要对信息采用冗余的办法，这样就降低了信息的有效率，因此要考虑提高可用性的信息冗余机制对信息有效率的影响，找到合理的折中方案。

7.4　提高网络可用性机制与评价

7.4.1　基于避错方法提高网络的可用性与评价

定义 7.2 避错　避错就是通过改进硬件的制造工艺和设计，选择技术成熟可靠的软硬件等策略来防止网络系统的错误产生，从而提高网络的可靠性，并通过可靠性来提高网络的可用性，追求网络系统的完美性。通俗地讲，就是让网络不出现故障或者使出现故障的概率达到最低。避错方法包括各种硬件、软件和管理措施。

硬件避错方法是通过改进硬件的制造工艺和设计，防止错误的产生，主要通过环境保护技术、质量控制技术、元件集成度选择等措施提高硬件的可靠性。依照美国军用标准 MIL-MDBK-217F 中电子器件的应力分析模型，器件的工作失效率与质量等级、使用环境、电路规模和封装复杂度等因素有关。因此，硬件避错技术通常包括元器件控制、热设计和耐环境设计等可靠性设计技术。硬件的避错还需要为硬件提供充足的气流和冷却设备，这种良好的适宜环境有利于提高硬件的可靠性。系统管理人员应使用能够监控内部温度和能够在条件超过允许范围时产生简单网络管理协议（SNMP）告警的平台。

软件避错方法包括形式说明、过程管理、软件测试和程序设计技术选择等。影响软件可靠性的因素包括 5 点。①需求分析定义错误：如用户提出的需求不完整，用户需求的变更未及时消化，软件开发者和用户对需求的理解不同等。②设计错误：如处理的结构和算法错误，缺乏对特殊情况和错误处理的考虑等。③编码错误：如语法错误、变量初始化错误等。④测试错误：如数据准备错误，测试用例错误等。⑤文档错误：如文档不齐全，文档相关内容不一致，文档版本不一致，缺乏完整性等。

针对上述情况主要从两方面采取措施来保证软件避错。

（1）软件过程管理，如软件管理采用软件过程能力成熟度模型（Capability Maturity Model for Software）。它是以探索一种保证软件产品质量、缩短开发周期和提高工作效率的软件工程模式与标准规范。这些模型和标准对软件开发过程中的各种应当进行的活动和应当撰写的文档加以较明确的规定，从而在管理层次上保证软件开发过程的有序进行。

（2）软件测试，包括软件静态测试和软件动态测试。静态测试不执行软件代码，而是直接检查软件设计或代码。动态测试则选择一定的输入或运行条件，执行软件代码，并观测相应的软件输出或响应，以判定软件内部是否存在缺陷。

管理避错方法要求网络运行管理要严格按照规范进行，包括制度建设、任务分配、设备标识、规范文档记录、各种软硬件日常维护和网络安全管理标准等。

1. 基于避错方法提高网络的可用性

基于避错方法提高网络的可用性包括用各种硬件、软件和管理方面的避错措施来提高网络的可用性，见表 7-2。

表 7-2　　　　　　　　　　基于避错方法提高网络的可用性

（1）硬件方面的避错

- **网络中电气系统的避错**：例如，保证电源的可靠性，可采用 UPS（Uninterrupted Power Supply）不间断电源，它是一种含有储能装置，以逆变器为主要组成部分，稳压稳频输出的电源保护设备。当市电输入正常时，UPS 将市电稳压后供给负载使用，此时的 UPS 就是一台交流稳压器，同时它还向机内电池充电，当市电发生中断等情况时，UPS 立即将机内电池电能通过逆变转换的方法向负载继续供应交流电，使负载维持正常工作，并保护负载软、硬件不受损害。
- **网络设备的避错**：网络设备包括交换机、路由器等，例如，在选择交换机时，应选择模块式交换机，通常这些模块式交换机均具备了模块的热插拔特性。这种热插拔特性使交换机的某个模块可以在不影响交换机中其他模块正常工作的前提下进行不断电的插拔操作。这样就可以在不影响交换机工作或尽量少地影响交换机工作的情况下，对有故障的模块进行更换和检修，或者对交换机模块进行硬件升级。在选择路由器时，在资金容许的情况下选择对称多处理器结构的路由器，而不选择单 CPU 路由器。在对称多处理器结构中，路由器背板的每个插槽具有一个专用 CPU，该 CPU 维护完整的路由表，它可以独立确定第 3 层分组的路由。只有不同插槽上端口之间的数据转发才经过共享总线，同一插槽上端口之间的数据转发无需经过路由器总线。对称多处理器结构支持热插拔，扩展性好，但比较复杂、昂贵。
- **服务器的避错**：网络中服务器是非常关键的，在选择服务器的时候可以通过查看服务器采用的可靠性技术来判断产品的可靠性，如冗余电源、冗余网卡、ECC（错误检查纠正）内存、ECC 保护系统总线、RAID 磁盘阵列技术、两块以上插拔硬盘和自动服务器恢复等。

● **网络中传输媒体的避错**：例如，保证双绞线、光缆的可靠性等。

（2）软件方面的避错

● **网络应用系统的避错**：首先是网络系统与应用系统接口的可靠性，它是通过确保每个接口的兼容性并应用公认的标准来保证，其次是成熟可靠的网络数据库的选择，目前比较流行的网络数据库有 Oracle、Microsoft SQL Server、MySQL、IBM DB2 等服务器产品。一般情况下，Oracle 在 UNIX 系统下使用，MySQL 在 Linux 系统下使用，Microsoft SQL Server 在 Windows Server 系统下使用。IBM DB2 常在 AIX 操作系统下使用，不同的网络数据库的可靠性、操作和价格相差很大，需要根据需要具体考虑。

● **成熟可靠的网络操作系统的使用**：服务器上运行的操作系统必须是先进的、可靠的，因为服务器的可靠性、可用性和可管理性是需要通过先进、可靠的操作系统来保证的。

（3）管理方面的避错

● **管理信息存储的避错**：在大型服务器系统的背后都有一个网络，它把一个或多个服务器与多个存储设备通过交换机连接起来，每个存储设备可以是 RAID、磁带备份系统、磁带库和 CD-ROM 库等，构成了存储域网络（Storage Area Network，SAN），SAN 中的存储系统通常具备可热拔的冗余部件以确保可靠性。

● **网络中网络结构选择的避错**：保证网络拓扑结构的可靠性，例如，在可靠性要求高的系统中采用具有冗余功能的网状拓扑结构等。

● **日常网络管理的避错**：如建立规范的网络管理流程和制度等。

2．措施评价

（1）避错的各种方法的内涵和形式随着计算机学科的长足发展而日益丰富，没有一成不变的方法，要不断改进，因此要结合实际项目，运用标准化的方法，逐步形成完整的避错措施。

（2）要根据客户的实际需求确认具体的避错需求，不同用户的网络，其高可用性设计目标是不一样的，比如运营商对可靠性的要求要远远高于一般的企业。

（3）网络是一个综合系统，在研究避错方法时要将木桶原理应用到整个避错措施中，要重点考虑单点失效以及最容易失效的部分。

（4）不同的避错要求付出的代价可能差别很大，因此也要考虑实用性，以获得较高的性价比。

（5）各种避错功能的设计工具为避错技术的应用提供了有力保证。

（6）随着高性能计算机规模的扩大，功耗也越来越大，在避错设计中系统的热设计越来越受到重视。

（7）网络是由硬件、软件组成的一个有机整体，硬件与软件之间相互依赖、相互作用，因此为了提高网络系统的可靠性，必须从软硬件综合系统的角度来认识问题。

（8）在软件设计中，从开始调研到最终的系统形成，错误的影响是发散的，所以要尽量把错误消除在开发前期阶段。

（9）按照网络结构的不同层次进行避错的设计，比如对同一个企业网来说，核心层要求较高的避错措施，汇聚层次之，而接入层基本上不需要考虑。

（10）在选择网络设备时要尽可能选择技术成熟的设备、成熟的软件、利用成熟的技术、采用先进的设计思想和先进的开发工具。

7.4.2 基于容错方法提高网络的可用性与评价

避错方法可以提高网络的可靠性，但无论多么可靠的系统都会出现系统失效，光靠避错方法是不能完全解决系统的可靠性的。因此容错技术成为了提高系统可靠性的另一个设计重点。

定义 7.3 容错（Fault Tolerance） 容错就是如何保证在网络系统出现错误的情况下，通过外加冗余资源消除单点故障的措施使系统仍然能够正常工作。

容错技术主要是为了提高整个网络系统的可靠性，即提高网络可用性中的 MTBF，进而提高网络系统的可用性。容错方法主要是通过冗余手段来实现的，冗余就是采用多个设备同时工作，当其中一个设备失效时，其他设备能够接替失效设备继续工作的体系。冗余技术一般分为下面几种。

（1）**元件的冗余**：利用元件冗余可以保证在局部出现故障的情况下，系统仍能够正常工作。

（2）**网络关键设备的冗余**：以检测或屏蔽故障为目的而增加一定硬件设备，从而提高网络的可用性，为了达到较高的性价比，主要对关键的网络连接设备进行双备份冗余。例如，在汇聚层网络中采用冗余网络节点的方式，通过协议配置，正常情况下业务可通过两台设备分别上行转发，降低大业务量对单台设备的压力。当一台汇聚层设备出现故障的时候，下联的接入层设备的业务都可以切换到另外一台汇聚层设备上正常转发，增强了网络对单点设备故障的容错能力。如图 7-2 所示的服务器 Server、三层交换机 SSR2000 等关键设备采用了冗余，当其中的一个设备不可用时，另一个备份的设备顶替其运行。

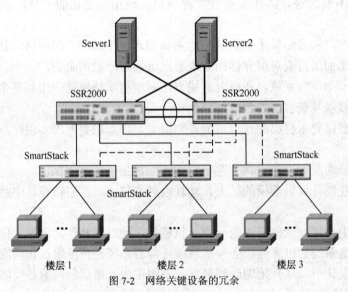

图 7-2 网络关键设备的冗余

（3）**容错性服务器集群技术**：集群技术是实现系统高可用性的重要手段，服务器集群是作为单一系统进行管理的一组独立的服务器，用于实现系统的高可用性、可管理性和更优异的可伸缩性。它们作为一个整体向用户提供一组网络资源。这些单个的服务器就是集群的节点（Node）。一个理想的集群是：用户从来不会意识到集群系统底层的节点，在用户看来，集群是一个系统，而非多个服务器系统，并且集群系统的管理员可以随意增加和删改集群系统的节点。高可用服务器集群致力于提供高可靠的服务，就是利用集群系统的容错性对外提供 7×24 小时不间断的服务，如高可用的文件服务器、数据库服务等关键应用。多服务器集群系统除了提高系统的可用性外，使用户的应用获得更高的速度、更好的平衡和通信能力也是其主要目的，因此服务器集群系统按应用目标可以分为高性能集群与高可用性集群。

（4）**链路冗余**：对于光纤、光纤连接器和电缆等传输介质的高可用性，主要通过对它们进行双备份、链路汇聚等技术来实现。通常情况下，为了提高可用性和降低投资的费用，一般只为主要路径提供备用路径，以便在主路径出现问题时在备用路径上传送数据。备用路径由路由、交换机以及路由器与交换机之间的独立备用链路构成，它是主路径上的设备和链路的重复设置。

（5）**存储设备的冗余**：RAID 可以提供良好的容错能力，在任何一块硬盘出现问题的情况下都可以继续工作，不会受到损坏硬盘的影响。RAID 是英文 Redundant Array of Inexpensive Disks 的缩写，中文简称为廉价冗余磁盘阵列。其实，从 RAID 的英文原意中，我们已经能够知道 RAID 就是一种由多块廉价磁盘构成的冗余阵列。虽然 RAID 包含多块磁盘，但是在操作系统下是作为一个独立的存储设备出现。

（6）**网状拓扑结构**：在传统的星型网络连接中，中心节点的故障往往会导致下层所连接的所有节点设备的业务中断，或当下层节点设备有大流量业务冲击时，上层设备处理能力不够。网状拓扑结构是通过在各个节点之间增加链路数使之形成网状来提高网络连通性和可用性的冗余方法，当某条链路失效时，网络分组可以动态选择另外一条可用的路径。N 个节点的全连接需 $N(N-1)/2$ 对线路，可以达到节点的两两相互连接，当节点的数量很大时，这种连接方法需要的链路对的数量与节点数的平方成正比，所付出的代价也是很高的，因此要根据实际情况找出合理的折中，这里也可以看成可用性和代价的辩证关系。

（7）**软件冗余**：为了检测或屏蔽软件中的差错而增加一些在正常运行时所不需要的软件的方法，提供足够的冗余信息和程序，以便能及时发现编程错误，采取补救措施，提高可靠性。一个程序可分别用几种途径编写，按一定方式执行。程序由不同的人独立设计，使用不同的方法、不同的设计语言、不同的开发环境和工具来实现都能达到软件冗余的目的。

（8）**信息冗余**：在实现正常功能所需要的信息外，再添加一些信息，以保证信息存储、传输的正确性的方法。检错码、纠错码就是信息冗余的例子，它是为检测或纠正信息在运算或传输中的错误而外加的一部分信息，如 CRC 循环冗余码。

（9）**网络中关键服务**：通过对关键服务的双重设定和数据的复制，达到关键服务和数据的冗余来提高网络系统的可用性。

（10）**双重系统**：带有热备份的系统称为双重系统。在双重系统中，两个子系统同时同步运行，当联机子系统出现故障时，它退出服务，由备份系统接替，因此只要有一个子系统能正常工作，整个系统仍能正常工作，这种备份方式也称为"热备份"。

1．**基于容错方法提高网络的可用性**

基于容错方法提高网络的可用性包括各种硬件、软件和管理方面的容错措施来提高网络的可用性，见表 7-3。

表 7-3	基于容错方法提高网络的可用性

（1）硬件方面的容错
- **部件的冗余**：对于设备自身的电源、引擎和风扇等关键部件的冗余是提高设备可靠性的基本要求。
- **链路的冗余**：链路的冗余是网络高可靠性设计中最常用、也是非常有效的冗余技术，很多协议对链路冗余也提供了很好的支持，如链路聚合等。链路冗余要尽量设计的简洁、清晰，过分的网状连接会增加协议计算的复杂度和收敛的不确定性，通常一条主用链路准备一条备份链路即可。
- **网络关键节点的冗余**：例如，核心层或者汇聚层的交换机或路由器冗余等。

（2）软件方面的容错
- **网络系统软件和应用软件的冗余**：例如，网络应用程序由不同的人独立设计，使用不同的方法、不同的设计语言、不同的开发环境和工具来实现软件等。
- **网络信息的冗余**：例如，网络中的信息采用 CRC 循环冗余码进行检错等。
- **关键服务的冗余**：例如，关键服务 DNS、E-mail 服务的冗余等。

（3）管理方面的容错
- **拓扑结构的冗余**：例如，采用可靠性最高的 N 个节点的全连接的网状拓扑结构等。
- **容错性服务器集群技术**：例如，采用多服务器集群系统。
- **信息存储的冗余**：网络系统中最核心的东西是数据，因此对存储数据的存储设备的冗余是容错方法的主要内容，比如采用冗余磁盘阵列 RAID 技术等。

2. 措施评价

（1）容错方法多用在容易单点失效的关键部件、关键链路、关键设备和关键的服务上，比如在汇聚层和核心层的设计中，关键设备、关键链路和关键服务上采用冗余技术。

（2）如果在网络系统中没有备用部件，就可以设计成隔离开故障部件但系统能继续使用的模式，从而实现系统降级使用，称为缓慢降级，通过降低系统性能来保证系统的可用性。

（3）要根据客户的具体容错需求，采取相应的容错措施。不同用户的网络，其高可用性设计目标是不一样的，比如运营商对可用性的要求要远远高于一般企业。

（4）不同的容错要求付出的代价可能差别很大，因此要考虑实用性，以获得较高的性价比。冗余的主要目的是满足可用性需求，但同时它通过并行支持负载平衡来提高性能。

（5）按照网络结构的不同层次进行容错的设计，通常对同一个企业网来说，核心层要求较高的容错措施，汇聚层次之，而接入层基本上不需要考虑。

（6）在实际的网络设计中并不是冗余越多越好，过多的冗余会增加网络配置和协议计算的复杂度，反而延长网络故障的收敛时间，适得其反。另外，容错系统比传统系统更容易出现软件问题，也缺乏传统系统的灵活性和方便性。

（7）避错和容错在网络系统集成中的规划设计阶段和设备选型阶段体现最为突出。

（8）对于备用路径，应该考虑备用路径支持的容量和网络启用备用路径需要多长时间两方面的问题。在一些网络设计中，备用链路除了用于冗余外，也用于负载平衡，这样做有一个好处，即备用路径是一个测试过的解决方案，经常作为日常运行的一部分被定期使用和监控。

（9）具体的协议、配置优劣对可用性有显着的影响。快速收敛、协议参数调优等有助于提高冗余部件间的切换时间，对提高可用性有较大意义。因此需要建立统一的配置模板，并针对路由收敛、冗余协议等进行优化。

（10）容错的各种方法的内涵和形式随着计算机学科的长足发展而日益丰富，没有一成不变的方法，要不断改进，因此要结合实际项目，运用标准化的方法，逐步形成完整的容错措施。

总之，各种冗余网络设计允许通过重复设置网络链路和互连设备来满足网络的可用性需求。冗余减少了网络上由于单点失败而导致整个网络失败的可能性。它的目标是重复设置一个必需的组件，使得它的失败不会导致关键应用程序的失败。这个组件可以是一个核心路由器（交换机）、一个电源、一个广域网主干等。在选择冗余设计解决方案之前，首先应该分析用户目标，以确定关键应用程序、系统、网络互连设备和链路的可用性。通过分析用户对风险的容忍程度和不实现冗余的后果，需要在冗余与低成本、简单与复杂之间作取舍。另一方面，冗余增加了网络拓扑结构和网络寻址与路由选择的复杂性，因此需要认真斟酌。

7.4.3　基于快速检错方法提高网络可用性与评价

检错方法是网络故障管理的重要内容，而网络故障管理又是网络管理中最基本的内容之一，只有快速检错才有可能快速恢复系统，提高系统的可用性。

定义 7.4 检错　检错就是在网络出现故障时，故障管理系统能及时发现故障部位和原因。

故障管理功能以监视网络设备和网络链路的工作状况为基础，包括对网络设备状态和报警数据的采集、存储，可以实现报警信息通知、故障定位、信息过滤、报警显示、报警统计等功能。故障管理可以统一不同网络设备的报警格式，并将其显示在图形界面上，通过对报警信息进行相关性处理，确定报警发生地的管理归属等；除此之外，故障管理还可根据用户需要保存所有报警信息，同时可产生各种故障统计和分析报告。

由于 MTBF 取决于网络设备硬件和软件本身的质量，而这一手段的作用对于在正在运行的网络是有极限的，无法一味地通过提高 MTBF 数值来获得网络的高可用性，因此通过减小 MTTR 来实现网络高可用性成为必然的选择。从 MTTR 的构成来看，要想减小其数值需要从两方面入手：一是快速发现故障（检错），二是快速从故障状态中恢复出来（排错）。因此构建高可用性网络的基础就是要实现快速故障发现和快速故障恢复。

实现快速故障发现包括故障检测和故障诊断两方面。故障检测的作用是确定故障是否存在，故障诊断的作用是确定故障的位置。检测和诊断可以联机运行，也可以脱机运行，其中联机检测和诊断是提高系统可用性的重要手段。通常网络故障产生的原因都比较复杂，特别是故障的产生是由多个网络共同引起时。因此，要求网络管理员必须具备较高的技术水平及业务素质，同时还应该积累丰富的实践经验。基于快速检错方法提高网络可用性主要包括以下几项。

（1）**信息的自动检错**：包括循环冗余校验码（CRC）等编码技术可以自动地发现信息错误。与故障屏蔽中用的纠错码所不同的是，检错码不具备自动纠正错误的能力。

（2）**线路故障的快速检错**：线路故障的快速检测指的是快速检测线路是否损坏、接头是否松动、线路是否受到严重电磁干扰等情况。例如，网络管理人员发现网络某条线路突然中断，首先用 ping 或 fping 检查线路在网络管理中心这边是否连通。如果连续几次 ping 都出现"Requst time out"信息，就表明网络不通。这时去检查端口插头是否松动，或者网络插头是否误接，这种情况经常是没有搞清楚网络插头规范或者没有弄清网络拓扑规划的情况下导致的。为了快速检测线路故障，提高系统的可用性，要使用线路检测工具。目前主要使用的线路检测工具有：①线缆测试仪，它是针对 OSI 模型的物理层设计的，是一种便携、高精度、快速故障定位和排错的线缆测试专用仪器，也是最常用的故障诊断工具；②时间域反射计，它用于查找和识别所有类型的电缆故障，包括电缆的开路、短路、开裂和接地故障等。

（3）**路由器故障的快速检测**：快速检测路由器故障需要利用网络管理的 MIB 变量浏览器，用它收集路由器的路由表、端口流量数据、计费数据、路由器 CPU 的温度、负载以及路由器的内存余量等数据，利用网络管理系统专门的管理进程不断地检测路由器的关键数据，并及时给出报警。

（4）**主机故障的快速检测**：主机故障常见的现象就是主机的配置不当。像主机配置的 IP 地址与其他主机冲突，或 IP 地址根本就不在子网范围内，由此导致主机无法连通。主机的另一故障就是安全故障，例如，主机没有控制其上的 finger、RPC、rlogin 等多余服务，而攻击者可以通过这些多余进程的正常服务或 bug 攻击该主机，甚至得到 Administrator 的权限等。发现主机故障一般比较困难，特别是他人的恶意攻击。一般可以通过工具监视主机的流量或扫描主机端口和服务来防止可能的漏洞。

（5）**逻辑故障的快速检测**：逻辑故障最常见的情况就是配置错误，它是指因为网络设备的配置原因而导致的网络异常或故障。配置错误可能是路由器端口参数设定有误，或路由器路由配置错误以至于路由循环或找不到远端地址，或者是路由掩码设置错误等。网络测试仪是进行逻辑故障检测的工具，它可以自动定位网络故障源，找出故障点，显示其相关信息。

（6）**利用网络分析工具进行快速检错**：协议分析程序是基于软件的应用程序，用于监视和分析已经连接的网络。例如，协议分析程序 Snifer。在操作系统中内置了一些非常有用的软件网络测试工具，如果能使用得当并掌握一定的测试技巧，一般来说也可以满足一般需求，如 PING、TRACERT 等。

1. 基于快速检错方法提高网络可用性

快速检错是从故障现象出发，以网络诊断工具为手段获取诊断信息，确定网络故障点，查找问题的根源。基于快速检错方法提高网络可用性，见表 7-4。

表 7-4   **基于快速检错方法提高网络可用性**

（1）**信息自动检错**：自动检错而不是人工可以更快提高检错的速度。
（2）**线路故障的快速检错**：借助线路检测工具（如线缆测试仪、时间域反射计）可以加快线路故障的检错速度。
（3）**路由器故障的快速检测**：利用网络管理系统专门的管理进程不断地监测路由器的关键数据并及时给出报警可以加快路由器故障的检测速度。
（4）**主机故障的快速检测**：通过工具自动监视主机流量、扫描主机端口和服务来检测主机的异常可以加快主机故障的检测速度。
（5）**逻辑故障的快速检测**：利用网络测试仪可以自动定位网络故障源，找出故障点并显示其网络相关信息，从而加快逻辑故障的检测速度。
（6）**利用网络分析工具进行快速检错**：如协议分析程序 Snifer，操作系统中内置的一些非常有用的软件网络测试工具等。

2. 措施评价

（1）当分析网络故障时，首先要清楚故障现象，应该详细说明故障的症侯和潜在的原因。为此，要确定故障的具体现象，然后确定造成这种故障现象的原因与类型。例如，主机不响应客户请求服务，可能的故障原因是主机配置问题、接口卡故障或路由器配置命令丢失等。

（2）规范故障检错流程，提高检错效率：网络中可能出现的故障多种多样，往往解决一个复杂的网络故障需要广泛的网络知识与丰富的工作经验。因此要使检错速度加快，要求制订一整套完备的故障检测流程。

（3）把专家系统和人工智能技术引进网络故障管理中来，可以加快网络故障的检错速度。

（4）平时定期收集故障诊断的现象、原因和解决的方法，做好故障管理日志的记录，在故障出现时，对网络的快速诊断有很大参考价值。

（5）要多借助网络故障诊断工具来加快网络诊断的速度。

7.4.4　基于快速排错方法提高网络可用性与评价

可用性是相对的，它是通过提高系统的可靠性和可维护性来度量的。因此当系统出现故障不可用时，需要尽快修复系统（排错），提高网络系统的可用性。

定义 7.5 排错　排错就是在网络出现故障时，逐一排除故障，恢复系统的可用性。

1. 网络系统故障的排错方法

网络故障排错的方法分为分层故障排错法、分块故障排错法、分段故障排错法以及替换法。

（1）分层故障排错法

此方法主要根据网络分层的概念进行逐步分析的方法。为分析方便，可将网络分为物理层、数据链路层、网络层和高层 4 个层次。物理层主要关注电缆、连接头、信号电平、编码和时钟等问题。数据链路层主要关注协议封装的一致性和端口的状态等问题。网络层与分段打包和重组及差错报告有关，主要关注地址和子网掩码是否正确，路由协议配置是否正确。排错时沿着源到目的地的路径查看路由表，同时检查接口的 IP 地址。高层负责端到端的数据，主要关注网络终端的高层协议以及终端设备软硬件运行是否良好等。

（2）分块故障排错法

此方法从设备的配置文件入手，将配置文件分为以下几部分，并对其逐一进行检查排错。

- 管理部分：通常为了便于管理，常常要为网络设备命名，对设备访问增加口令，对设备提供的服务进行必要控制，以及配置网络设备启动日志功能，这些控制和配置是否正确。
- 端口部分：检查端口所在网络设备的位置，如第几槽第几位，是否与物理真实位置相符；封装协议是否正确以及所使用的认证等。
- 路由协议部分：静态路由、RIP、OSPF、BGP 和路由引入配置是否正确。
- 策略部分：包括路由策略和安全配置等。
- 接入部分：主控制台、Telnet 登录或哑终端和拨号等。
- 其他应用部分：语言配置、VPN 配置和 QoS 配置等。

（3）分段故障排错法

此方法是把网络分段，逐段排除故障。一般分为主机到路由器 LAN 接口的这一段；路由器到 CSU/DSU 界面的这一段；CSU/DSU 到电信部门界面的这一段；WAN 电路；CSU/DSU 本身问题；路由器本身问题。

（4）替换法

替换法是检查硬件问题最常用的方法。当怀疑是网线问题时，更换一根确定是好的网线试一试；当怀疑是接口模块有问题时，更换一个其他接口模块试一试。在实际网络故障排错时，可以先采用分段法确定故障点，再通过分层或其他方法排除故障。

2. 网络故障的排错步骤

网络故障的排错一般从故障现象观察入手，对故障相关信息收集，并对此进行分析，找出可能的原因后得出相应的排错方案，然后逐一排除。故障排除后要及时记入文档，积累故障排除的经验。一般故障的排错步骤如图7-3所示。

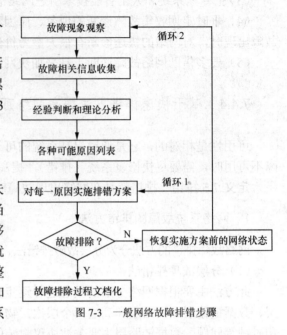

图 7-3　一般网络故障排错步骤

3. 系统排错中的数据备份与恢复

在整个网络系统中，备份是防止数据丢失的最后一道防线，是最简单的可用性服务，当然备份的真正目的是为了系统数据崩溃时能够快速地恢复数据，使系统迅速恢复运行。这就必须保证备份数据和源数据的一致性和完整性，消除系统使用者的后顾之忧，好的备份和恢复软件可以缩短停机概念，因此可以提高系统的可用性。

（1）数据备份的概念

数据备份是指为防止系统出现操作失误或系统故障导致数据丢失，而将全系统或部分数据集合从应用主机的硬盘或阵列中复制到其他存储介质上的过程。计算机系统中的数据备份通常是指将存储在计算机系统中的数据复制到磁带和光盘等存储介质上，在计算机以外的地方另行保管。

（2）数据备份的类型

常用的数据库备份方法有冷备份、热备份和逻辑备份 3 种。

● 冷备份

冷备份（也称脱机备份）的思想是关闭数据库系统，在没有任何用户对它进行访问的情况下备份。它是在保持数据的完整性方面最好的一种。冷备份的最好办法之一是建立一个批处理文件，该文件在指定的时间先关闭数据库，然后对数据库文件进行备份，最后再启动数据库。如果数据库过大，可能无法在备份窗口中完成，备份窗口是指在两个工作段之间可用于备份的那一段时间，在这段时间内数据库可以备份，而在其余的时间段内，数据库不能备份。

● 热备份

数据库正在运行时所进行的备份称为热备份，数据库的热备份依赖于系统的日志文件。在备份进行时，日志文件将需要更新或更改的指令"堆起来"，并不是真正将数据写入数据库中。当这些被更新的业务被堆起来时，数据库实际上并未被更新，因此，数据库能被完整地备份。

● 逻辑备份

逻辑备份是使用软件技术从数据库中提取数据，并将结果写入一个输出文件。该输出文件不是一个数据库表，而是表中所有数据的一个映像。

衡量数据库系统备份性能的好坏有两个指标：被复制到磁介质上的数据量和复制所用的时间。

（3）数据备份考虑的主要因素

- 备份周期的确定：每月，每周还是每日。
- 备份类型的确定：是冷备份还是热备份。
- 备份方式的确定：是增量备份还是全部备份。
- 备份介质的选择：是用光盘、磁盘还是磁带备份。
- 备份方法的确定：是手动备份还是自动备份以及备份介质的安全存放等。

（4）备份方式

常用的数据备份方式主要有完全备份、差别备份、增量备份和按需备份。

- 完全备份（Full Backup）

所谓完全备份，就是按备份周期（如一天）对整个系统所有的文件（数据）进行备份。这种备份方式比较流行，也是克服系统数据不安全的最简单方法，操作起来也很方便。有了完全备份，网络管理员可清楚地知道从备份之日起便可恢复网络系统的所有信息，恢复操作也可一次性完成。

当发现数据丢失时，只要用一盘（卷）故障发生前一天备份的磁带，即可恢复丢失的数据。这种方式的不足之处是由于每天都对系统进行完全备份，在备份数据中必定有大量的内容是重复的，这些重复的数据占用了大量的磁带空间，这对用户来说就意味着增加成本。

- 增量备份（Incremental Backup）

所谓增量备份，就是指每次备份的数据只是相当于上一次备份后增加的和修改过的内容，即备份的内容都是已更新过的数据。例如，系统在星期日做了一次完全备份，然后在以后的六天里每天只对当天新的或被修改过的数据进行备份。这种备份方式没有重复的备份数据，既节省磁带空间，又缩短了备份时间。缺点是：在这种备份模式下，如果采用多磁带备份方式，那么其中任何一盘磁带出了问题都会导致整个备份系统的不可用。

- 差别备份（Differential Backup）

差别备份也是在完全备份后将新增加或修改过的数据进行备份，它与增量备份的区别是每次备份都把上一次完全备份后更新过的数据进行备份。例如，星期日进行完全备份后，其余六天中的每一天都将当天所有与星期日完全备份时不同的数据进行备份。注意，这是相对于上一次完全备份之后新增加或修改过的数据，并不一定是相对于上一次备份。

完全备份所需的时间最长，占用存储介质容量最大，但数据恢复时间最短，操作最方便，当系统数据量不大时该备份方式最可靠；但当数据量增大时，很难每天都做完全备份，可选择周末做完全备份，在其他时间采用所用时间最少的增量备份或时间介于两者之间的差别备份。

在实际备份应用中，通常也是根据具体情况，采用这几种备份方式的组合，如年底做完全备份，月底做完全备份，周末做完全备份，而每天做增量备份或差别备份。

- 按需备份

除以上备份方式外，还可采用对随时所需数据进行备份的方式进行数据备份。所谓按需备份，是指除正常备份外，额外进行的备份操作。额外备份可以有许多理由，例如，只想备份很少几个文件或目录，备份服务器上所有的必需信息，以便进行更安全的升级等。

（5）数据恢复

数据恢复是指将备份到存储介质上的数据再恢复到计算机系统中，与数据备份是一个相反的过程。数据恢复措施在整个数据安全保护中占有相当重要的地位，因为它关系到系统在经历灾难后能否迅速恢复运行。

● 全盘恢复

全盘恢复就是将备份到介质上的信息全部转储到它们原来的地方。全盘恢复一般应用在服务器发生意外灾难时导致数据全部丢失、系统崩溃或是有计划的系统升级、系统重组等，也称为系统恢复。

● 个别文件恢复

个别文件恢复是将个别已备份的最新版文件恢复到原来的地方。对大多数备份来说，这是一种相对简单的操作。利用网络备份系统的恢复功能，很容易恢复受损的个别文件。需要时只要浏览备份数据库或目录，找到该文件，启动恢复功能，系统将自动驱动存储设备，加载相应的存储媒体，恢复指定文件。

● 重定向恢复

重定向恢复是将备份的文件（数据）恢复到另一个不同的位置或系统上去，而不是做备份操作时它们所在的位置。重定向恢复可以是整个系统恢复，也可以是个别文件恢复。重定向恢复时需要慎重考虑，要确保系统或文件恢复后的可用性。

4. 基于快速排错方法提高网络可用性

（1）冗余链路的自动切换

在冗余链路中，为了节约成本，备用路径的容量常常比主路径的容量小，每条备用链路通常使用不同的技术。例如，一条租用线路与一条无线通信线路并行。如果设计一条与主路径具有相同容量的备用路径代价是很昂贵的，只有当用户确实需要一条与主路径具有完全相同的性能特性的备用路径时，才这样做。当主路径出现故障要切换到备用路径时，若需要手动重新配置某些组件，用户就会感觉到有中断。对于关键任务应用程序来说，中断可能是不可接受的，因此从主路径到备用路径的自动切换就很必要。

（2）使用具有热交换功能的冗余部件（设备）

冗余部件（设备）要支持热交换，如果网络部件（设备）可以在不关闭的情况下将失效部件（设备）换成新部件（设备），那么它是支持热交换的，热交换也叫热插拔，可见热交换没有影响系统的正常运行，有利于提高系统的可用性。

（3）利用备用部件（设备）替换故障部件（设备）

要提前准备好备用部件（设备），当检测出一个不可恢复故障（或可恢复故障的故障次数达到规定次数）后，可用备用部件（设备）替代故障部件（设备），称为后援备份。

（4）无备用部件（设备）的隔离与降级

如果没有备用部件（设备），可以通过重组，隔离掉故障部件（设备），从而实现系统降级使用，称为缓慢降级。

（5）服务器集群服务的快速恢复

为了实现服务器集群服务的自动切换，需要服务器支持热交换功能，同时服务器集群最低要满足下列要求：①两台服务器通过网络互连；②允许每台服务器访问对方的磁盘数据；③配有专用的集群软件，如 Microsoft Cluster Server（MSCS），服务器之间通过软件监控 CPU或应用程序，并互相不断地发出信号，一旦发现出错就能自动切换到正常工作的服务器。双机集群的工作模式有主从模式和双工模式。主从模式是由两台服务器组成的，一台为主服务器，另一台为备份服务器。当主服务器发生故障时，备份服务器接管。双工模式是正常时两台服务器同时运行各自的服务，并且相互监控对方的情况。当一台服务器发生故障时，其上的应用或其他资源会转移到另外一台服务器上。

（6）服务器的故障转移

服务器集群技术价格昂贵，一个比较实用、成本合理的快速恢复方案是采用两个或者多个常规服务器，利用控制软件将这些服务器连接起来，当一个服务器出现故障的时候，另一个服务器可以自动接管故障服务器的工作，这种将服务从一台服务器转移到另一台服务器的方式称为故障转移。

（7）复制技术

复制是将存储在某一系统及磁盘上的数据复制到另一个系统及其完全独立冗余磁盘的过程，复制技术可以提高网络可用性。

5．措施评价

（1）对备用路径的一个重要的考虑是它们必须已经被测试过。有时网络设计者在解决方案中设计了备用路径，但在出现异常之前从未测试过，当异常出现时，备用链路无法工作。

（2）有时网络系统的可用性破坏不是系统随机产生的，而是由入侵者故意破坏的，对于这种攻击的防范，应采用类似提高可用性的容错方法，但新的名称是"容侵"，是容忍入侵（Intrusion Tolerance）的意思，也就是说，当一个网络系统遭受入侵而一些安全技术都失效或者不能完全排除入侵所造成的影响时，容侵可以作为系统的最后一道防线，即使系统的某些组件遭受攻击者的破坏，但整个系统仍能提供全部或者降级服务。

（3）注意复制与磁盘镜像和备份的区别。复制与磁盘镜像不同，因为镜像是将两套系统的磁盘视为一个单一的可用性已提高的逻辑卷，复制则将其视为两个完全独立的个体。复制也与备份不同，复制是保留原有的文件格式，备份根据备份软件的不同，会被打包成不同的备份文件格式，只能用备份软件恢复过来，不能直接使用。复制技术最普遍的用途是灾难恢复。

（4）故障转移过程应该对用户透明，应该仅是一次重新启动，不应该让用户感觉到发生了停机事件，或者用户也仅需要重新刷新一次，再次进入服务器即可。

（5）故障排除后必须认真分析网络故障产生的原因，它是防止类似故障再次发生的基本环节。

7.5　网络可用性的量化评估

7.5.1　网络可用性量化评估的基本方法

网络可用性 A 用下列公式计算：

$$A=\text{MTBF}/(\text{MTBF}+\text{MTTR})\times100\%$$

其中，MTBF（Mean Time Between Failure）为平均故障间隔时间，它反映了网络系统的可靠性，取决于网络设备硬件和软件本身的质量，MTBF 越大网络的可用性越大；MTTR（Mean Time To Repair）为平均修复时间，反映了网络系统的可维护性，MTTR 越小网络的可用性越大。

假设某一网络的 MTBF 为 45 000 小时（约 5.1 年），发生故障后的平均修复时间 MTTR 为 4 小时。这样，该网络的停运时间就是每隔 45 000 小时发生故障 4 小时。可用性 A 的计算方法为 MTBF/(MTBF+MTTR)，即 45000/45004=99.9911%。

从上述公式可以看出可用性和可靠性是不同的：如果平均失效间隔时间（MTBF）远大于平均修复时间（MTTR），那么系统的可用性将很高。同样的，如果平均修复时间很小，那么可用性也将很高。如果可靠性下降（MTBF 变小），就需要减小 MTTR（提高可维护性）才能达到同样的可用性。当然对于一定的可用性，可靠性增长了，可维护性就不那么重要了。所以我们可以在可靠性和可维护性之间做出平衡来达到同样的可用性目的。

7.5.2 设备串联形成的系统可用性评估方法

若网络系统是由 n 个网络设备串联而成的，每个设备的可用性都已知道，设为 A_i，则整个系统的可用性 A 就是 n 个可用性的累乘，其计算公式为：

$$A = \prod_{i=1}^{n} A_i$$

由上面的计算公式可知，n 个设备串联的可用性会随着设备串联结构的增多越来越低，例如，假设每个设备可用性值是 0.9，5 个设备串联后的可用性就低于 0.6，10 个设备串联后的可用性就已经接近 0.3。

例 7.1 3 个网络元素进行串联，如图 7-4 所示，各个设备的可用性均为 0.99，

图 7-4　网络元素串联形成的网络系统

则串联后所形成的系统的可用性为 $A=0.99\times0.99\times0.99=0.97$。可见串联后整体的可用性降低了。

7.5.3 设备并联形成的系统可用性评估方法

n 个网络设备并联（冗余）的可用性是用 1 减去 n 个设备不可用性的累乘，整体系统的可用性是随着并联设备的增加而增加的，其计算公式为：

$$A = 1 - \prod_{i=1}^{n} \overline{A}_i$$

例 7.2 路由器 B 和路由器 D 按图 7-5 所示进行并联，其可用性分别为 0.97 和 0.95，则并联所形成的系统的可用性为：$A_{BD}=1-(1-0.97)\times(1-0.95)=0.9985$。可见并联后整体的可用性增加了。

例 7.3 4 个路由器进行混合连接，如图 7-5 所示，每个路由器的可用性分别为 0.99、0.98、0.97 和 0.95，所形成的系统的可用性可用下列公式计算。

先计算两个并联形成的可用性：

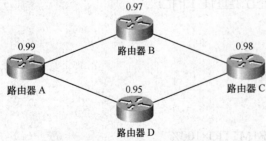

图 7-5　4 个路由器冗余连接形成的网络系统

$A_{BD}=1-(1-0.97)\times(1-0.95)=0.9985$ 。

然后计算 3 个串联形成的可用性：$A=A_A\times A_{BD}\times A_C=99\%\times99.85\%\times98\%=96.9$。

对于传输网络来说，更多的保护方式是 1+1 的保护，即平时只用其中的一个主用路径，当主用路径不可用的时候再切换到备用路径，此时可用性的计算公式为：

$$A_{1+1} = A_a + c \times (1 - A_a) \times A_s$$

其中，A_a 是主用（Active）路径的可用性，A_s 是备用（Standby）路径的可用性，c 是网络切换成功率。很明显，有保护系统的可用性 A_{1+1} 要高于无保护系统的可用性 A_a。

7.6 操作系统内置的网络故障检测的常用命令

7.6.1 ping

ping 是网络中使用最频繁的工具，主要用于确定网络的连通性问题。ping 程序使用 ICMP（网际消息控制协议）来简单地发送一个网络数据包并请求应答，接收到请求的目的主机再次使用 ICMP 发回相同的数据，于是 ping 便可对每个包的发送和接收时间进行报告，并报告无响应包的百分比，这在确定网络是否正确连接，以及网络连接的状况（包丢失率）十分有用。

ping 是 Windows 操作系统集成的 TCP/IP 应用程序之一，可以在"开始"→"运行"中直接执行。

（1）命令格式：ping 主机名 或 ping IP 地址

（2）ping 命令的应用。

ping 主机名

例如，ping mypc。

ping IP 地址

例如，ping 192.168.123.2。

还有一些特殊地址，对检验网络状态很有用，如 ping 127.0.0.1。通常，在计算机中将 127.0.0.1 作为本机的 IP 地址。该命令可以用来检查计算机是否安装了网卡、是否正确安装了 TCP/IP 以及正确配置了 IP 地址和子网掩码或主机名等。

7.6.2 nslookup

nslookup 工具包括在 Windows NT 和 Windows 2000 中，并总是随同 BIND 软件包一起提供。它可提供许多选项，并提供一种方法从头到尾地跟踪 DNS 查询，是用来进行手动 DNS 查询的最常用工具。这个独特的工具具有一种特性：既可以模拟标准的客户解析器，也可以模拟服务器。作为客户解析器，nslookup 可以直接向服务器查询信息。而用作服务器，nslookup 可以实现从主服务器到辅服务器的域区传送。

nslookup 可以用于两种模式：非交互模式和交互模式。非交互模式是指在 nslookup 命令后直接加所要查询的域名或主机名，交互模式是指输入 nslookup 命令后，出现提示符 "＞"后输入相关查询内容。任何一种模式都可将参数传递给 nslookup，但在域名服务器出现故障时更多地使用交互模式。

在交互模式下，可以在提示符 "＞" 下输入 "help" 或 "？" 来获得帮助信息。执行 help 命令将提供命令的基本信息。非交互模式下对 nslookup 的使用如下所示。

```
C:\>nslookup www.example.net
Server:    ns.win2000dns.com
Address:   10.10.10.1

Non-autheritative answer:
Name:     VENERA.ISI.EDU
Address:   128.9.176.32
Aliases:   www.example.net
```

在本地主机上执行 nslookup 命令，默认的域名服务器是 ns.win2000 dns.com（注意：win2000 dns.com 这个地址只是个例子）。"Non-authoritative answer" 是指此查询是从缓存中获得回答的。如果服务器是该名字的授权服务器，这一行就不会出现。

也可以这样使用：nslookup www.example.net venera.isi.edu，其中第二个主机名是用于取代默认服务器的。可以看到现在的回答是授权的。

```
C:\>nslookup www.example.net    venera.isi.edu
Server:     venera.isi.edu
Address:    128.9.176.32

Name:     VENERA.ISI.EDU
Address:   128.9.176.32
Aliases:   www.example.net
```

7.6.3   tracert

tracert（跟踪路由）是路由跟踪实用程序，用于确定 IP 数据报访问目标所经历的路径。tracert 命令用 IP 生存时间（TTL）字段和 ICMP 错误消息来确定从一个主机到网络上其他主机的路由。

（1）tracert 工作原理

通过向目标发送不同 IP 生存时间（TTL）值的 "Internet 控制消息协议（ICMP）" 回应数据包，tracert 诊断程序确定到目标所经历的路由。要求路径上的每个路由器在转发数据包之前至少将数据包上的 TTL 递减 1。数据包上的 TTL 减为 0 时，路由器应该将 "ICMP 已超时" 的消息发回源系统。

tracert 先发送 TTL 为 1 的回应数据包，并在随后的每次发送过程将 TTL 递增 1，直到目标响应或 TTL 达到最大值，从而确定路由。通过检查中间路由器发回的 "ICMP 已超时" 的消息确定路由。某些路由器不经询问直接丢弃 TTL 过期的数据包，在 tracert 实用程序中看不到。

tracert 命令按顺序打印出返回 "ICMP 已超时" 消息的路径中的近端路由器接口列表。如果使用-d 选项，则 tracert 实用程序不在每个 IP 地址上查询 DNS。

（2）tracert 命令的使用

命令格式： tracert IP 地址

假设某主机的数据包必须通过两个路由器 10.0.0.1 和 192.168.0.1 才能到达主机 172.16.0.99。主机的默认网关是 10.0.0.1，192.168.0.0 网络上的路由器的 IP 地址是 192.168.0.1。运行 tracert 命令有如下结果：

C:\>tracert 172.16.0.99 -d

Tracing route to 172.16.0.99 over a maximum of 30 hops

1 2s 3s 2s 10,0,0,1

2 75 ms 83 ms 88 ms 192.168.0.1

3 73 ms 79 ms 93 ms 172.16.0.99

Trace complete.

（3）使用 tracert 解决问题

使用 tracert 命令确定数据包在网络上的停止位置。举例说明：假设默认网关确定 192.168.10.99 主机没有有效路径。这可能是路由器配置的问题，或者是 192.168.10.0 网络不存在（错误的 IP 地址）。

C:\>tracert 192.168.10.99

Tracing route to 192.168.10.99 over a maximum of 30 hops

1 10.0.0.1 reports:Destination net unreachable.

Trace complete.

Tracert 实用程序对于解决大网络问题非常有用，此时可以采取几条路径到达同一个点的方法确定。

7.6.4 ipconfig

ipconfig 是 Windows NT 和 Windows 2000、XP 内置的命令行工具。ipcongfig 可以提供关于每个 TCP/IP 网络接口如何配置的基本信息，并提供对 DHCP 客户端租借情况的控制。

与 ping 命令有所区别，利用 ipconfig 可以查看和修改网络中的 TCP/IP 协议的有关配置，如 IP 地址、网关、子网掩码等。这个工具在 Windows 中都能使用，是以 DOS 的字符形式显示。

ipconfig 运行在 Windows 的 DOS 提示符下，其命令格式为： ipconfig[/参数 1][/参数 2]......

其中，最实用的参数为 all：显示与 TCP/IP 协议相关的所有细节，其中包括主机名、节点类型、是否启用 IP 路由、网卡的物理地址、默认网关等。

其他参数可在 DOS 提示符下输入 "ipconfig /?" 命令来查看。

7.6.5 winipcfg

winipcfg 工具是 Windows 95 和 Windows 98 内置的图形界面工具。其功能与 ipconfig 基本相同，只是在操作上更加方便，同时能够以 Windows 的 32 位图形界面方式显示。当用户需要查看任何一台机器上 TCP/IP 的配置情况时，只需在 Windows 95/98 上选择"开始"→"运行"，在出现的对话框中输入命令 "winipcfg"，就将出现测试结果。单击"详细信息"按钮，在随后出现的对话框中可以查看和改变 TCP/IP 的有关配置参数，当一台机器上安装有多个网卡时，可以查找到每个网卡的物理地址和有关协议的绑定情况，这在某些时候对我们是特别有用的。如果要获取更多的信息，可以单击图中的"详细信息"按钮，在出现的对话框中可以查看到比较全面的信息。

7.6.6　netstat

Windows 95/98/NT/2000/XP 内置的命令行工具。netstat 不仅提供 TCP/IP 接口的配置信息，还可以提供关于路由、连接、端口和连接统计的信息。

netstat 命令是运行在 DOS 提示符下的工具，利用该工具可以显示有关统计信息和当前 TCP/IP 网络连接的情况，用户或网络管理人员可以得到非常详尽的统计结果。当网络中没有安装特殊的网络管理软件但要对网络的整个使用状况作详细的了解时，就是 netstat 大显身手的时候了。

netstat 命令的语法格式：netstat[-参数 1][-参数 2]......

其中，主要参数有以下几项。

a：显示所有与该主机建立连接的端口信息。

e：显示以太网的统计住处，该参数一般与 s 参数共同使用。

n：以数字格式显示地址和端口信息。

s：显示每个协议的统计情况，这些协议主要有 TCP（Transfer Control Protocol，传输控制协议）、UDP（User Datagram Protocol，用户数据报协议）、ICMP（Internet Control Messages Protocol，网间控制报文协议）和 IP（Internet Protocol，网际协议）。其中，前 3 种协议一般平时很少用到，但在进行网络性能评析时非常有用。

其他参数，可在 DOS 提示符下输入"netstat-?"命令来查看。另外，在 Windows 95/98/NT/XP 下还集成了一个名为 nbtstat 的工具，此工具的功能与 netstat 基本相同，若需要可通过输入"nbtstat-?"来查看它的主要参数和使用方法。

7.6.7　arp

arp 是一个重要的 TCP/IP 协议，用于确定对应 IP 地址的网卡物理地址（MAC 地址）。使用 arp 命令，能够查看本地计算机或另一台计算机的 ARP 高速缓存中的当前内容。

按照默认设置，ARP 高速缓存中的项目是动态的，每当发送一个指定地点的数据报而高速缓存中不存在当前项目时，ARP 便会自动添加该项目。一旦高速缓存的项目被输入，它们就已经开始走向失效状态。例如，在 Windows NT/2000 网络中，如果输入项目后不进一步使用，物理 IP 地址对就会在 2～10 分钟内失效。因此，如果 ARP 高速缓存中项目很少或根本没有时，通过另一台计算机或路由器的 ping 命令即可添加。所以，需要通过 arp 命令查看高速缓存中的内容时，最好先 ping 此台计算机（不能是本机发送 ping 命令）。

arp 常用命令选项如下。

arp -a 或 arp - g

用于查看高速缓存中的所有项目：-a 和-g 参数的结果是一样的，参数-g 是 UNIX 平台上用来显示 ARP 高速缓存中所有项目的选项，Windows 用的是 arp -a。

arp -a IP

如果有多个网卡，那么使用 arp -a 加上接口的 IP 地址，就可以只显示与该接口相关的 ARP 缓存项目。

arp -s IP 物理地址

向 ARP 高速缓存中人工输入一个静态项目。该项目在计算机引导过程中将保持有效状态，或者在出现错误时，人工配置的物理地址将自动更新该项目。

arp -d IP

使用本命令能够人工删除一个静态项目。

举例：在命令提示符下，输入 arp -a；如果使用过 ping 命令测试并验证从这台计算机到 IP 地址为 10.0.0.99 的主机的连通性，则 arp 缓存显示以下项：

C：>arp -a

Interface:10.0.0.1 on interface 0x1

Internet Address　　physical Address　　　Type

10.0.0.99　　　　　　00-e0-98-00-7c-dc　　dynamic

在此例中，缓存项指出位于 10.0.0.99 的远程主机解析成 00-e0-98-00-7c-dc 的媒体访问控制地址，它是在远程计算机的网卡硬件中分配的。媒体访问控制地址是计算机用于与网络上远程 TCP/IP 主机物理通信的地址。

7.6.8　nbtstat

nbtstat 是 Windows 95/98/NT/2000/XP 内置的命令行工具。nbtstat 提供 NetBIOS 信息，包括连接和统计信息，并在某些平台中提供设置控制。

命令参数：

nbtstat　-a　remotename

使用远程计算机的名称列出其名称表。

nbtstat　-A　IP address

使用远程计算机的 IP 地址并列出名称表。

nbtstat　-c

给定每个名称的 IP 地址并列出 NetBIOS 名称缓存的内容。

nbtstat　-n

列出本地 NetBIOS 名称。

nbtstat　-R

清除 NetBIOS 名称缓存中的所有名称后，重新装入 Lmhosts 文件。

nbtstat　-r

列出 Windows 网络名称解析的名称解析统计。

nbtstat　-S

显示客户端和服务器会话，只通过 IP 地址列出远程计算机。

nbtstat　-s

显示客户端和服务器会话。尝试将远程计算机 IP 地址转换成使用主机文件的名称。

nbtstat　interval

重新显示选中的统计，在每个显示之间暂停 interval 秒。按 Ctrl+C 组合键停止重新显示统计信息。如果省略该参数，nbtstat 就打印一次当前的配置信息。

本 章 小 结

- 网络系统可用性并不是单纯网络设备、服务器或节点的通断，而是一种综合管理信息，以反映支持业务的网络是否具有业务所要求的可用性。
- 提高可用性主要是提高网络的可靠性和可维护性。
- 避错和容错是提高系统的可靠性，检错和排错是提高系统的可维护性。
- 高可用性的网络首先肯定不能频繁出现故障，网络即使出现很短时间的中断，也会影响业务运营，特别是实时性强、对丢包和时延敏感的业务，如语音、视频和在线游戏等。其次，高可用性的网络即使出现故障，也应该能很快恢复。
- 系统整体的可用性要考虑木桶原理，可用性最低的网络设备、服务器或节点是整个系统可用性的关键点。
- 容错方法多用在容易单点失效的部件。
- 如果在网络系统中没有备用部件，可以设计成隔离开故障部件但系统能继续使用的模式，从而实现系统降级使用，称为缓慢降级，通过降低系统性能来保证系统的可用性。
- 冗余的主要目的是满足可用性需求，同时通过并行支持负载平衡也能提高系统的性能。
- 在实际的网络设计中并不是冗余越多越好，过多的冗余会增加网络配置和协议计算的复杂度，反而延长网络故障的收敛时间，适得其反。另外，容错系统比传统系统更容易出现软件问题，也缺乏传统系统的灵活性和方便性。
- 从 MTTR 的构成来看，要想减小其数值需要从两方面入手：一是快速发现故障，二是快速从故障状态中恢复出来。
- 网络可用性 A 用下列公式计算：
$$A=\text{MTBF}/(\text{MTBF}+\text{MTTR})\times100\%$$
- 设备串联形成的系统的可用性用公式 $A=\prod_{i=1}^{n}A_i$ 计算。
- 设备并联形成的系统的可用性用公式 $A=1-\prod_{i=1}^{n}\overline{A_i}$ 计算。
- 1+1 的冗余保护方式的可用性的计算公式为 $A_{1+1}=A_a+c\times(1-A_a)\times A_s$。
- 造成网络系统不可用的因素包括硬件故障、软件故障、数据故障和人为引起的配置不当故障、网络攻击引起的拒绝服务故障、环境引起的设备故障等。
- 常见的网络故障排错法包括分层故障排错法、分块故障排错法、分段故障排错法以及替换法。
- 双机集群的工作模式有主从模式和双工模式。
- 常用的数据库备份方法有冷备份、热备份和逻辑备份 3 种。

习　　题

一、单选题

1. 两个系统的可用性均为 0.8，则由这两个系统串联构成的系统的可用性是（　　）。

    A．0.8   B．0.64   C．0.90   D．0.96

2. 两个系统的可用性均为 0.8，则由这两个系统并联构成的系统的可用性是（　　）。

    A．0.8   B．0.64   C．0.90   D．0.96

3. 下列选项中，（　　）与提高系统的可用性无关。

    A．双机系统   B．选择技术成熟的设备

    C．并行处理   D．RAID

4. 下列选项中，（　　）与提高系统的可用性有关。

    A．流水线   B．结构化程序设计

    C．并行处理   D．高速缓冲存储器

5. 带有热备份的系统称为（　　）系统。

    A．双重   B．双工   C．并发   D．并行

6. 在带有热备份的系统中，它是（　　），因此只要有一个子系统能正常工作，整个系统仍能正常工作。

    A．两个子系统同时同步运行，当联机子系统出现故障时，它退出服务，由备份系统接替

    B．备份系统处于电源开机状态，一旦联机子系统出现故障，便立即切换到备份系统

    C．两个系统交替处于工作和自检状态，当发现一个子系统出现故障时，它不再交替到工作状态

    D．两个子系统并行工作，提高机器速率，一旦一个子系统出现故障，就放弃并行工作

7. 网络系统由下图所示的子网组成，假定每个子网的可用性 A 均为 0.9，则该网络的可用性约为（　　）。

    A．0.882   B．0.951   C．0.9   D．0.99

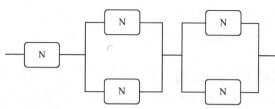

8. 故障管理的作用是（　　）。

    A．提高网络的安全性能，防止遭受破坏

    B．检测和定位网络中发生的异常以便及时处理

    C．跟踪网络的运行情况，进行流量统计

    D．降低网络的延迟时间，提高网络的速度

9. 网络系统的可靠性越高，可用性一定也越高，这句话（　　）。

    A．正确   B．错误   C．不确定   D．不相关

10. （　　）的容错性最好。

    A．总线型拓扑　　B．星形拓扑　　　　　C．网状拓扑　　　　　D．环形拓扑

11. 网络拓扑设计的优劣将直接影响着网络的性能、（　　）与费用。

    A．网络协议　　　　B．可靠性　　　　C．设备种类　　　　D．主机类型

12. 误码率描述了数据传输系统正常工作状态下传输的（　　）。

    A．安全性　　　　　B．效率　　　　　C．可靠性　　　　　D．延迟

13. 在网络安全中，中断指攻击者破坏网络系统资源，使之变成无效的或无用的。这是对（　　）。

    A．可用性的攻击　　　　　　　　　　B．保密性的攻击

    C．完整性的攻击　　　　　　　　　　D．真实性的攻击

14. 关于安全攻击说法错误的是（　　）。

    A．中断指系统资源遭到破坏，是对可用性的攻击

    B．截取是指未授权的实体得到资源访问权，是对机密性的攻击

    C．修改是指未授权实体不仅得到访问权，还篡改了资源，是对可靠性的攻击

    D．捏造是未授权实体向系统内插入伪造对象，是对合法性的攻击

15. 服务器集群系统可以按应用进行分类，按应用目标可以分为：高性能集群与（　　）。

    A．PC 集群　　　B．高可用性集群　　　C．同构型集群　　　D．工作站集群

二、填空题

1. 系统整体的可用性要考虑_____原理，可用性最低的网络设备、服务器或节点是整个系统可用性的关键点。

2. 网络可用性 A 的计算公式为_____。

3. 设备串联形成的系统的可用性 A 的计算公式为_____。

4. 设备并联形成的系统的可用性 A 的计算公式为_____。

5. 常见的网络故障解决的方法包括分层故障排除法、_____、分段故障排除法以及_____。

6. 双机集群的工作模式有_____和_____。

7. 常用的数据库备份方法有_____、_____和逻辑备份 3 种。

8. 提高可用性主要要提高网络的_____和_____。

9. 提高系统可用性的主要措施包括 4 方面：_____和_____是提高系统的可靠性，快速_____和_____是提高系统的可维护性。

三、简答题

1. 提高系统可用性的主要措施有哪些？

2. 常用的数据库备份方法有哪 3 种？

3. 简述常见的网络故障解决方法。

4. 提高网络可用性的容错方法有哪些？

5. 在提高网络可用性中，"1＋1 保护方式"是什么意思？写出这种保护方式的计算公式以及公式中各个变量的含义。

第8章　计算机网络安全实验

实验一　数据加密算法的实现

一、实验目的

用高级语言编制基本文本加解密程序。

二、实验要求

用 C 语言或者其他高级语言给出文本加解密的算法。参考本书前几章的有关内容，掌握凯撒加密方法、用异或的性质实现简单加密解密和 RSA 算法，自行设计密钥，编制程序。

三、实验学时

4 学时。

四、实验内容

（1）用凯撒密码实现数据加解密。
（2）用异或性质实现数据加解密。
（3）RSA 算法模型的实现。

五、实验步骤

1．凯撒加密基本原理

在凯撒加密方法中，消息中每个字母换成在它后面 3 个字母的字母，例如，明文 ATTACK AT FIVE 变成了密文 DWWDFNDWILYH。最后的 3 个字母反过来用最前面的字母替换，因此凯撒加密方法本质是循环替换，在这里密钥是数字 3。替换方法见表 8-1。

表 8-1　　　　　　　　　　　　　　凯撒加密法对照表

A	B	C	D	E	F	G	H	I	J	K	L	M	N	O	P	Q	R	S	T	U	V	W	X	Y	Z
D	E	F	G	H	I	J	K	L	M	N	O	P	Q	R	S	T	U	V	W	X	Y	Z	A	B	C

密文字母与明文字母不一定相隔 3 个字母，可以相隔任意多个字母，可以提高破译的难度。密钥是 1~25 中其中的任一个数字，这就是改进的凯撒加密方法。

2．用异或的性质实现简单加解密

实验利用异或逻辑的一个有趣性质：两个数异或的结果再异或其中的一个，结果得另一个。即当 a^b=c，则 c^b=a，即同一个数对 a 连续进行两次异或的结果还是 a。利用此性质可以实现简单的字符串加解密。

例如，二进制值 A=101，B=110，A 和 B 进行异或操作得到 C：

$C=A$　XOR　B

C=101　XOR　110 =011

如果 C 与 A 进行异或操作，则得到 B，即

B=011　XOR　101 =110

同样，C 与 B 进行异或操作，则得到 A，即

A=011　XOR　110 =101

3．RSA算法原理

（1）变量的介绍

D 表示解密密钥，E 表示加密密钥，PT 表示明文，CT 表示密文。

（2）计算两个大素数的乘积

选择两个大素数 P 和 Q，这两个数自己保密，并计算 $N=P\times Q$。

（3）选择公钥（加密密钥）E

选择的原则：使 E 不是(P–1)与(Q–1)的因子，即 E 不是(P–1)×(Q–1)的因子。方法是先求乘积因子，再选择非因子的数，选取的结果可能不唯一。

（4）选择私钥（解密密钥）D

D 满足下列条件：

$$(D\times E) \bmod (P-1)\times(Q-1)=1$$

同理，选取的结果可能不唯一。

（5）加密

输入 E、N 和明文 PT，加密的公式是：

$$CT=PT^E \bmod N$$

（6）解密

输入 D、N 和密文 CT，解密的公式是：

$$PT=CT^D \bmod N$$

4．实验验证实例

（1）选择两个大素数 P 和 Q。

设 P=47，Q=71。

（2）计算 $N=P\times Q$。

N=47×71=3337。

（3）选择一个公钥 E，使其不是(P–1)与(Q–1)的因子。

求出(47–1)×(71–1)=46×70=3220。

3220 的因子为 2、2、5、7 与 23（因为 3220=2×2×5×7×23）。

因此，E 不能有因子 2、5、7、23，例如，不能选择 4（因为 2 是它的因子）、15（因为 5 是它的因子）、14（因为 2 与 7 是它的因子）、69（因为 23 是它的因子）。

假设选择 E 为 79（也可以选择其他值，只要没有因子 2、5、7、23 即可）。

（4）选择私钥 D，满足下列条件：

$$(D \times E) \bmod (P-1) \times (Q-1) = 1$$

将 E、P 与 Q 值代入公式得到：$(D \times 79) \bmod (47-1) \times (71-1) = 1$。

即 $(D \times 79) \bmod (46 \times 47) = 1$

$$(D \times 79) \bmod 3220 = 1$$

经过计算，取 $D = 1019$，因为 $(1019 \times 79) \bmod 3220 = 80501 \bmod 3220 = 1$，满足要求。

（5）加密时，从明文 PT 计算密文 CT：

　　$CT = PT^E \bmod N$

　　假设要加密明文 688，则

　　$CT = 688^{79} \bmod 3337 = 1570$。

（6）将密文 CT 发送给接收方。

　　将密文 1570 发送给接收方。

（7）解密时，从密文 CT 计算明文 PT：

$PT = CT^D \bmod N$。

因为密文是 1570，所以 $PT = CT^D \bmod N$，即 $PT = 1570^{1019} \bmod 3337 = 688$。

六、主要实验仪器及材料

装有 Windows 系统的计算机和相应的程序编程环境。

七、选做实验

有条件的学生可进一步实现 Vigenere 加密法和 Vernam 加密法。

实验二　数据安全的综合应用

一、实验目的

通过 PGP 加密软件的使用加深理解前面 1～5 章所学的网络数据安全技术，熟悉对称加密算法、非对称加密算法和数字签名机制。

二、实验要求

通过 PGP 软件的使用，掌握如何组合 IDEA、DES 或 AES、RSA 等算法进行数据的安全传输。

三、实验学时

4 学时。

四、实验内容

1. PGP软件简介

PGP（Pretty Good Privacy）是由公钥发展而来的。它是一个基于 RSA 公钥加密体系的文件（邮件）加密软件，可以用来对文件（邮件）加密以防止非授权者阅读，还能对邮件进行数字签名而使收信人可以确信邮件的发送者，并能确信邮件没有被篡改。它可以提供一种安全的通信方式，事先并不需要任何保密的渠道来传递密匙，只要知道对方的公钥就可以了。它的功能强大但有很快的速度，并且它的源代码是公开的。现在 Internet 上使用 PGP 来进行数字签字和加密邮件非常流行。通过实验达到了解 PGP 的原理，以及熟练掌握 PGP 软件使用的目的。

2．实验内容

实验的主要内容包括软件的安装，用户密钥的生成，用户公钥的交换，对文件进行加密，利用 PGP 进行数字签名，利用 PGP 加密邮件等。

五、实验步骤

1．软件安装

和其他软件一样，运行安装程序后，先是欢迎信息，单击"Next"按钮，经过短暂的自解压后，进入安装界面，然后是许可协议，单击"Yes"按钮，进入提示安装 PGP 所需要的系统以及软件配置情况的界面，继续单击"Next"按钮，出现创建用户类型的界面，选择创建并设置一个新的用户信息，如图 8-1 所示。

继续单击"Next"按钮，到了程序安装目录，再次单击"Next"按钮，出现选择 PGP 组件的窗口，安装程序会检测系统内所安装的程序，如果存在，PGP 可以支持的程序将自动选中，如图 8-2 所示。

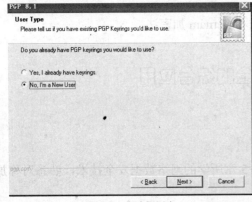

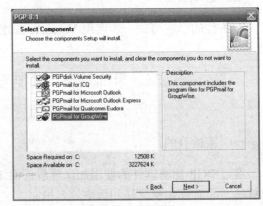

图 8-1　创建新用户　　　　　　　　　　　　　图 8-2　选择组件

继续单击"Next"按钮进入文件备份，备份完文件后，单击"Finish"按钮，重启系统即可完成安装。

2．用户创建与设置初始用户信息

系统重启后，PGPtray.exe 会自动启动。这时出现一个 PGP Key Generation Wizard（PGP密钥生成向导）界面，单击"下一步"按钮，进入 Name and Email Assignment（用户名和电子邮件分配）界面，在 Full name（全名）处输入你想要创建的用户名，如"networksecurity"，在 Email address 处输入用户所对应的电子邮件地址，如"network@tsinghua.edu.cn"，完成后单击"下一步"按钮，如图 8-4 所示。

接下来进入 Passphrase Assignment（密码设置），在 Passphrase 处输入密码，在 Confirmation（确认）处再输入一次，如图 8-5 所示，系统要求密码长度必须大于等于 8 位。私钥是通过这个密码保护的，因此一定要把这个密码保存好。完成后单击"下一步"按钮。

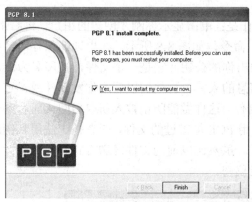
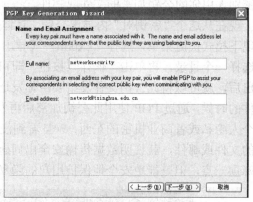

图 8-3　安装结束后重新启动　　　　　　　　　图 8-4　设置初始用户信息

这时进入 Key Generation Progress（密钥生成进程），如图 8-6 所示。等待密钥生成完毕，单击"下一步"按钮，进入 Completing the PGP Key Generation Wizard（完成该 PGP 密钥生成向导），再单击"完成"按钮，用户就创建并设置好了。

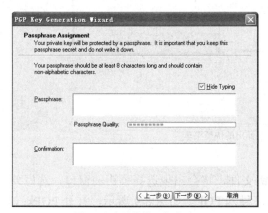
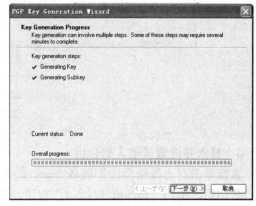

图 8-5　密码的输入与确认　　　　　　　　　　图 8-6　密钥生成结束

3．导出并分发公钥

启动 PGPkeys，将看到密钥的一些基本信息，如 Validity（有效性，PGP 系统检查密钥是否符合要求，如果符合，就显示为绿色）、Trust（信任度）、Size（大小）、Creation（创建时间）、Expiration（到期时间）、Key ID（密钥 ID）等，如图 8-7 所示。

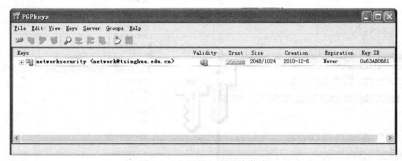

图 8-7　密钥的一些基本信息

用户其实是以一个"密钥对"形式存在的，其中包含了一个公钥和一个私钥，公钥可以公开，别人可以用你的公钥对要发给你的文件或者邮件等进行加密，私钥必须保密，它用来解密别人用你的公钥加密的文件或邮件。

现在从这个"密钥对"内导出公钥。具体操作是：单击显示你刚才创建的用户，再右击，出现下拉式快捷菜单，选择"Export…（导出）"命令，如图 8-8 所示。在出现的保存对话框中选择一个目录，再单击"保存"按钮，即可导出你的公钥，它是一个文件，扩展名为.asc。导出后，就可以将此公钥文件发给要给你发送信息的人，告诉他们以后给你发邮件或者重要文件的时候，通过 PGP 使用此公钥加密后再发给你，这样做能防止被人窃取后阅读而看到一些个人隐私或者商业机密的东西，一旦看到没有用 PGP 加密过的文件，或者是无法用私钥解密的文件或邮件，就说明数据传输安全出问题了。虽然比以前的文件发送方式和邮件阅读方式麻烦一点，但是能更安全地保护用户的隐私或秘密。

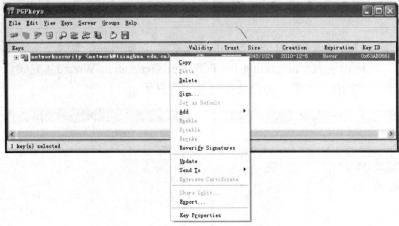

图 8-8　在用户上右击弹出的快捷菜单

4．导入并设置其他人的公钥

直接单击对方发给你的扩展名为.asc 的公钥文件，将会出现选择公钥的窗口，选好要导入的公钥后，单击"Import（导入）"按钮，即可导入 PGP。如图 8-9 所示，打开 PGPkeys，就能在密钥列表里看到刚才导入的密钥。

5．文件加解密

不用开启 PGPkeys，直接在你需要加密的文件上右击，将会看到一个包含 PGP 的下拉式快捷菜单，进入 PGP 菜单组，选择"Encrypt（加密）"命令，如图 8-10 所示。

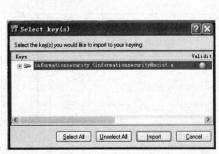

图 8-9　将公钥导入 PGP

图 8-10　文件加密

选择后将出现"PGPshell-Key Selection Dialog"对话框，如图 8-11 所示。

在密钥选择框中，可供选择的选项包括以下几项。

● 文本输出：解密后以文本形式输出。

● 输入文本：选择此项，解密时将另存为文本格式。

● 粉碎原件：加密后粉碎掉原来的文件，不可恢复。

● 常规加密：自由输入密码后进行常规的对称加密。

● "自解密文档"：继承"常规加密"，此方式也经常使用，通常加密目录下的所有文件。

在这里可以选择一个公钥进行加密，上面的窗口是备选的公钥，下面的是准备使用的公钥。在备选窗里双击想要使用的公钥，该公钥会从备选窗口转到准备使用窗口。已经在准备使用窗内的，如果你不想使用它，也可以通过双击的方法，使其转到备选窗口中。

图 8-11　密钥选择

选择好公钥后，单击"确定"按钮，经过 PGP 的短暂处理，就会在要加密的那个文件的同一目录中生成一个文件名不变、扩展名为.pgp 的文件，这时就可以将这个加密文件发送给对方了。注意，你刚才使用哪个公钥加密就只能发给该公钥所有人，他人无法解密，因为只有该公钥所有人才有解密的私钥。

解密文件时，只要双击被加密的文件，就弹出一个窗口，要求输入保护私钥的密码，输入正确就可以解密了。

6．文件签名与验证签名

不用开启 PGPkeys，直接在你需要签名的文件上右击，就会看到一个包含 PGP 的下拉式快捷菜单，进入 PGP 菜单组，选择"Sign（签名）"命令，如图 8-12 所示。

单击"Sign"命令后，会弹出输入密码的窗口，这个密码是建立用户时输入的保护私钥的密码，即本质上是用你的私钥进行签名，如图 8-13 所示，输入密码后，会在你要签名的那个文件的同一目录中生成一个文件名不变、扩展名为.sig 的文件，这时就可以将这个签名文件发送给对方了。

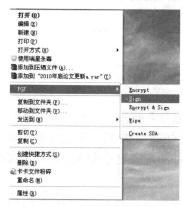

图 8-12　文件签名

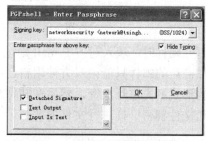

图 8-13　输入密码进行签名窗口

接收方收到你签名的文件后可以用你的公钥进行解签名来验证是否是你发送来的文件。

验证时，直接在需要验证的文件上右击，会看到一个包含 PGP 的下拉式快捷菜单，进入 PGP 菜单组，选择"Verify Signature（验证签名）"命令，如图 8-14 所示。

系统会用目前已知的公钥进行验证，并把验证的结果显示出来，说明签名者是谁（用哪个公钥验证成功的），如图 8-15 所示。

图 8-14 文件签名验证

图 8-15 显示签名者

7. 邮件的加解密

从 PGP 程序组打开 PGPmail，就会出现如图 8-16 所示的 PGP 图标。

图 8-16 功能依次如下：PGPkeys、加密、签名、加密并签名、解密效验、擦除、自由空间擦除。

在 OutLook Express（OE）中，如果安装了 PGPmail for OutLook Express 插件，我们可以看到 PGPmail（带有钥状的按钮）加载到了 OE 的工具栏里，如图 8-17 所示。

图 8-16 PGP 图标

图 8-17 安装了 PGPmail 插件

OE 创建新邮件时，检查工具栏"加密信息（PGP）"和"签名信息（PGP）"按钮状态是否按下，如图 8-18 所示。

图 8-18 可以对电子邮件加密和签名

当书写完邮件时，填入对方 E-mail 地址，单击"发送"按钮，这时 PGPmail 将会对其进行加密，加密后的邮件只能由对方使用自己的私钥进行解密。邮件加密也可将写好的邮件内容以文件的形式事先进行加密，然后在邮件当中以附件的形式进行发送。接收方接收到附件后，与普通文件解密一样进行文件的解密。

六、主要实验仪器及材料

装有 Windows 系统的计算机，接入因特网，可以发送邮件，PGP 软件。

实验三　用 Superscan 扫描开放端口

一、实验目的和要求

学习端口扫描技术基本原理，了解其在网络攻防中的作用，通过上机实验，学会使用 Superscan 对目标主机的端口进行扫描，了解目标主机开放的端口和服务程序，从而获取系统的有用信息。

二、实验学时

1～2 学时。

三、实验内容

（1）软件安装，只有一个 exe 可执行文件，双击即可运行。

（2）基本参数设置。

基本参数设置包括扫描选项、主机或服务扫描部分，主机与服务扫描设置，如图 8-19 所示，可以选择查找主机、UDP 端口扫描和 TCP 端口扫描。

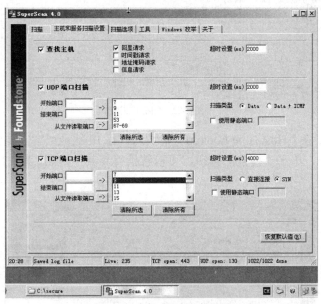

图 8-19　主机或服务扫描设置

可以自定义查找主机的参数，如 UDP 端口范围，如图 8-20 所示。

图 8-20　自定义查找主机的参数

"扫描选项"设置是与自己本机性能相关的部分，如果系统资源比较充足，可以相应的加强，或者直接按默认的也可以。

（3）扫描。可以输入 IP 段范围来进行大范围扫描，如图 8-21 所示。

图 8-21　输入扫描 IP 地址范围

扫描的结果如图 8-22 所示，包括总共在线的主机、打开 TCP 端口的主机个数、打开 UDP 端口的主机个数等。

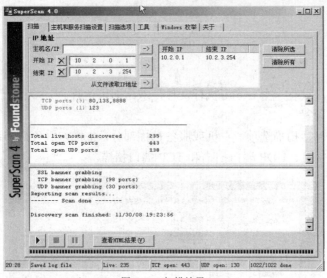

图 8-22　扫描结果

（4）域名解析。在"Hostname Lookup"中输入目标 IP 地址或者需要转换的域名，例如，输入 www.sohu.com，单击"搜索"按钮，可以解析得到其主机 IP 为 222.28.152.137，如图 8-23 所示。

图 8-23　域名解析

单击"我"按钮可以获得本地计算机的 IP 地址，如图 8-24 所示，单击"界面"按钮可以获得本地计算机 IP 的详细设置。

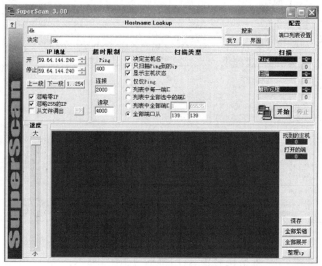

图 8-24　本地计算机信息

四、主要实验仪器及材料

装有 Windows 的计算机，网络互联环境，Superscan 软件。

实验四　X-Scan 漏洞扫描

一、实验目的和要求

理解漏洞扫描技术原理和应用，掌握漏洞扫描工具 X-Scan。

二、实验学时

1～2 学时。

三、实验内容

1. 参数设置

如图 8-25 所示，打开"设置"菜单，单击"扫描参数"，进行全局设置。在"检测范围"中的"指定 IP 范围"输入要检测的目标主机的域名或 IP，也可以对 IP 段进行检测。在全局设置中，我们可以选择线程和并发主机数量。在"端口相关设置"中我们可以自定义一些需要检测的端口。检测方式有"TCP"、"SYN"两种。"SNMP 设置"主要是针对简单网络管理协议（SNMP）信息的一些检测设置。"NETBIOS 相关设置"是针对 Windows 系统的网络输入输出系统（Network Basic Input/Output System）信息的检测设置，NetBIOS 是一个网络协议，包括的服务有很多，我们可以选择其中的一部分或全选。

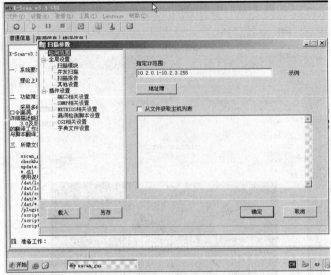

图 8-25　参数设置

　　"漏洞检测脚本设置"主要是选择漏洞扫描时所用的脚本。漏洞扫描大体包括 CGI 漏洞扫描、POP3 漏洞扫描、FTP 漏洞扫描、SSH 漏洞扫描、HTTP 漏洞扫描等。这些漏洞扫描是基于漏洞库，将扫描结果与漏洞库相关数据匹配比较得到漏洞信息。漏洞扫描还包括没有相应漏洞库的各种扫描，比如 Unicode 遍历目录漏洞探测、FTP 弱势密码探测、OPENRelay 邮件转发漏洞探测等，这些扫描通过使用插件（功能模块技术）进行模拟攻击，测试出目标主机的漏洞信息。

2．扫描

　　设置参数后，单击"开始扫描"按钮进行扫描，X-Scan 会对目标主机进行详细的检测。扫描过程信息会在右下方的信息栏中看到，如图 8-26 所示。由于 X-scan 是一个完全的扫描，因此如果 IP 段比较大，扫描时间就会很长，可以先用 Superscan 扫出某个主机，然后用 X-scan 去针对该主机进行细致的扫描。

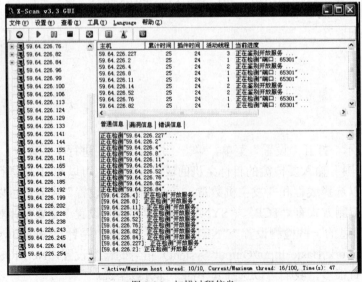

图 8-26　扫描过程信息

3．扫描结果分析

扫描结束后，默认会自动生成 HTML 格式的扫描报告，显示目标主机的系统、开放端口及服务、安全漏洞等信息。

四、主要实验仪器及材料

装有 Windows 的计算机，网络互联环境，Superscan 软件。

五、实验讨论

系统默认开放许多我们经常用到的端口，同时给我们带来了很多安全隐患，也给黑客们带来了方便之门，所以我们应该用相应的工具来打造一个相对安全级的系统。Superscan 与 X-scan 正好可以做这样的工作，同样我们也可以用它们检测我们网络中不安全的因素是否存在，这样可以让我们的系统和网络环境更加安全。

实验五　用 Sniffer 监控网络行为

一、实验目的和要求

通过本次实验，了解 Sniffer 的基本作用，并能通过 Sniffer 对指定的网络行为所产生的数据包进行抓取，了解 Sniffer 的报文发送与监视功能。

二、实验学时

2 学时。

三、实验内容

1．监视网卡的选择

启动 Sniffer 后，需要选择当前监视的网卡，操作步骤是"File"→"Select Settings"，如图 8-27 所示，网卡确定后，进入 Sniffer 工作主界面，熟悉主界面上的操作按钮。

2．设置捕获条件

基本的捕获条件有两种：①链路层捕获，按源 MAC 和目的 MAC 地址进行捕获，输入方式为十六进制连续输入，如 00E0FC123456；②IP 层捕获，按源 IP 和目的 IP 进行捕获。输入方式为点间隔方式，如 10.107.1.1。如果选择 IP 层捕获条件，那么 ARP 等报文将被过滤掉。

图 8-27　选择当前需要监视的网卡

在 Sniffer 中，设定要监视的机器，以监视本机为例，操作是在"Capture"→"Define Filter"→"Address"，Station 1 项中填入本机的 MAC 地址，在 Station 2 项中填入 Any，就抓取本机与其他机器通信的网络信息，如图 8-28 所示。

高级捕获条件可以捕获更复杂的数据信息，在"Advance"页面下，可以编辑你的协议捕获条件，如图 8-29 所示。

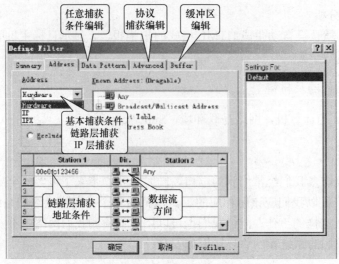

图 8-28　抓取本机与其他机器通信的网络信息

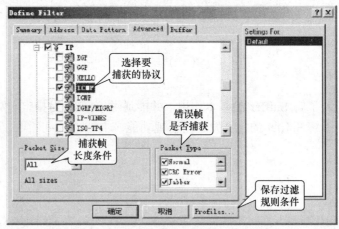

图 8-29　高级捕获条件编辑图

　　在协议选择树中可以选择你需要捕获的协议条件，如果什么都不选，就表示忽略该条件，捕获所有协议。在捕获帧长度条件下，可以捕获等于、小于、大于某个值的报文。在错误帧是否捕获栏，可以选择当网络上有错误时是否捕获。单击保存过滤规则条件按钮"Profiles"，可以将你当前设置的过滤规则进行保存。在捕获主面板中，可以选择你保存的捕获条件。

　　3．抓包

　　启动抓包过程可按下列操作进行："Capture"→"Start"。为配合抓包，此时，需要打开 IE 浏览器，访问一个 WWW 网站，连通后，将窗口切换到 Sniffer。而后单击菜单行"capture"→"stop and display"，这个操作表示停止抓包并显示，如图 8-30 所示。

　　4．观察、分析帧

　　单击窗口下方的"Decode"选项卡，即可观察到 Sniffer 所捕获的 Mac 帧，如图 8-31 所示，对照课程中所介绍的相应帧和包格式进行进一步分析。

　　Sniffer 软件提供了强大的分析能力和解码功能。如图 8-32 所示，对于捕获的报文，提供了一个 Expert 专家分析系统，还有解码选项及图形和表格的统计信息。

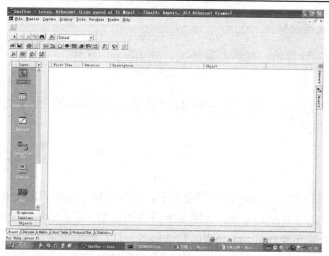

图 8-30　停止抓包并显示

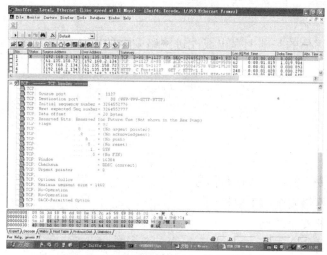

图 8-31　Sniffer 所捕获的 Mac 帧的详细信息

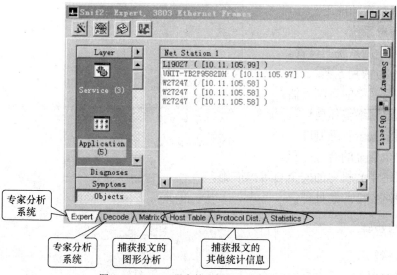

图 8-32　Sniffer 强大的分析能力和解码功能

四、主要实验仪器及材料

装有 Windows 的计算机，网络互联环境，Sniffer pro 软件。

实验六　网络安全的规划与设计解决方案

一、实验目的

利用当前的网络技术，在特定资金的投入下，进行单位信息的风险评估。在评估的基础上提出或改进网络安全的整体规划方案，包括安全设备的选型、拓扑结构的绘制、建立完善的安全管理制度、安全资金的合理分配、防火墙体系结构的设计、数据加密、备份与恢复方案、防病毒系统、入侵检测系统的设置、网络中心机房的安全与防护措施以及网络安全应急处理等。

二、实验要求

在充分调研和评估的基础上提出或改进网络安全的整体规划方案。试验后写出不少于3000 字的实验报告。

三、实验学时

4 学时。

四、实验内容

（1）掌握网络安全的主要特性与指标。
（2）掌握实现网络安全的主要机制。
（3）了解最新的安全弱点。
（4）了解最新的安全工具。
（5）防火墙体系结构的设计。
（6）数据加密的应用。
（7）防病毒系统。
（8）入侵检测系统的设置。
（9）备份与恢复方案。
（10）进行网络的风险评估。
（11）制定网络整体规划。
（12）制定安全管理制度。
（13）安全资金的合理配置。
（14）网络中心机房的安全与防护措施。
（15）网络安全应急处理。

五、实验步骤

（1）查资料。
（2）总体规划。

（3）详细设计。

（4）按实验内容写规划与设计报告。

实验七　网络可用性评估与数字证书的申请与使用

一些数字认证网为个人或非盈利性机构在线提供免费数字证书，供用户学习使用。本实验利用这个条件学习数字证书的申请与使用，同时结合具体的网络学习网络可用性评估的方法。

一、实验目的

（1）了解当前各种数字证书机构的状况。

（2）了解数字证书的类型和作用。

（3）掌握申请数字证书的方法。

（4）加深对数字证书概念和作用的理解。

（5）掌握网络可用性评估的方法。

二、实验要求

（1）上网搜索提供数字证书的机构。

（2）了解各类数字证书的作用。

（3）选定一家免费证书提供机构，为自己申请一张数字证书。

（4）在 IE 浏览器中查看自己申请成功的数字证书。

（5）数字证书的导入、导出和安装。

（6）掌握网络可用性评估的方法。

（7）掌握网络可用性评估的标准。

三、实验学时

4 学时。

四、实验内容

数字证书的申请。

五、实验步骤

（1）搜索提供数字证书的机构。

（2）对这些机构提供的数字证书类型及其作用进行分析。

（3）选定一种个人数字证书，为自己申请该数字证书。

（4）在 IE 浏览器中查看已经申请成功的数字证书。

（5）数字证书的导入、导出和安装。

（6）对校园网和某个局域网进行网络可用性评估。

（7）写出网络可用性评估分析报告。

附录 A　计算机网络原理概述

随着网络应用规模迅速扩大，网络安全越来越重要，但是要掌握好网络安全技术，必须对网络原理有深入的理解，这里为初学者简单叙述和回顾一下网络原理的基本内容，为学习网络安全做准备。

A.1　网络 OSI 参考模型

从整个网络体系结构看，网络技术的发展在两个方向最多最复杂：一是体现在应用层的各种新的应用技术层出不穷；二是在网络的低 3 层，即通信子网的发展，它为提高网络速度、承载各种新的应用奠定了基础。中间层主要还是以 TCP/UDP 为主，或对它提出的一些补充修改。图 A-1 是 OSI 参考模型。

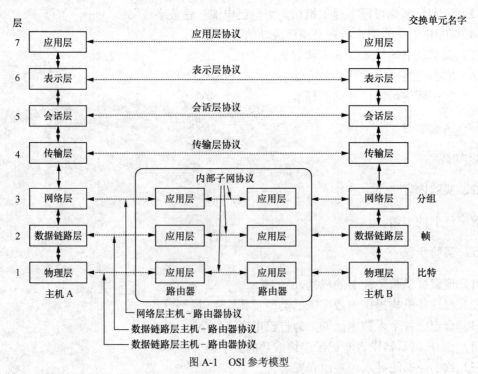

图 A-1　OSI 参考模型

1. 应用层

应用层是 OSI 模型的最高层。它是应用进程访问网络服务的窗口。这一层直接为网络用户或应用程序提供各种各样的网络服务，它是计算机网络与最终用户间的界面。应用层提供的网络服务包括**文件服务、打印服务、目录服务、网络管理以及数据库服务**等。

2. 表示层

表示层提供一种公共的信息表示方法。表示层保证了通信设备之间的互操作性。该层的功能使两台内部数据表示结构都不同的计算机能实现通信。它提供了一种对不同控制码、字符集和图形字符等的解释，而这种解释是使两台设备都能以相同方式理解相同的传输内容所必需的。表示层还负责为安全性引入的**数据提供加密与解密**，以及为提高传输效率提供必需的**数据压缩及解压**等功能。

信息的表示：语法和语义。

（1）语法：数据表示的格式，由表示层处理它解决异种计算机系统之间的信息表示形式的差异。

（2）语义：数据内容的意义，由应用层的各应用协议处理。

例如，FLOWER 语义 上是花的意思,语法上我们将它看成是字符串。

3. 会话层

（1）会话管理：会话层是网络对话控制器，它建立、维护、正常关闭对话。会话层建立和验证用户之间的连接，包括**口令和登录确认**；它也控制数据的交换，决定以何种顺序将对话单元传送到传输层。

（2）令牌管理：令牌表示会话连接用户使用会话服务的权力。

● 拥有令牌的用户可使用与该属性相关的服务。

● 令牌在一个时间点上只分配给一个用户。

（3）同步管理：在传输过程的哪一点需要接收端的确认（它的应用如断点续传）。

4. 传输层

（1）传输层的功能与作用

传输层是最关键的一层，利用网络层的服务和传输的对等实体的功能，向会话层提供服务，以提供可靠的、价格合理的、与网络层无关的数据传送，提供进程间端到端的、透明的数据传送。注意：网络层是提供系统间的数据传送。

传输层弥补高层（上 3 层）要求与网络层（基于下 3 层）数据传送服务质量间的差异（吞吐率、延时、费用等），对高层屏蔽网络层的服务的差异。网络提供的服务有成功传送、错误、丢失、重复。

同时保证整个消息无差错、按顺序地到达目的地，并在信源和信宿的层次上进行差错控制和流量控制。

（2）传输层采取的技术措施

复用和分流技术与网络层服务质量相关。

① 复用/解复用（Multiplexing/Demultiplexing）

目的：当网络层服务质量（吞吐量、传输延迟等）较好而运输层用户要求不高时，可通过复用在满足运输用户要求的前提下降低费用。

定义：复用/解复用是指在一个网络连接上支持多个运输层连接。

② 分流/合流（Splitting/Recombining）

目的：当网络层服务质量（吞吐量、传输延迟等）较差而运输层用户要求较高时，可通过分流满足运输用户的要求（提高吞吐量，减少传输延迟）。

定义：分流/合流是指把一个运输连接上传送的会话数据映射到多个网络连接上传送，各网络连接可相互独立地并行传送。

5．网络层

（1）网络层的功能如下。

● 路由控制：利用网络拓扑结构等网络状态，选择分组传送路径。

● 拥塞控制：控制和预防网络中出现过多的分组。

● 异种网络的互联：解决不同网络在编址、分组大小、协议等方面的差异。

（2）分组交换方式分成虚电路（面向连接）和数据报（无连接方式）两种方式。

● 数据报方式：在这种方式中，各个分组之间相互独立，各自选择路径，如图 A-2 所示的 A 到 X 的发送过程。

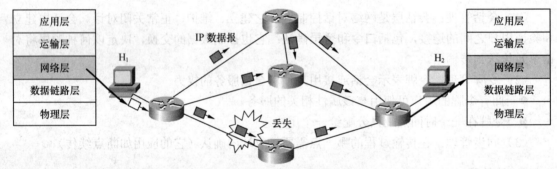

图 A-2　数据报中分组的路径选择

● 虚电路方式：在这种方式中，分组传送前先建立一条虚电路，以后属于同一报文的分组都按顺序从同一条路径上发送，传送完毕后，连接再释放，如图 A-3 所示。

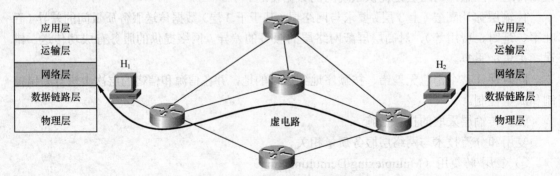

图 A-3　虚电路中分组的路径选择

6. 数据链路层

数据链路层从网络层接收数据，并加上有意义的比特位形成报文头和尾部（用来携带地址和其他控制信息）。这些附加信息的数据单元称为帧。

数据链路层负责将数据帧无差错地从一个站点送达下一个**相邻站点**，即通过一些数据链路层协议完成在不太可靠的物理链路上实现可靠的数据传输（差错控制和流量控制）。 数据链路层的功能如下。

（1）链路管理

数据链路的建立、维持和释放叫做链路管理。

（2）帧同步

接收方应当能从收到的比特流中准确地区分出一帧的开始和结束（01111110）。

（3）流量控制

发送方发送数据的速率必须使接收方来得及接收，当接收方来不及接收时，就必须及时控制发送方发送数据的速率（滑动窗口）。

（4）差错控制

- 自动请求重发：ARQ 又称检错重发。它是利用检错编码的方法在数据接收端检测差错，当检测出差错后，设法通知发送数据端重新发送数据，直到无差错为止。
- 向前纠错 FEC：利用编码方法，在接收数据端不仅对接收数据进行检测，当检测出差错后还能自动纠正错误。

7. 物理层

物理层是 OSI 的最低层，建立在物理通信介质的基础上，作为系统和通信介质的接口，用来实现数据链路实体间透明的比特（bit）流传输。为建立、维持和拆除物理连接，物理层规定了传输介质的**机械特性**、**电气特性**、**功能特性和过程特性**。

在上述 7 层中，上 5 层一般由软件实现，而下面的两层是由硬件和软件实现的。

A.2 TCP/IP 参考模型

TCP/IP 参考模型包括 4 层，具体如下。

（1）应用层：协议集。

（2）运输层：提供可靠的端到端的数据传输。

（3）网络层：IP。

（4）网络接口层：物理层+数据链路层。

TCP/IP 参考模型与 OSI 参考模型的对比如图 A-4 所示。

图 A-4 OSI 和 TCP/IP 参考模型的对比

A.3 TCP/IP 协议集

Internet 采用的协议是 TCP/IP 协议集，包括 TCP、IP、UDP、ARP、ICMP 以及其他许多被称为子协议的协议等。TCP/IP 协议集把整个网络分成 4 层，如图 A-5 所示，包括网络接口层、网际层、传输层和应用层。可以看出，TCP/IP 协议集是对 ISO/OSI 的简化，其主要功能集中在 OSI 的第三层和第四层，通过增加软件模块来保证和已有系统的最大兼容性。

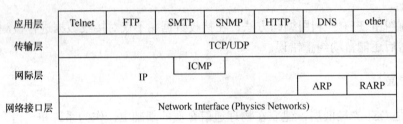

图 A-5 TCP/IP 协议集

（1）网络接口层：网络接口（Network Interface）和各种通信子网接口，屏蔽不同的物理网络细节。

（2）IP：网际协议（Internet Protocol，IP）提供节点之间的报文投递服务。

（3）TCP：传输控制协议（Transmission Control Protocol，TCP）提供用户之间的可靠流投递服务。

（4）UDP：用户数据报协议（User Datagram Protocol，UDP）提供用户之间的不可靠且无连接的数据报投递服务。

（5）ICMP：网际报文控制协议（Internet Control Message Protocol，ICMP），传输差错控制信息，以及主机/路由器之间的控制信息。

（6）ARP：地址解析协议（Address Resolution Protocol，ARP），实现 IP 地址向物理地址的映射。

（7）RARP：反向地址解析协议（Reverse Address Resolution Protocol，RARP），实现物理地址向 IP 地址的映射。

（8）Telnet：提供远程登录服务。

（9）FTP：文件传输协议（File Transfer Protocol，FTP），提供应用级的文件传输服务。

（10）SMTP：简单邮件传输协议（Simple Mail Transfer Protocol，SMTP），提供简单的电子邮件交换服务。

（11）SNMP：简单网络管理协议（Simple Network Management Protocol，SNMP），提供网络管理功能。

（12）HTTP：超文本传输协议（Hyper Text Transfer Protocol，HTTP），提供万维网浏览服务。

（13）DNS 协议：域名系统（Domain Name System，DNS），负责域名和 IP 地址的映射。

（14）其他服务。

TCP/IP 协议集传输数据时类似于 OSI 模型的分层，各层可提供服务通过的控制协议，并经过各层的实体合作予以实现传输，如图 A-6 所示。

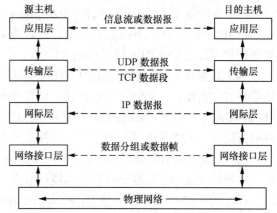

图 A-6　IP 选路示例基于 TCP/IP 分层的信息流

A.4　IP 网络选路主要思想

图 A-7 表示了 IP 选路的主要思想。图中表示两个 LAN 通过路由器 R1 连到一起，再通过 ISP 的路由器 R2 连到 Internet 的其他地方。每个计算机有一个 LAN 地址和一个 IP 地址。LAN1 上的计算机的 IP 地址的格式是：IP1.x，LAN2 上的计算机的 IP 地址的格式是：IP2.y，R1 上维护的路由器表如图 A-7 所示，这个表说明了 R1 应该将分组发向哪里。

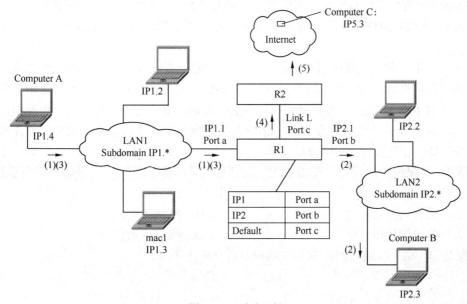

图 A-7　IP 选路示例

假设 IP 地址为 IP1.4 的计算机 A 要向 IP 地址为 IP2.3 的计算机 B 发送[data1]数据，发送这个分组要经过以下步骤。

（1）根据 B 的网址，通过调用 DNS 服务，A 找到 B 的 IP 地址 IP2.3。

（2）A 将数据[data1]放入分组中，分组的源地址是 IP1.4，目的地址是 IP2.3，这个分组就是[IP1.4][IP2.3][data1]。

（3）A 判定必须将分组[IP1.4][IP2.3][data1]发送到 R1，A 是根据 IP 地址不是 IP1.x 的形式知道 IP2.3 的计算机不在 LAN1 上，地址为 IP1.1 的计算机 A 的"默认网关"配置成 R1，就必须把离开 LAN1 的分组发送到 R1 上。

（4）为通过 LAN1 将分组[IP1.4][IP2.3][data1]发到 R1 上，A 将分组装配成 LAN1 要求的帧的格式。例如，若 LAN1 是以太网，格式就像[MAC（IP1.1）][MAC（IP1.4）][IP1.4][IP2.3][data1][CRC]。其中，MAC（IP1.1）和 MAC（IP1.4）是 LAN1 上的 R1 和 A 的网络接口的 MAC 地址，CRC 是错误检测字段，图中我们用[1]来表示这种帧。

（5）当 R1 收到数据后，从以太网格式的帧中恢复出[IP1.4][IP2.3][data1]，然后查询路由表，发现地址是 IP2.y 的子网是接到接口 b 上。

（6）为了通过 LAN2 将分组[IP1.4][IP2.3][data1]发到 B 上，R1 将分组装配成适合 LAN2 格式的帧。在图 A-7 中用[2]来表示这种帧。

（7）计算机 B 收到数据，从 LAN2 格式的帧中恢复出分组，再去掉 IP 封装，得到[data1]。

下面通过一个选择题来检验对上述例题的理解。

例 A.1 在因特网中，IP 数据报从源结点到目的结点可能需要经过多个网络和路由器。在整个传输过程中，IP 数据报报头中的_____。

　　A．源地址和目的地址都不会发生变化

　　B．源地址有可能发生变化，而目的地址不会发生变化

　　C．源地址不会发生变化，而目的地址有可能发生变化

　　D．源地址和目的地址都有可能发生变化

答案是 A，请大家结合实例分析思考，如果考虑 MAC 地址，那么会怎样？

例 A.2 在因特网中，IP 数据报的传输需要经由源主机和中途路由器到达目的主机，通常_____。

　　A．源主机和中途路由器都知道 IP 数据报到达目的主机需要经过的完整路径

　　B．源主机知道 IP 数据报到达目的主机需要经过的完整路径，而中途路由器不知道

　　C．源主机不知道 IP 数据报到达目的主机需要经过的完整路径，而中途路由器知道

　　D．源主机和中途路由器都不知道 IP 数据报到达目的主机需要经过的完整路径

答案是 D，请大家结合实例分析思考。

例 A.3 如果用户应用程序使用 UDP 进行数据传输，那么_____必须承担可靠性方面的全部。

　　A．数据链路层程序　　　　　　　　　　B．网络层程序

　　C．传输层程序　　　　　　　　　　　　D．用户应用程序

答案是 D，请大家结合网络的层次结构进行分析思考。

附录 B　计算机网络安全辩证观

由于计算机网络安全不是绝对的纯技术或纯管理所能解决的问题，也不是绝对的资金投入越多越安全的问题，因此需要大家结合所学知识和利用辩论唯物主义理论进行思考和辨析，才能培养正确的计算机网络安全观。附录 B 专门提供学生进行辩论的内容，包括辩论的要求、程序和内容，并给出了辩论的基本思路供辩论时进行思考。

B.1　辩论要求及程序

1. 辩论要求

论述要求题目的优点、缺点、依据，并用实例分析，辩论者发表辩论结束后回答大家提出的提问，最后老师总结。

2. 辩论程序

（1）根据前面每周的安全特性提前进行分组，每组确定一个发言人。
（2）讨论课上，核对每组人员的名单，按分组进行安排座位。
（3）每个辩论者（发言人）发言，要求用 PPT 讲解自己的观点。
（4）结束后，首先老师点评，然后同学或老师自由向发言者提问。
（5）发言者回答，其他同学和老师可协助回答。
（6）记录员记录讨论意见。
（7）两个发言人根据记录员的记录内容整理大家的发言，由两个发言人进行总结性发言。
（8）老师进行总结。
（9）课后各组整理的内容用电子邮件发给老师。
（10）老师下次上课时，把整理的内容发给大家参考。

B.2　计算机网络安全辩论内容

1. 加密技术在网络安全中的作用的辩证关系

参考论点：
加密在网络安全中具有重要作用，它在网络的保密性、完整性和数字签名中都具有重要作用，可以防止信息的截获和窃听等。但是加密并不是网络安全的全部，它对防病毒、黑客的入侵等都没有大的作用。加密增加了网络安全的负担，会影响到网络的性能，需要在加密和性能上进行折中，需要分清实际应用的主要矛盾和次要矛盾，对关键内容进行加密来提高网络的性能，比如对对称密钥的加密。

在众多的加密技术中，有的加密技术安全程度高，但是不好用，有的加密技术安全程度不高，但是比较好用，在安全性和实用性上进行折中。加密技术在网络安全中有比较成熟的技术和理论，但是加密技术仍然要不断发展和创新，因为原有的加密算法可能会被破解。

2. 安全技术与安全管理在网络安全中的关系

参考论点：

安全技术和安全管理在网络安全中都具有重要作用，没有技术保障，许多网络安全就不能得到实现，每一种网络安全技术都对应某种网络安全。没有好的安全管理，即使好的网络安全技术也不能得以实现。例如，在加密技术中，无论加密算法多么好，如果密钥的管理出现问题，那么加密没有任何效果。

安全技术一般不能防范合法人员的信息泄露以及误操作等，因此只有通过安全管理和培训才能达到内外网络的安全。好的安全管理没有好的安全技术具体落实和实现也是起不到作用的，只能是纸上谈兵。安全管理着眼于整个网络安全的整体策略和制度，是安全的宏观方面，技术是实现安全管理的必要手段，是具体层面，目前的各种安全技术都比较鼓励和分散，需要进行有效整合，这需要宏观的安全管理。

新的技术有可能不成熟、不完善，也需要安全管理进行不断的补充和完善。好的安全管理和制度对安全分子起到震慑的作用，提高了网络的安全。领导重视是安全管理的一个重要内容，它对网络安全也起到重要作用，包括制度的建立、完善，以及资金的投入等，因此安全需要领导的理解和支持。

3. 网络安全与资金投入的关系

参考论点：

（1）网络安全需要资金的投入，没有资金的投入，网络安全的设备、技术以及人员的安全培训等都无法实现。

（2）资金的投入越大并不一定说明带来安全程度越大，可能因为某个小小的与资金无关的管理漏洞导致网络安全的崩溃。

（3）网络安全投入的效果好坏主要取决于网络安全的风险评估，只有有了正确的风险评估，才能使资金的投入分配关系趋于合理。

4. 网络安全与网络性能的关系

参考论点：

（1）网络安全增加了网络的额外负担，因此网络安全是影响网络性能的，减少网络安全机制对网络性能的影响是实现网络安全机制需要考虑的一个重要问题（比如 RSA）。

（2）没有网络安全，可能连网络的基本性能也难以保障，比如当网络受到 DOS 的攻击时，网络性能会急剧下降。

（3）良好的网络性能为实现那些需要高性能才能实现的网络安全机制提供基础。

（4）网络性能与网络安全是相互影响、相互制约、相互促进的关系。

5. 网络不安全的内因与外因及其辩证关系

参考论点：

内因是导致网络不安全的根本原因，外因是通过内因起作用的。

外因中人对网络安全的影响很重要，需要通过教育、规章制度、管理等手段加强对人的管理。

外因对网络安全的危险可以进一步促进影响网络安全内因的不断减少，达到完善网络系统本身作用。

6. 其他论题

（1）防火墙的利与弊。

（2）网络安全与其他安全的关系和地位。

（3）安全和风险的辩证关系。

（4）如何预防新的未知的安全威胁？

（5）网络安全中最重要的安全有哪些？

（6）网络安全的理论模型是什么？

（7）如何分解网络安全的评价指标和进行安全评估？

（8）安全审计在网络安全中的作用。

（9）规章制度在网络安全中的作用。

（10）网络系统的可用性与设备投资的关系。

附录 C 书中部分习题参考答案

第 1 章部分习题参考答案

一、单选题

 1．C　 2．B　 3．C　 4．A　 5．A　 6．D　 7．B　 8．E　 9．D
10．A　11．B　12．B　13．D　14．A　15．D　16．D　17．A　18．B
19．C　20．D　21．A　22．B　23．C　　24．A　25．A　26．D　27．C
28．C　29．A　30．D

二、填空题

1．物理实体安全，软件安全，数据安全，安全管理。

2．主动攻击，被动攻击。

3．鉴别服务，访问控制服务，数据完整性服务，数据保密服务，抗抵赖性服务。

4．加密机制，访问控制机制，数据完整性机制，数字签名机制，交换鉴别机制，公证机制，流量填充机制，路由控制机制。

5．D 级，C 级，B 级，A 级。

6．Policy，Protection，Detection，Response。

第 2 章部分习题参考答案

一、单选题

 1．C　 2．A　 3．A　 4．E　 5．A　 6．D　 7．D　 8．E　 9．C
10．A　11．A　12．C　13．B　14．D　15．B　16．C　17．C　18．B
19．C　20．A　21．C　22．B　23．D　24．A　25．B　26．D　27．A
28．A　29．C　30．A　31．C　32．A　33．B　34．C　35．D

二、填空题

1．明文消息空间 M，密文消息空间 C，加密密钥空间 K_1，解密密钥空间 K_2，加密变换 E_{k1}，解密变换 D_{k2}。

2．单钥体制和双钥体制，流密码和分组密码。

3．破译密文的代价超过被加密信息的价值，破译密文所花的时间超过信息的有用期。

4．替换技术，置换技术。

5．$2n$

6．$n \times (n-1)/2$。

7．中间人攻击。

8．电子编码簿，加密块链接，加密反馈，输出反馈。

9．64，56。

10．128。

11．流加密法，块/分组加密法。

12．对称密钥体制（也称私钥算法），非对称密钥体制（也称公钥算法）。

13．数据加密标准。

14．密钥交换。

15．两个大素数很容易相乘，而对得到的积求因子则很难。

16．素数。

17．接收方的公钥。

18．快。

第 3 章部分习题参考答案

一、单选题

　1．C　　2．D　　3．A　　4．B　　5．C　　6．C　　7．C　　8．D　　9．D

10．D　　11．B　　12．C

二、填空题

1．验证数据的完整性和进行数字签名。

2．根据消息摘要取得原消息；寻找两个消息，产生相同消息摘要。

3．MD5，安全散列算法（SHA）。

4．雪崩效应。

5．冲突。

6．128。

7．160。

8．加密。

第 4 章部分习题参考答案

一、单选题

　1．C　　2．A　　3．A　　4．D　　5．C　　6．D　　7．C　　8．B　　9．A

10．A　　11．B　　12．C　　13．B　　14．A

二、填空题

1．发送信息方不可抵赖；信息的接收方的不可抵赖性。

2．数字签名。

3．签名部分，验证部分。

4．私钥。

5．直接数字签名，需仲裁的数字签名。

第 5 章部分习题参考答案

一、单选题

1．D　　2．C　　3.1．A　3.2．D　4．C　　5．A　　6．D　　7．D　　8．D

9．C　　10．C　　11．B　　12．C　13．A　14．D　15．C　16．A　17．C

18．B　　19．A　　20．C　　21．B　22．A

二、填空题

1. 身份认证。

2. X.509。

3. 公钥。

4. 注册机构（RA）。

5. 要验证用户自己持有的私钥跟注册提供的公钥是否相对应。

6. 自己的私钥。

7. 是否有效。

8. 于口令的鉴别，基于随机挑战的鉴别，基于数字证书的鉴别。

9. 重放。

10. PIN，鉴别令牌。

11. 所知道的东西；所拥有的东西；所具有的东西。

12. 基于时间令牌。

13. 口令摘要；重放攻击；口令，口令摘要。

第 6 章部分习题参考答案

一、单选题

1. B　2. B　3. C　4. D　5. A　6. B　7. B　8. D　9. C
10. E　11. C　12. C　13. C　14. D　15. D　16. D　17. D　18. C

二、填空题

1. 客体，控制策略。

2. 授权控制。

3. 鉴别，授权。

4. 防火墙，操作系统，数据库。

5. 自主访问控制，强制访问控制。

6. 自主。

7. 强制。

8. 无上读，无下写。

9. 基于用户的访问控制，基于角色的访问控制。

10. C2。

11. B1。

12. 包过滤技术，代理服务技术。

13. 网络。

14. 应用。

15. 过滤路由器结构，双穴主机结构，主机过滤结构，子网过滤结构。

第 7 章部分习题参考答案

一、单选题

1. B　2. D　3. C　4. B　5. A　6. A　7. A　8. B　9. B
10. C　11. B　12. C　13. A　14. C　15. B